建筑工程制图与识图

主　编　苗　杰　赵惠惠　董晓利

副主编　陆凡婷

参　编　许　丽　李月霞　杨　腾

北京理工大学出版社

BEIJING INSTITUTE OF TECHNOLOGY PRESS

内容提要

本书根据建筑工程专业的特点，以工学结合、校企合作、岗位实习的人才培养模式为依托，结合当前建筑行业改革发展对BIM技术专业人才的需求，专业岗位的知识储备要求，BIM（建筑信息化模型）职业技能鉴定标准等，多方位对接课程教学内容进行编写。本书主要内容包括九个项目：制图标准及应用、投影、立体投影、组合体投影、工程辅助图样、建筑施工图、结构施工图、BIM技术简介及应用、综合实训。本书采用"任务单＋任务思考＋相关知识＋实训练习＋强化训练＋知识拓展"六步教学结构，让学生能够"学中做，做中学"，进而掌握专业知识，并拓展建筑名人、建筑历史、建筑文化等知识。

本书可作为高等院校土木工程类专业的教学用书，也可作为工程技术人员的参考书。

版权专有　侵权必究

图书在版编目（CIP）数据

建筑工程制图与识图／苗杰，赵惠惠，董晓利主编
. -- 北京：北京理工大学出版社，2024.2
ISBN 978-7-5763-3047-2

Ⅰ.①建…　Ⅱ.①苗…　②赵…　③董…　Ⅲ.①建筑制图—识图—高等学校—教材　Ⅳ.①TU204.21

中国国家版本馆CIP数据核字（2023）第207436号

责任编辑：江　立	文案编辑：江　立
责任校对：周瑞红	责任印制：王美丽

出版发行 / 北京理工大学出版社有限责任公司
社　　址 / 北京市丰台区四合庄路6号
邮　　编 / 100070
电　　话 / （010）68914026（教材售后服务热线）
　　　　　　（010）68944437（课件资源服务热线）
网　　址 / http://www.bitpress.com.cn
版 印 次 / 2024 年 2 月第 1 版第 1 次印刷
印　　刷 / 河北鑫彩博图印刷有限公司
开　　本 / 787 mm×1092 mm　1/16
印　　张 / 19.5
字　　数 / 459 千字
定　　价 / 89.00 元

图书出现印装质量问题，请拨打售后服务热线，负责调换

本书是根据建筑工程专业的特点，以工学结合、校企合作、岗位实习的人才培养模式为依托，结合当前建筑行业改革发展对 BIM 技术专业人才需求，专业岗位的知识储备要求，1+X 建筑识图、BIM（建筑信息化模型）职业技能鉴定标准等，多方位对接课程教学内容进行编写。

本书的授课对象为职业本科层次的建筑工程专业学生。本书本着"以应用为目的，以必需、够用为度"的原则，结合建筑工程图纸和工程案例，采用项目任务驱动式，针对各个任务进行知识目标、能力目标、素养目标的制定，知识点的编写，习题的配置及评价标准的制定。本书的特色主要包含以下几个方面：

1. 本书依据新建筑行业标准规范进行编写，以项目为载体，以学生为中心，任务驱动，德技并修。任务中的案例与生活中常见的建筑紧密相连，让学生明白运用所学的知识能解决怎样的实际工程问题。

2. 本书资源以自主设计和开发为主，包括微课视频、动画、PPT 课件等，并附带试题库、动画库和 BIM 模型库等。这些资源能加深学生对画法几何中立体投影的理解与掌握，且利用 BIM 模型，对二维建筑施工图的图示内容进行识读，能有效提高学生的识图效率。

3. 本书结合工程图纸加入配套识图任务单，进行知识点的巩固，并针对建筑施工图制图部分的练习，制定出评价标准，让学生在完成绘图之后能清楚自己绘图的缺陷及错误之处，以培养学生的自我检查意识和一丝不苟的工作作风。

4. 本书围绕各项工作任务所需的素质要求，系统设计了家国情怀、文化自信、工匠精神、社会责任心等思政元素，以如盐入水，润物无声的方式实现思政育人。

本书由运城职业技术大学苗杰、赵惠惠和山西低碳环保产业集团有限公司董晓利担任主编，由运城职业技术大学的陆凡婷担任副主编，运城职业技术大学许丽、李月霞和山西水利职业技术学院杨腾参与本书编写工作。具体编写分工如下：许丽编写项目一和项目六中任务 1、任务 2，赵惠惠编写项目二、项目三、项目五，陆凡婷编写项目四，李月霞编

FOREWORD

写项目六中任务 3 ~ 任务 5，苗杰编写项目七，杨腾编写项目八，董晓利编写项目九。全书由苗杰总体策划和统稿。

本书在编写过程中得到了运城职业技术大学惠兴田教授的细心指导和帮助，也得到了汉阳市政集团武汉市承远市政工程设计有限公司工程师陆浩嘉的专业指导，在此一并表示感谢。

由于编者水平有限，书中难免存在不足之处，恳请广大读者海涵并予以指正。

编　者

CONTENTS 目录

项目一 制图标准及应用

工程图样在我国历史悠久，据《史记》记载，"秦每破诸侯，写放其宫室，作之咸阳北阪上"，这是关于建筑图样较早的记载，到了宋代李诫所著的《营造法式》，其建筑技术、艺术和制图已经相当完美，也是世界上较早（1103 年）刊印的建筑图书，书中所运用的图示方法和现代建筑制图所用的方法很接近。时至今日，随着计算机技术的快速发展，运用计算机绘图及 BIM 三维建模使工程图样的表达方式又一次得到了革新。本项目主要介绍与工程图样有关的制图基本知识，包括制图标准、制图工具和使用方法等内容。

知识框架

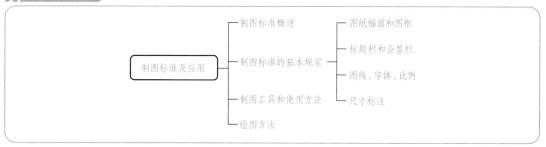

知识目标

1. 掌握《建筑制图标准》（GB/T 50104—2010）和《房屋建筑制图统一标准》（GB/T 50001—2017）的规定；
2. 熟悉手工制图工具的种类及其使用方法；
3. 掌握建筑制图的一般步骤。

能力目标

1. 能正确使用制图标准中的图幅、图框、图线、文字、比例、尺寸标注等；
2. 能正确使用三角板、丁字尺、图板等制图工具绘制建筑施工图；
3. 能按照制图标准要求绘制建筑图样。

育人目标

1. 养成严格遵守各种标准规定的习惯，培养良好的职业道德素养，增强遵纪守法意识；

2. 在绘图技能的训练中，培养敬业、精益、专注、创新等工匠精神，以及认真负责、踏实敬业的工作态度和严谨求实、一丝不苟的工作作风；

3. 培养团队合作意识和助人为乐的精神。

任务单

任务名称	绘制便民服务站平面图
任务描述	结合平面图图纸（图 1-1），完成以下问题的讨论分析。 （1）图纸纸张大小如何选择？ （2）图框和标题栏线条绘制有何要求？ （3）建筑物墙体定位线、轮廓线、门窗图线表达是否一样？ （4）平面图上数值的单位及大小是否反映建筑物的真实尺寸？ （5）尺寸标注、图名和比例书写的字体有何规定？ （6）如何正确选用绘图工具？ （7）如何正确手绘建筑工程图？ 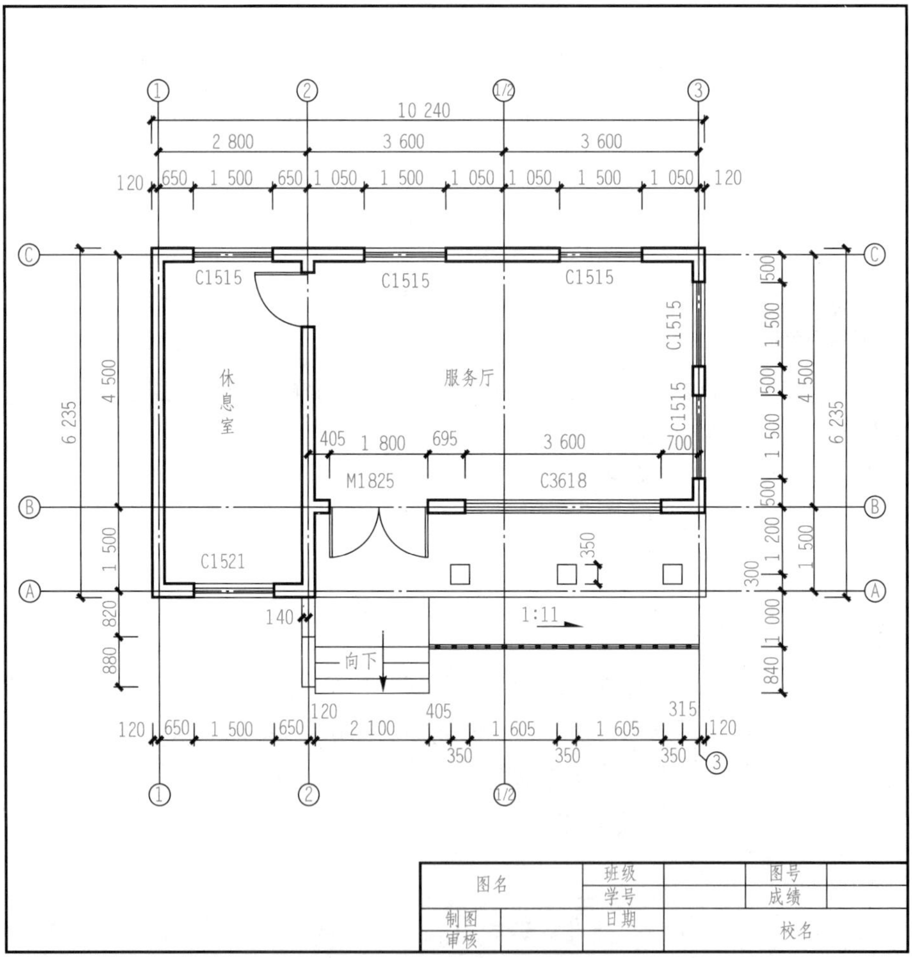 图 1-1　便民服务站平面图

成果展示				
评价	评价人员	评价标准	权重	分数
	自我评价	1. 制图标准基本知识的掌握；	40%	
	小组互评	2. 任务实施中图样的抄绘能力；	30%	
	教师评价	3. 强化训练的完成能力； 4. 团队合作能力	30%	

相关知识

想一想：

在世代生息营造的历史过程中，各族人民累积了丰富的建造经验，涌现出众多能工巧匠。充满智慧的建筑形式，朴素深广的建筑哲理，臻于完备的营造制度。"无规矩不成方圆"正是制度标准的写照，建筑制图标准涵盖哪些内容呢？

微课：制图标注
基本规定（一）

一、制图标准概述

为了传承人类集成的科学技术和实践经验，适应国际和国内相互联系的企业和各个部门之间在技术上的相互协调，保证产品质量，使复杂的管理工作系统化、规模化、简单化，这就要求在经济、技术及管理等社会实践中对重复性的事物和概念，制定、发布和遵循共同的标准、规范、规程，以获得最佳程序和社会效益。这些标准、规范和规程都是标准的一种表现形式，习惯上统称为标准。

标准有许多种，由国家职能部门制定，在全国范围实施的为国家标准。20 世纪40 年代成立的国际标准化组织，代号为"ISO"，它制定了若干个国际标准。各个国家都有自己的国家标准，如代号"DIN""ANSI""JIS"分别表示德国、美国、日本的国家标准。我国国家标准的代号为"GB"。

二、制图标准的基本规定

工程技术图样是工程技术界的语言。为了更好、更有效地使用工程技术语言，我国制定、颁布和实施了一些制图标准，如《房屋建筑制图统一标准》（GB/T 50001—2017）、《总图制图标准》（GB/T 50103—2010）、《建筑制图标准》（GB/T 50104—2010）、《建筑结构制图标准》（GB/T 50105—2010）、《建筑给水排水制图标准》（GB/T 50106—2010）及《暖通空调制图标准》（GB/T 50114—2010），本项目主要介绍《房屋建筑制图统一标准》（GB/T 50001—2017）的有关内容。

1. 图纸幅面和图框

（1）图纸幅面。图纸幅面是指图纸宽度与长度组成的图面，简称图幅（幅面）。绘制图样时，图幅的大小应符合国家标准的规定，图纸幅面代号有 A0、A1、A2、A3、A4 五种，见表 1-1。各号图幅之间的关系：前一号图幅的图纸沿长边对折，即为后一号图纸的图幅，如图 1-2 所示。

表 1-1　幅面及图框尺寸　　　　　　　　　　　　　　　　mm

尺寸代号 ＼ 幅面代号	A0	A1	A2	A3	A4
$b \times l$	841×1 189	594×841	420×594	297×420	210×297
c	10			5	
a	25				

注：表中 b 为幅面短边尺寸，l 为幅面长边尺寸，c 为图框线与幅面线间宽度，a 为图框线与装订边间宽度。

小提示：从表 1-1 和图 1-2 中可以看出，A1 图纸是将 A0 图纸按长边对裁，A2 是将 A1 按长边对裁，依次类推得到 A3、A4 图纸幅面。

如图纸幅面不够，可将图纸长边加长，但短边不宜加长，长边加长应符合表 1-2 的规定。

图幅有横式图幅和立式图幅两种。图纸以短边作为垂直边的应为横式，图纸以长边作为垂直边的应为立式。一般 A0 ～ A3 图纸宜采用横式图幅，必要时可以采用立式放置，如图 1-3 所示。一个工程设计中，每个专业所使用的图纸不宜多于两种图幅（不含表格及目录所用的 A4 图幅）。任务单中的平面图图纸选用的为 A3 横式。

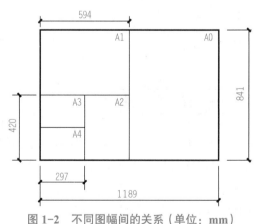

图 1-2　不同图幅间的关系（单位：mm）

表 1-2　图纸长边加长尺寸　　　　　　　　　　　　　　　　mm

幅面代号	长边尺寸	长边加长后尺寸
A0	1 189	1 486、1 635、1 783、1 932、2 080、2 230、2 378
A1	841	1 051、1 261、1 471、1 682、1 892、2 102
A2	594	743、891、1 041、1 189、1 338、1 486、1 635、1 783、1 932、2 080
A3	420	630、841、1 051、1 261、1 471、1 682、1 892

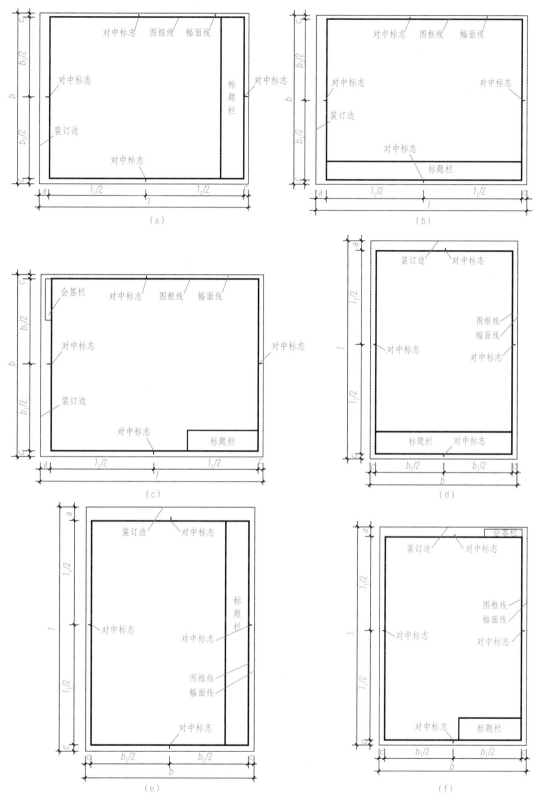

图 1-3　图幅示意

(a) A0～A3 横式幅面（一）；(b) A0～A3 横式幅面（二）；(c) A0～A1 横式幅面（三）；
(d) A0～A4 立式幅面（一）；(e) A0～A4 立式幅面（二）；(f) A0～A2 立式幅面（三）

（2）图框。图纸上绘图范围的界限称为图框。建筑工程制图所用的图纸及图框尺寸均应按国家标准规定进行选用。图框限定了图纸中作图的区域，幅面线和图框线之间的装订边是图纸装订的位置，用 a 表示，制图标准统一规定为 25 mm，其余三边图框线与幅面线的距离 c 与图纸大小有关，A0 ～ A2 图纸中为 10 mm，A3、A4 图纸中为 5 mm，见表 1-1 并如图 1-3 所示。

2. 标题栏和会签栏

图纸中应有标题栏、会签栏、图框线、幅面线、装订边线和对中标志。图纸的标题栏及装订边线的位置应符合图 1-3 中的规定。

（1）标题栏。标题栏位于图纸的下方或右方，用于填写工程图样的图名、图号、比例、设计单位名称、设计和审核人员的姓名及日期等相关信息，如图 1-4 所示。

标题栏中的签字栏应包括实名列和签名列，并应符合下列规定：涉外工程的标题栏内，各项主要内容的中文下方应附有译文，设计单位的上方或左方，应加 "中华人民共和国" 字样；在计算机制图文件中，当使用电子签名与认证时，应符合国家有关电子签名的规定。标题栏的具体样式没有强制性规定，学生在做制图作业时可采用如图 1-4（c）所示的样式，任务单中的平面图图纸采用的标题栏为学生制图样式。

（2）会签栏。会签栏是指工程图样上由各工种负责人填写所代表的有关专业、姓名、日期、实名等内容的表格，是完善图纸、施工组织设计、施工方案等重要文件上按程序报批的一种常用形式，具体样式如图 1-4（d）所示。学生在做制图作业时不采用会签栏。

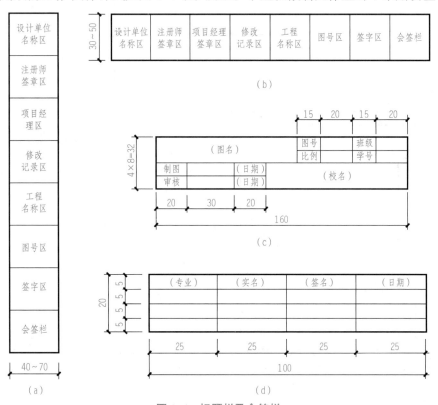

图 1-4　标题栏及会签栏
（a）、（b）标题栏；（c）学生制图作业用标题栏；（d）会签栏

3. 图线

任何工程图样都是由不同类型、不同宽度的图线绘制而成，这些不同类型和不同宽度的图线在图样中表示不同的内容和含义，同时，也使图样层次清晰、主次分明，便于识图和绘图，也增加了图样的美感。

（1）图线的线型。在工程图样中，常用的图线有实线、虚线、单点长画线、双点长画线、折断线和波浪线6类。其中，前两类线型按宽度不同又可分为粗、中粗、中、细4种；单点长画线、双点长画线按宽度不同又可分为粗、中、细3种；后两类线型一般为细线。

在建筑工程制图标准中，对各类图线的线型、线宽、用途都作了规定，见表1-3。

表1-3 图线

名称		线型	线宽	一般用途
实线	粗		b	主要可见轮廓线
	中粗		$0.7b$	可见轮廓线、变更云线
	中		$0.5b$	可见轮廓线、尺寸线
	细		$0.25b$	图例填充线、家具线
虚线	粗		b	见各有关专业制图标准
	中粗		$0.7b$	不可见轮廓线
	中		$0.5b$	不可见轮廓线、图例线
	细		$0.25b$	图例填充线、家具线
单点长画线	粗		b	见各有关专业制图标准
	中		$0.5b$	见各有关专业制图标准
	细		$0.25b$	中心线、对称线、轴线等
双点长画线	粗		b	见各有关专业制图标准
	中		$0.5b$	见各有关专业制图标准
	细		$0.25b$	假想轮廓线、成型前原始轮廓线
折断线	细		$0.25b$	断开界线
波浪线	细		$0.25b$	断开界线

（2）图线的线宽。在绘图时，图线的基本线宽 b 宜按照图纸比例及图纸性质从1.4 mm、1.0 mm、0.7 mm、0.5 mm线宽系列当中选取。每个图样，应根据复杂程度与比例大小，先选定基本线宽 b，再选用表1-4中相应的线宽组。图框和标题栏线的宽度选用见表1-5。

表1-4 线宽组   mm

线宽比	线宽组			
b	1.4	1.0	0.7	0.5
$0.7b$	1.0	0.7	0.5	0.35

线宽比	线宽组			
0.5b	0.7	0.5	0.35	0.25
0.25b	0.35	0.25	0.18	0.13

注：1. 需要缩微的图纸，不宜采用 0.18 mm 及更细的线宽。
2. 同一张图纸的各不同线宽中的细线，可统一采用较细的线宽组的细线。

表 1-5　图框和标题栏线的宽度

幅面代号	图框线	标题栏外框线对中标志	标题栏分格线幅面线
A0、A1	b	0.5b	0.25b
A2、A3、A4	b	0.7b	0.35b

（3）绘制图线的要求。要正确地绘制一张工程图，除确定线型和线宽外，还应注意以下事项：

1）如图 1-5（a）、（b）所示，虚线、单点长画线或双点长画线的线段长度和间隔，宜各自相等；

2）单点长画线或双点长画线，当在较小图形中绘制有困难时，可用实线代替；

3）单点长画线或双点长画线的两端，不应采用点。点画线与点画线交接或点画线与其他图线交接时，应采用线段交接，如图 1-5（c）所示；

4）虚线与虚线交接或虚线与其他图线交接时，应采用线段交接，如图 1-5（d）、（e）所示。虚线为实线的延长线时，不得与实线相接，如图 1-5（f）所示；

5）图线不得与文字、数字或符号重叠、混淆，不可避免时，应首先保证文字的清晰。

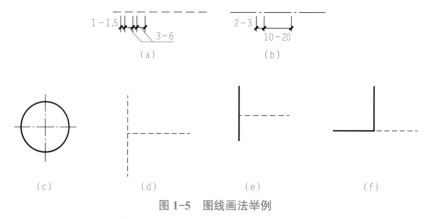

图 1-5　图线画法举例

4．字体

工程图上除用图线绘制的图形外，字体也是必不可少的组成部分。字体指的是图中文字、字母、数字的书写形式，其中数字标明物体大小，文字说明施工的技术要求。为了使图面整洁、美观、易读而不引起误解，工程图样上的文字内容必须采用规定的字体和大小书写，同时做到字体端正、笔画清晰、排列整齐、间隔均匀，标点符号应清楚正确。

微课：制图标注
基本规定（二）

如果书写潦草，难于辨认，不仅影响图样的清晰和美观，还容易引起误解，甚至导致施工的差错和麻烦，因此，制图标准对字体的规格和要求作了同样的规定。

（1）文字。文字的字高，应从表 1-6 中选用。字高大于 10 mm 的文字宜采用 True type 字体，如需书写更大的字，其高度应按 $\sqrt{2}$ 的倍数递增。

表 1-6　文字的字高　　　　　　　　　　　　　　　　mm

字体种类	中文矢量字体	True type 字体及非汉字矢量字体
字高	3.5、5、7、10、14、20	3、4、6、8、10、14、20

图样及说明中的汉字，宜优先采用 True type 字体中的宋体字型，采用矢量字体时应为长仿宋体字型。同一图纸字体种类不应超过两种。矢量字体的宽高比宜为 0.7，且应符合表 1-7 的规定，打印线宽宜为 0.25 ～ 0.35 mm；True type 字体宽高比宜为 1。大标题、图册封面、地形图等的汉字，也可书写成其他字体，但应易于辨认，其宽高比宜为 1。图 1-6 所示为长仿宋体字的字例。

表 1-7　长仿宋体字高宽关系　　　　　　　　　　　　mm

字高	3.5	5	7	10	14	20
字宽	2.5	3.5	5	7	10	14

建筑施工图平立剖面房屋

10号字
字体工整笔画清楚间隔均匀排列整齐

7号字
横平竖直注意起落结构均匀填满方格

5号字
技术制图机械电子汽车航舶土木建筑矿山井坑港口纺织服装

图 1-6　长仿宋体字的字例

（2）字母与数字。拉丁字母、阿拉伯数字及罗马数字一般写成直体字和斜体字，字高不应小于2.5号。一般与汉字混合书写时，采用直体字。斜体字的斜度为75°，书写时字头向右倾斜，与水平基准线成75°。字母和数字的书写字例如图1-7所示。

图 1-7　拉丁字母和数字字例

5. 比例

在建筑工程图中，常将建筑物的实际尺寸缩小绘制在建筑图样上，有时需要把比较小的构件放大绘制在图样上，所以，图形与实物相对应的线性尺寸之比，称为比例，如 1：1、1：2、1：100 等。

图样的比例可分为原值比例、放大比例、缩小比例三种。比值为 1 的比例，即 1：1，称为原值比例；比值大于 1 的比例，如 2：1 等，称为放大比例；比值小于 1 的比例，如 1：2 等，称为缩小比例。图 1-8 所示为用不同的缩小比例画出的图形。

比例宜注写在图名的右侧，字的基准线应取平；比例的字高宜比图名的字高小一号或二号，图名下画一条粗实线，长度以文字长短为准，如图 1-9 所示。

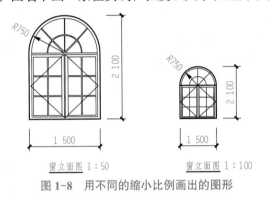

窗立面图 1：50　　　窗立面图 1：100

图 1-8　用不同的缩小比例画出的图形

平面图 1：100　⑥ 1：20

图 1-9　比例的注写

绘图所用的比例应根据图样的用途与被绘对象的复杂程度从表 1-8 中选用，并应优先选取合适的比例。一般情况下，一个图样应选用一种比例。根据专业需要，同一图样可选用两种比例。特殊情况下也可自选比例，这时除应注出绘图比例外，还应在适当位置绘制出相应的比例尺。需要缩微的图纸应绘制比例尺。

表 1-8　绘图所用的比例

常用比例	1：1、1：2、1：5、1：10、1：20、1：30、1：50、1：100、1：150、1：200、1：500、1：1 000、1：2 000
可用比例	1：3、1：4、1：6、1：15、1：25、1：40、1：60、1：80、1：250、1：300、1：400、1：600、1：5 000、1：10 000、1：20 000、1：50 000、1：100 000、1：200 000

6. 尺寸标注

建筑工程图中除用线条表示建筑物的外形、构造外，还要有尺寸标注数字来准确、清楚地表达建筑物的实际尺寸，以此作为施工的依据。

（1）尺寸标注的一般原则。

1）图样中所标注的尺寸数值是形体的真实大小，与绘图比例及准确度无关。

2）图样上的尺寸单位，除标高及总平面图以米（m）为单位外，其他以毫米（mm）为单位。图中所有尺寸数字标注后不必注写单位，但在注解及技术要求中要注明尺寸单位。

3）一般情况下，物体每一结构的尺寸只标注一次且标注在表示该结构最清晰的图形上为宜。

（2）尺寸标注的组成。图样上的尺寸标注由尺寸线、尺寸界线、尺寸起止符号、尺寸数字四部分组成，如图 1-10（a）所示。尺寸标注的实例如图 1-10（b）所示。

1）尺寸线。尺寸线用细实线绘制，应与被标注的线段平行并与尺寸界线相交，相交处尺寸线不能超出尺寸界线。尺寸线必须单独画出，不能与其他图线重合或画在其延长线上。相同方向的各尺寸线的间距要均匀，间隔应大于 5 mm，以便注写尺寸数字和有关符号。

2）尺寸界线。尺寸界线用细实线绘制，一般应从被标注线段垂直引出，必要时允许倾斜，起始端需离开被标注部位不小于 2 mm，另一端宜超出尺寸线 2～3 mm。尺寸界线有时可用轮廓线、轴线或对称中心线代替。

3）尺寸起止符号。尺寸起止符号有箭头和中粗斜短线两种形式。箭头的尖端必须与尺寸界线接触，但不能超出。斜短线的倾斜方向应与尺寸界线成顺时针 45° 角，长度为 2～3 mm。

当尺寸起止符号采用斜短线形式时，尺寸线与尺寸界线必须相互垂直，并且同一图样中除标注直径、半径、角度可用箭头外，其余只能采用这一种尺寸起止符号形式。

4）尺寸数字。线性尺寸的数字一般注写在尺寸线上方中部处。同一图样中字号大小一致，位置不够可引出标注。尺寸数字前的符号区分不同类型的尺寸。如 ϕ 表示直径，R 表示半径，□ 表示正方形等。

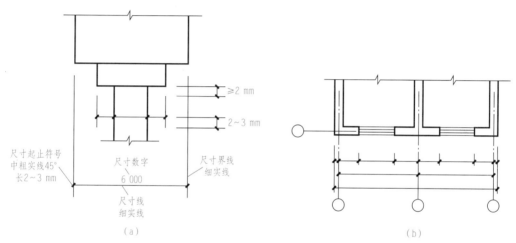

图 1-10　尺寸标注的组成

尺寸数字的书写位置及字头方向应按图 1-11（a）所示的规定注写；30° 斜区内应避免注写，不可避免时，应按图 1-11（b）所示的方式注写；任何图线不得穿过尺寸数字，不可避免时，应将图线断开；尺寸数字也不得贴靠在尺寸线或其他图线上，如图 1-11（c）所示；如果尺寸界线较密，注写尺寸数字的间隙不够时，可按如图 1-11（d）所示的方式注写。

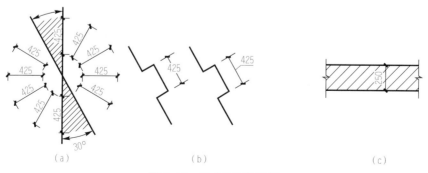

图 1-11　尺寸数字的注写

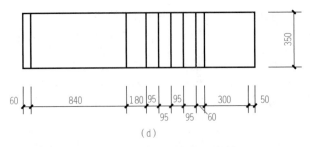

图 1-11 尺寸数字的注写（续）

（3）其他标注，见表 1-9。

表 1-9　其他标注　　　　　　　　　　　　　　　　　　　　　mm

标注样式	示意图及说明	备注
半径、直径、角度的标注	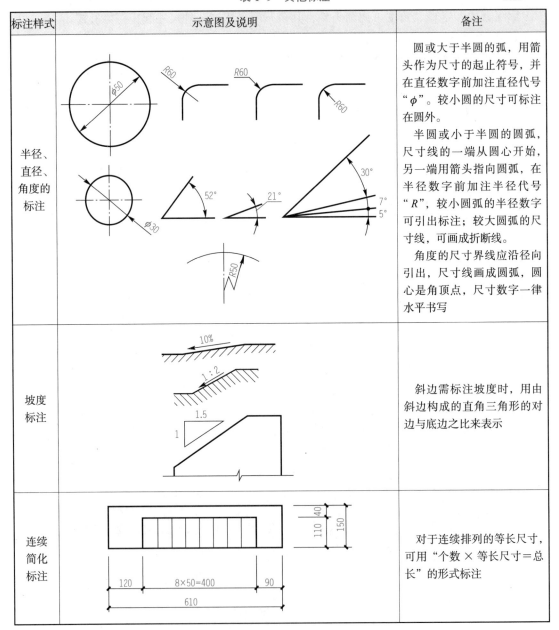	圆或大于半圆的弧，用箭头作为尺寸的起止符号，并在直径数字前加注直径代号"ϕ"。较小圆的尺寸可标注在圆外。 半圆或小于半圆的圆弧，尺寸线的一端从圆心开始，另一端用箭头指向圆弧，在半径数字前加注半径代号"R"，较小圆弧的半径数字可引出标注；较大圆弧的尺寸线，可画成折断线。 角度的尺寸界线应沿径向引出，尺寸线画成圆弧，圆心是角顶点，尺寸数字一律水平书写
坡度标注		斜边需标注坡度时，用由斜边构成的直角三角形的对边与底边之比来表示
连续简化标注		对于连续排列的等长尺寸，可用"个数 × 等长尺寸＝总长"的形式标注

三、制图工具和使用方法

1. 图板

图板是用于铺放和固定图纸的，作为绘图的垫板，要求板面光滑、平整，图板的短边作为丁字尺上下移动的导边，必须要求平直，如图 1-12 所示。图板的大小有各种不同的规格，可根据需要而选定。0 号图板适用于画 A0 号图纸，1 号图板适用于画 A1 号图纸，四周还略有宽余。画图时，将图板与水平桌面成 10°～15° 倾斜放置。

微课：制图工具及使用方法

2. 丁字尺

丁字尺是由尺头和尺身组成的，主要是用来画水平线。使用丁字尺画线时，丁字尺尺头始终紧靠图板左侧，以左手扶尺头，使尺上下移动；对准位置画线时，用左手压住尺身，然后自左向右画水平线，如图 1-13 所示。

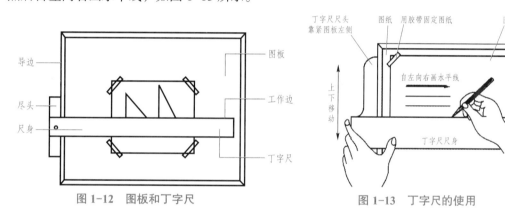

图 1-12　图板和丁字尺

图 1-13　丁字尺的使用

3. 三角尺

三角尺由有机玻璃制成，一副三角尺有两个：一个三角尺角度为 30°、60°、90°；另一个三角尺角度为 45°、45°、90°，且后者的斜边等于前者的长直角边。

如图 1-14（a）所示，画铅垂线时，先将丁字尺移动到所绘图线的下方，把三角尺放在应画线的右方，并使一直角边紧靠丁字尺的工作边，然后移动三角尺，直到另一直角边对准要画线的地方，再用左手按住丁字尺和三角尺，自下而上画线。另外，两块三角尺可画与水平线成 15°、75° 的倾斜线，如图 1-14（b）所示。

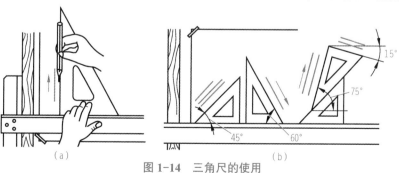

（a）

（b）

图 1-14　三角尺的使用

4. 铅笔

绘图铅笔的铅芯有软硬之分，H 表示硬，B 表示软：标号 B、2B、3B 等表示软铅芯，数字越大，表示铅芯越软；标号 H、2H、3H 表示硬铅芯，数字越大，表示铅芯越硬；标号 HB 表示软硬适中。画底稿常用 H 或 2H 铅笔，用 HB 铅笔写字，徒手作图可用 HB 或 B 铅笔，加重直线用 H、HB（细线）、HB（中粗线）、B 或 2B（粗线）铅笔。

铅笔尖使用时应削成锥形，铅笔芯露出 6～8 mm，如图 1-15（a）所示。削铅笔时要注意保留有标号的一端，以便在使用时能识别其标号，如图 1-15（b）所示。使用铅笔绘图时，用力要均匀，用力过大会划破图纸或在纸上留下凹痕，甚至折断铅芯。画长线时要边画边转动铅笔，使线条粗细一致。画线时，从正面看笔身应倾斜约 60°，从侧面看笔身应铅直。持笔的姿势要自然，笔尖与尺边距离始终保持一致，线条才能画得平直准确。

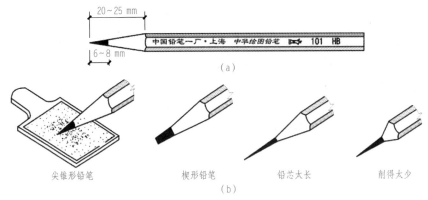

图 1-15　铅笔的使用

5. 圆规及分规

圆规是用来画圆和圆弧的仪器。圆规的一腿为可固定紧的活动钢针，另一腿上附有插脚，根据不同用途可换上铅芯插脚、鸭嘴笔插脚、针管笔插脚、接笔杆（供画大圆用），如图 1-16 所示。在使用前应调整带针插脚，使针尖略长于铅芯。铅芯应磨削成 65° 的斜面。

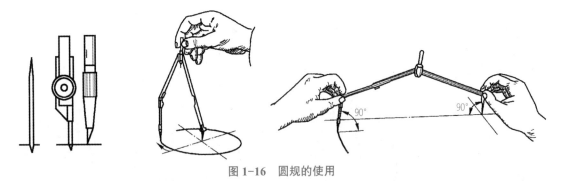

图 1-16　圆规的使用

分规的形状像圆规，但两腿都为钢针。分规是用来等分线段或量取长度的，量取长度是从直尺或比例尺上量取需要的长度，然后移置到图纸上各个相应的位置，如图 1-17 所示。

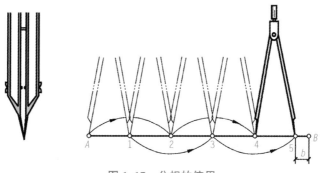

图 1-17　分规的使用

四、绘图方法

绘制工程图时，为了保证图纸的质量、提高工作效率，除要养成认真、耐心的良好习惯外，还要按照一定的方法和步骤循序渐进地完成。

1. 绘图前的准备工作

（1）准备好绘图所需的全部工具，并且在绘图之前和绘图过程中擦净图板、丁字尺、三角尺等。

（2）削磨铅笔、铅芯。

（3）分析了解所绘对象，根据所绘对象的大小选择合适的图幅及绘图比例；用胶带将纸固定在图板的左下角，使图纸的左边距离图板左边约为 5 cm，底边距离图板的下边略大于工字尺的宽度，要使固定的图纸保持干净、平整。

2. 绘铅笔底稿图

绘铅笔底稿图的目的是确定所绘对象在图纸上的确切位置，常不分线型，全部采用超细实线进行底稿线（比细实线更细且轻）的绘制。

（1）绘图纸边界线、图框线和标题栏外框线，绘图时采用削尖的 H 或 HB 铅笔绘制，底稿线要细而淡，绘图者自己能看得出便可。

（2）依次画出图纸幅面线、图框线、图纸标题栏。

（3）根据所画图的类型和内容，估计各图形的大小及预留尺寸线的位置，将图形均匀、整齐地安排在图纸上，避免某部分太紧凑或某部分过于宽松。

（4）画图时，一般先画轴线或中心线，其次画图形的主要轮廓线，然后画细部；尺寸线、尺寸界线、剖面符号、文字说明等可在图形加深完成后再注写。

（5）认真检查、整理底稿图。

3. 铅笔加深图形

铅笔加深图形是表现作图技巧、提高图面质量的重要阶段。因此，在对图形加深前，要认真校对底稿。图形加深的原则是：先细后粗或先粗后细，先曲后直；从上至下，从左至右。用铅笔加深图线时用力要均匀，边画边转动铅笔，使加深出来的线条粗细均匀、颜色深浅一致，加深时，还要根据制图的有关规定，做到线型正确、粗细分明，图线与图线的连接要光滑、准确，布图合理，整洁美观。

根据图 1-18 所示的 BIM 模型和任务单中的图 1-1，在 A3 图纸上抄绘一层平面图，并说明几何作图方法。

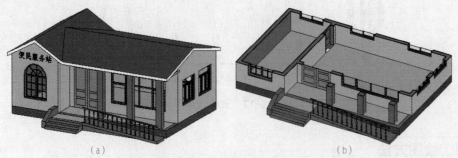

（a）　　　　　　　　　　　　　　　　　　　　（b）

图 1-18　BIM 模型

(a) 便民服务站 BIM 整体模型；(b) 被剖切后的 BIM 模型

（1）实例分析。根据图 1-18 所示的 BIM 模型和任务单中图 1-1 一层平面图可以看出，平面图是被剖切后房屋的水平投影，图纸上线条的绘制、尺寸标注、文字书写必须按照建筑制图标准的要求进行抄绘，在绘制前务必准备好制图工具、图纸等。

（2）绘图步骤。

1）图 1-1 所示的平面图选用 1∶50 的比例和 A3 图幅，并将图纸固定在图板上。

2）用 H 或 HB 铅笔打底稿，首先按照 A3 图幅的尺寸要求，用轻细实线画好图纸幅面线、图框线、图纸标题栏，如图 1-19（a）所示。

3）估算留出尺寸线的标注位置，将图大致布置在图纸中部，并按照顺序绘制平面图的轴线网格，如图 1-19（b）所示。

4）绘制平面图的内外墙线等建筑物的轮廓线，如图 1-19（c）所示。

5）绘制平面图的门、窗、阳台、楼梯等建筑物的细部，如图 1-19（d）所示。

6）检查底稿图是否有误，经过查漏补缺、修改后，进行图线加深。对于粗实线要使用 2B 铅笔，如墙线、图框线、标题栏框线的加粗；中实线使用 B 铅笔，如门、窗、阳台、楼梯等的加粗。

（7）用细实线绘制尺寸线、尺寸界线、折断线、标题栏内部细实线及文字的标注（图名、比例），然后用中实线画出尺寸起止符号和箭头。

(a)

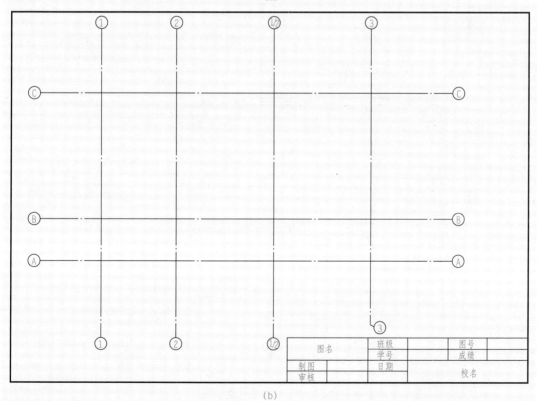

(b)

图 1-19　绘图步骤

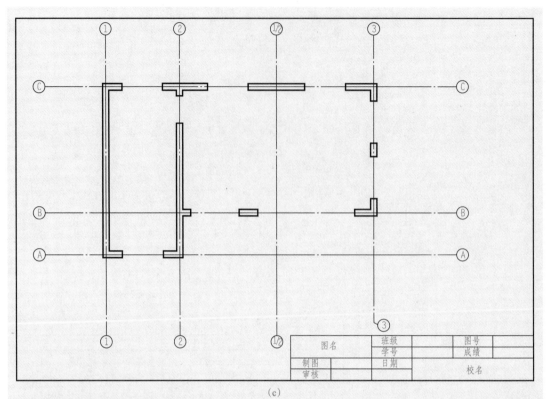

(c)

(d)

图 1-19 绘图步骤（续）

一、单选题

1．若采用 1∶5 的比例绘制一个直径为 40 mm 的圆时，其绘图直径为（　　　　）mm。

　　A．8　　　　　　　　　B．10　　　　　　　　　C．160　　　　　　　　　D．200

2．尺寸线不能用其他图线代替，一般也（　　　　）与其他图线重合或画在其延长线上。

　　A．不得　　　　　　　B．可以　　　　　　　　C．允许　　　　　　　　D．必须

3．绘制工程图时常用的工具是（　　　　）。

　　A．直尺、圆规、钢笔　　　　　　　　　　　　B．直尺、圆规、铅笔

　　C．曲线板、直尺、圆珠笔　　　　　　　　　　D．分规、椭圆板、描图笔

4．图幅规格采用 A3 图纸，大小为（　　　　）。

　　A．594 mm×420 mm　　　　　　　　　　　　B．420 mm×297 mm

　　C．297 mm×210 mm　　D．840 mm×594 mm

5．图样中汉字应写成（　　　　），采用国家正式公布的简化字。

　　A．宋体　　　　　　　B．长仿宋体　　　　　　C．隶书　　　　　　　　D．楷体

二、判断题

1．两块三角尺可画与水平线成 15°、75° 的倾斜线。　　　　　　　　　　　　　　（　　　）

2．在建筑工程图中，常把建筑物的实际尺寸缩小绘制在建筑图样上。　　　　　　（　　　）

3．标号 B、2B、3B 等表示软铅芯，数字越大，表示铅芯越硬。　　　　　　　　（　　　）

4．铅笔尖使用时应削成锥形，铅笔芯露出 6～8 mm。　　　　　　　　　　　　　（　　　）

5．0 号图板适用于画 A0 号图纸，1 号图板适用于画 A1 号图纸。　　　　　　　（　　　）

知识拓展

BIM 的应用

BIM 是建筑信息模型的简称，它的核心是通过建立虚拟的建筑工程三维模型，利用数字化技术，为这个模型提供完整的、与实际情况一致的建筑工程信息库。

传统建筑设计一般采用天正 CAD 软件绘制建筑平、立、剖面图纸，是用二维的方法来表达三维的空间，对于非专业从业人员而言，较难看懂并理解，即使是专业设计师，也很难百分之百地避免绘图错误。传统建筑行业的三维表达要依靠"效果图"，但效果图一般仅包含外观形式、材质、色彩等信息，建筑内部的空间、结构、构造、管线等重要信息则无法得到有效展示。

BIM 是用三维的方法来表达空间形态，即使是非专业人士也能够通过 BIM 来理解建筑中所包含的信息。与效果图仅能展示外观形式不同，BIM 提供了从外观形式到内部材料、构造做法、管线敷设等信息的整体展示手段。这能够解决建筑初步设计阶段，甲方多次修

改方案的同时又过度依赖效果图所造成的前期成本过高的问题。项目设计、建造、运营过程中的沟通、讨论、决策都在可视化的状态下进行。总之，BIM 技术是现代工程技术的又一次革新。

便民服务站的三维模型如图 1-20 所示。

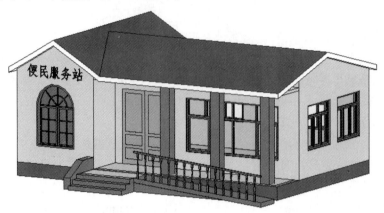

图 1-20　便民服务站三维模型

一、单选题

1．图线中的粗线宽度为 b，b 又称为基本线宽，则细线的宽度为（　　　）。
    A．$0.25b$　　　　　B．$0.5b$　　　　　C．$0.75b$　　　　　D．$0.15b$

2．在图纸右下角用以说明设计单位、图名、设计负责人等内容的表格为（　　　）。
    A．会签栏　　　　　B．图标　　　　　C．图框　　　　　D．图纸目录

3．建筑工程图中的汉字采用（　　　）。
    A．楷体　　　　　B．行体　　　　　C．长仿宋体　　　　　D．宋体

4．学生制图的标题栏的位置一般在图幅的（　　　）。
    A．左上角　　　　　B．左下角　　　　　C．右上角　　　　　D．右下角

5．墙体定位轴线采用（　　　）线型。
    A．细点画线　　　　　B．虚线　　　　　C．实线　　　　　D．波浪线

二、判断题

1．比例是指图样与实物相应要素的线性尺寸之比。　　　　　　　　（　　　）

2．画圆的中心线时，点画线不能超出圆的轮廓线。　　　　　　　　（　　　）

3．当比例注写在图名的右侧时，图名和比例的字高应该一样。　　　（　　　）

4．虚线与其他图线相交应交于线段处。　　　　　　　　　　　　　（　　　）

5．尺寸标注的三要素是尺寸界线、尺寸线和尺寸数字。　　　　　　（　　　）

三、绘图题

用 1∶50 的比例在 A4 幅面的图纸上抄绘图 1-21 所示的楼梯平面图，并标注尺寸、图名及比例。

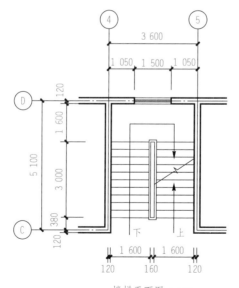

图 1-21　楼梯平面图

习题库

项目二　投影

建筑物是由点、线、平面构成的形体，三维的形体转为二维图形的绘制与识读，需要应用到投影的相关知识。本项目重点介绍投影的形成、分类，建筑工程常用的投影图，正投影的基本原理，以及点、直线、平面、立体的正投影图。这些基本知识是后面所有项目的基础，要求打好基础，实现知识的螺旋式上升，完成从量变到质变的飞跃。

>> **知识框架**

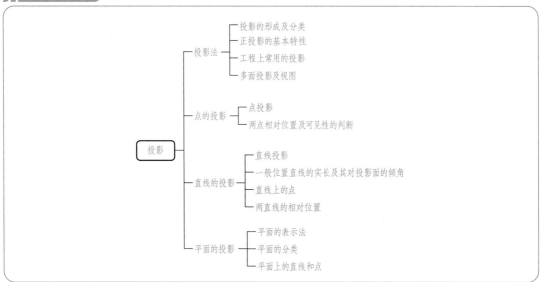

```
                                   ┌─ 投影的形成及分类
                                   ├─ 正投影的基本特性
                        投影法 ─────┤
                                   ├─ 工程上常用的投影
                                   └─ 多面投影及视图

                                   ┌─ 点投影
                        点的投影 ───┤
                                   └─ 两点相对位置及可见性的判断

        投影 ───┤
                                   ┌─ 直线投影
                                   ├─ 一般位置直线的实长及其对投影面的倾角
                        直线的投影 ─┤
                                   ├─ 直线上的点
                                   └─ 两直线的相对位置

                                   ┌─ 平面的表示法
                        平面的投影 ─┤ 平面的分类
                                   └─ 平面上的直线和点
```

知识目标

1. 了解投影法的概念、分类；
2. 熟悉正投影的基本性质；
3. 掌握立体上点、线及平面的投影绘制。

能力目标

1. 能够判断投影图的类型；
2. 能够识读投影图上的图线所应用的投影特性；
3. 能够完成建筑立体构件的投影图绘制。

1. 结合三视图的形成及投影理论，用唯物辩证法的思想看待和处理问题，培养逻辑思维与辩证思维能力，以利于形成科学的世界观和方法论。

2. 培养认真负责、踏实敬业的工作态度和严谨细致的工作作风。

任务一　投影法

任务单

任务名称	建筑物投影原理
任务描述	我国政府为了方便人们的生活，提高社会效率，促进社会发展，各地城市街道，乃至乡村都提倡建设便民服务站，请结合图 2-1 中便民服务站三面投影图和 BIM 图，完成以下投影原理问题的讨论分析。 　　（1）投影形成原理和分类。 　　（2）建筑投影图上利用哪些正投影特性？ 　　（3）建筑物三面投影图的学习，可利用教材、微课及网络资源，以掌握三面投影体系如何建立、展开及反映哪些规律。 　　（4）六视图和三面投影有何联系？要反映建筑物全貌，还需要哪几个方位的投影图？ 便民服务站组合 图 2-1　便民服务站三面投影图和 BIM 图

成果 展示				
	评价人员	评价标准	权重	分数
评价	自我评价	1. 三面正投影原理的掌握;		
	小组互评	2. 任务实施中形体三面投影图的绘制能力; 3. 强化训练的完成能力;		
	教师评价	4. 团队合作能力		

相关知识

想一想：

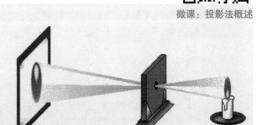

微课：投影法概述

　　人与自然是生命共同体，生态兴衰关系文明兴衰，只有促进人与自然和谐共生，才能确保中国式现代化生态文明建设沿着正确方向前进，自然反馈给我们的不只是物质层面上的富足，还蕴含更多的真理需要我们去发掘和研究。在战国时期，墨子（科圣）与学生所做的小孔成像为世界上第一个光学投影试验，如图 2-2 所示，这为照相机、放映机、录像机等现代高科技仪器的发明创造奠定了理论基础。请试举例说明生活中还存在哪些投影现象。

图 2-2　小孔成像

一、投影的形成及分类

　　在灯光或太阳光照射物体时，地面或墙上会产生与原物体相同或相似的影子，根据这个自然现象，人们总结出将空间物体表达为平面图形的方法，即投影法。

　　在投影法中，如图 2-3 中光源 S 为投射中心，SA、SB、SC 为投射方向线，透过形体 $\triangle ABC$ 向投影面 P 进行投射，所得的几何图形 $\triangle abc$ 则称为投影图，这一过程即

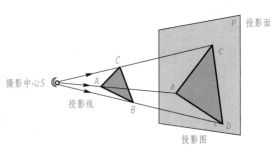

图 2-3　投影形成原理

投影的形成。

投影法反映了形体的三维图样与二维图形一一映射的投影规律，它是在二维平面上表达三维形状的基本方法。

小提示：投射线、物体、投影面则为投影形成的三要素。

1. 中心投影法

当投影中心距离物体相对较近时，由其一点射出的投影线，透过物体与投影面相交得到图形的方法称为中心投影法（图2-4）。

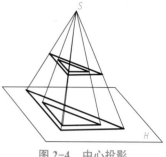

图2-4　中心投影

注意：投射中心、物体、投影面三者之间的相对距离对投影的大小有影响。中心投影法具有直观性好、度量性差等特点。

2. 平行投影法

若将投影中心移至无穷远处，则投影可看成投影线互相平行地通过物体与投影面相交，这种得到图形的方法称为平行投影法。当投影方向（投影线）倾斜于投影面，则称为斜投影法（图2-5）；当投影方向（投影线）垂直于投影面，则称为正投影法（图2-6）。

小提示：投影图大小与物体和投影面之间的距离无关。

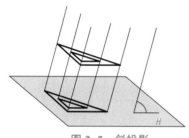

图2-5　斜投影

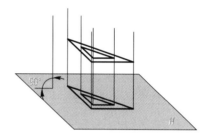

图2-6　正投影

想一想：

万事万物是相互联系、相互依存的。只有用普遍联系的、全面系统的、发展变化的观点观察事物，才能把握事物发展规律。因此，分析形体与投影面的相对位置，可以从形体上的直线、平面与投影平面平行、垂直、倾斜等角度出发，总结归纳各种投影图会体现出哪些特性。

二、正投影的基本特性

1. 真实性

如图2-7（a）所示，当直线或平面图形平行于投影面时，投影反映线段的实长和平面图形的真实形状。

2. 积聚性

如图2-7（b）所示，当直线或平面图形垂直于投影面时，直线段的投影则积聚成一点，平面图形的投影则积聚成一条线。

3. 类似性

如图 2-7（c）所示，当直线或平面图形倾斜于投影面时，直线段的投影仍然是直线段，长度比实长短；平面图形的投影是原平面图形的类似形状。

4. 定比性

如图 2-7（d）所示，相互平行的两直线在同一投影面上的投影平行；两直线的长度之比等于其投影的长度之比。

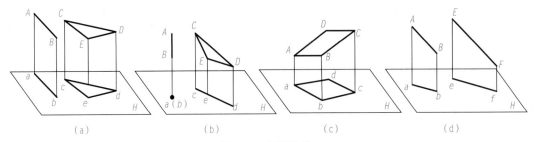

图 2-7　投影特性
(a) 真实性；(b) 积聚性；(c) 类似性；(d) 定比性

想一想：

从中国古代建筑到现代高楼耸立，无不印证中国智慧、中国速度、中国高度，结合身边的建筑物和相关文献资源，思考建造一项房屋工程，需要用到哪些投影图图纸。

三、工程上常用的投影

1. 多面正投影图

用正投影法将物体向两个或两个以上的相互垂直的投影面进行投影得到的多面正投影图，如图 2-8 所示。

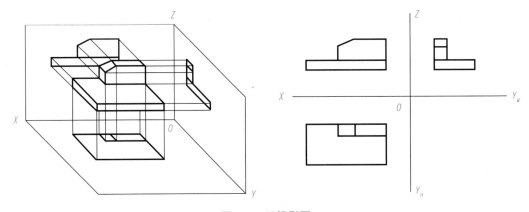

图 2-8　正投影图

由于正投影图作图方便、度量性好，能反映物体的真实形状和大小，因此广泛应用于各种工程图样。如图 2-9 所示，房屋多面投影图中展示出了正立面图、左侧立面图、右侧立面图、平面图及背立面图。通过以上图示，能够清楚地认识到建筑物房屋的平面形状、立面轮廓特点及部分构件的外貌形状。

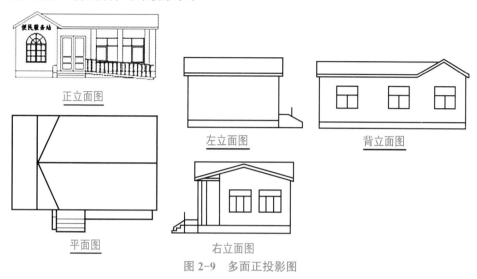

图 2-9　多面正投影图

2. 轴测投影图

将形体连同确定其位置的直角坐标系一起沿不平行于任一坐标面的方向平行投射到单一投影面上，所得到的图形称为轴测图或轴测投影图，如图 2-10 所示。轴测投影图虽直观性强，但不能度量，作图方法复杂，因此，该投影图主要作为工程图的辅助图样使用。

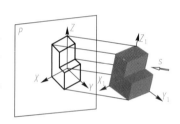

图 2-10　轴测投影图

3. 透视投影图

以视点为投射中心，将建筑物投射到画面上，得到的单面投影称为透视图，如图 2-11 所示。透视投影图比较符合视觉规律，图形逼真、立体感强，作图方法复杂，一般用作建筑物的效果表现图、工业产品的展示图。

图 2-11　透视投影图

4. 标高投影图

用一组间隔相等的水平面切割地形面，其交线称为等高线，作出它们在水平面上的正投影，并在其上标注高程数字，所得到的投影图称为标高投影图，如图 2-12 所示。标高投影图是一种带有数字标记的单面正投影图，如地形图、建筑总平面图。

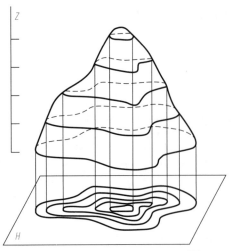

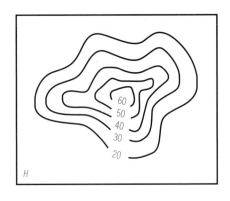

图 2-12　标高投影图

四、多面投影及视图

想一想：

为什么要建立三面投影体系或多面投影体系，它的建立能解决空间形体投影的哪些问题？

1. 三面投影

只凭一个投影不能确定唯一的空间形体，例如，在图 2-13（a）中，空间形状不同的物体，它们在投影面 *V* 上的投影却完全相同。若将形体投射到互相垂直的两个投影面上，如图 2-13（b）所示，它们在投影面 *H*、投影面 *V* 上的投影也完全相同。为了完全确定形体的形状，可将形体投射在三个互相垂直的投影面上，由这三个投影可以确定形体的形状和大小，如图 2-13（c）所示。

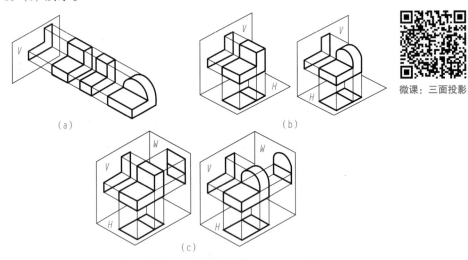

微课：三面投影

（a）

（b）

（c）

图 2-13　形体投影

（a）单面投影；（b）两面投影；（c）三面投影

028

小提示：正三面图能反映形体的实际形状和大小，度量性好，作图简便。

（1）三面投影体系建立。三面投影体系由相互垂直相交的水平投影面（H面）、正立投影面（V面）及侧立投影面（W面）建立，如图2-14所示。V面与H面垂直相交产生的交线为OX轴，W面与H面垂直相交产生的交线为OY轴，V面与W面垂直相交产生的交线为OZ轴。投影轴间的交点为原点，即O点。

（2）三面投影图的形成过程。将形体放置在三面投影体系中，使形体的表面平行或垂直于投影面，用正投影法分别向V面、H面、W面进行投影，即可得到形体的三面投影图，如图2-15所示，由前向后在V面上所得投影为正立面投影，由上向下在H面上所得投影为水平面投影，由左向右在W面上所得投影为侧立面投影。

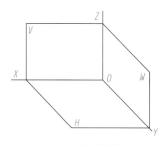

图2-14　三面投影体系

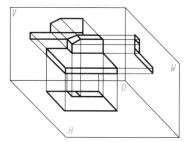

图2-15　三面投影图的形成

（3）三面投影体系展开。先确保V面保持不动，H面向下向后绕OX轴旋转90°，W面向右向后绕OZ轴旋转90°，如图2-16（a）所示进行展开。展开后Y轴被分为两部分，在水平面的Y轴被称为Y_H，侧立面Y轴被称为Y_W，由此得到形体三面投影图，如图2-16（b）所示。

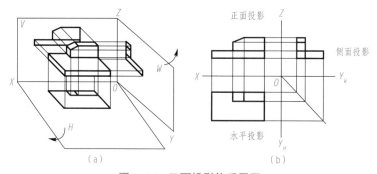

（a）　　　　　　　　　　　　　　　　　（b）

图2-16　三面投影体系展开

小提示：一般绘制三面投影图时，形体投影的可见轮廓线用粗实线表示，不可见用虚线表示。对称图形用细点画线表示对称中心线或轴线。三面投影图应按照水平投影图在正投影图正下方、侧面投影在正投影正右方配置。

（4）三面投影规律。从形体三面投影图形成及展开的过程，发现三面投影图可以反映以下规律：

1）度量关系。

①正投影图反映形体的长和高，水平投影图反映形体的长和宽，侧面投影图反映形体的宽和高。

②正投影图和水平投影图的长度相等且对正，正投影图和侧面投影图的高度相等且齐

平，水平投影图和侧面投影图的宽度相等，由此可以概括为长对正、高平齐、宽相等。

2）方位关系。形体在三面投影体系中的前后、上下、左右6方位的位置关系如图2-17所示。每个投影图可以反映相应的4个方位。

①正面投影反映形体的左、右、上、下4个方位。

②水平投影反映形体的左、右、前、后4个方位。

③侧面投影反映形体的前、后、上、下4个方位。

一般选择正面投影为基准，在水平投影和侧面投影上，靠近正面投影的一侧为形体的后侧，远离正面投影的一侧为形体的前侧。

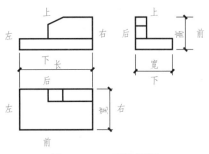

图 2-17　三面投影图

实例练习

如图2-18所示为扶壁式挡土墙，它是一种钢筋混凝土薄壁式挡土墙，适用于缺乏石料及地震地区。其主要特点是构造简单、施工方便，能适应承载力较低的地基，并有效地防止填方边坡的滑动，是城市公路工程立交桥引道中常用的一种挡墙形式。绘制如图2-19所示的扶壁式挡土墙的简化模型三面投影图。

图 2-18　扶壁式挡土墙

挡土墙模型

图 2-19　简化模型

（1）实例分析。

1）分析形体的形状特征。扶壁式挡土墙主要由底板、墙背和肋板三部分组成。

2）选择投影方向，三面投影体系中将模型放正，使形体上的多数平面和投影面平行或垂直，并确定好正面投影方向，如图2-19所示。

3）确定图幅和比例。根据简化模型上的最大长、宽、高尺寸及复杂程度确定图幅和比例。

（2）作图步骤。

1）布置图画，画基准线。一般选择图形的对称中心线及主要边线，正面投影选择最底边和最右边线为基准线，水平投影选择最后边和最右边线为基准线，侧面投影选择最底边和最后边线为基准线。三面投影间应具有一定的间距，如图2-20（a）所示。

2）从反映形状的特征的投影画起，利用三面投影"长对正、高平齐、宽相等"的投影规律，作辅助线条，先完成底板和墙背投影绘制，如图2-20（b）所示，再完成肋板投影绘制，如图2-20（c）所示。

3）检查修改无误后，擦去多余辅助线条，并对形体可见轮廓进行加深描粗，完成作图，如图2-20（d）所示。

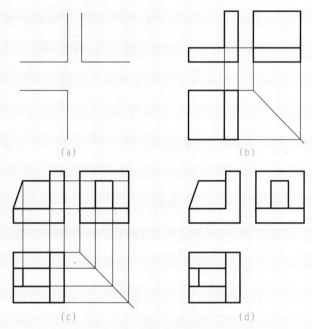

图 2-20　三面投影图的作图过程

(a) 布图；(b) 绘制底板和墙背；(c) 绘制肋板；(d) 作图结果

2. 六视图

视图是将物体按照正投影法向投影面投射所得的投影。在原有三个投影面的基础上，再增设三个投影面，组成一个正六面体，如图2-21所示。以正六面体的六个面作为基本投影面，物体向基本投影面投射所得到的视图称为基本视图。

微课：六视图

小提示：建筑形体的视图是采用第一角法并按正投影绘制的多面投影图。在第一象限内，形体位于观察者与投影面之间进行投影的画法，即称为第一角法。三面投影图又称为三视图，所采用的绘制方法符合第一角法。

（1）由前向后投射得到的视图（正立面投影）：主视图（正立面图）。

（2）由上向下投射得到的视图（水平面投影）：俯视图（平面图）。

（3）由左向右投射得到的视图（侧立面投影）：左视图（左侧立面图）。

（4）由下向上投射得到的视图：仰视图（底面图）。

（5）由右向左投射得到的视图：右视图（右侧立面图）。

（6）由后向前投射得到的视图：后视图（背立面图）。

基本投影面的展开方法：仍然保持 V 面不动，其他各投影面按图 2-22 中箭头所指方向转至与 V 面共面位置。

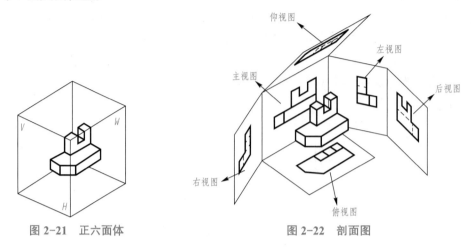

图 2-21　正六面体　　　　　　　　　　图 2-22　剖面图

六个基本视图之间仍然保持着内在的投影联系，即"长对正，高平齐，宽相等"的投影规律。

在实际工作中，当在同一张图纸上绘制同一个物体的若干个视图时，为了合理地利用图纸，可将各视图的位置按图 2-23 所示的顺序进行配置。此时每个视图一般应标注图名。图名宜标注在视图的下方或一侧，并在图名下方用粗实线绘制一条横线，其长度应以图名所占长度为准。

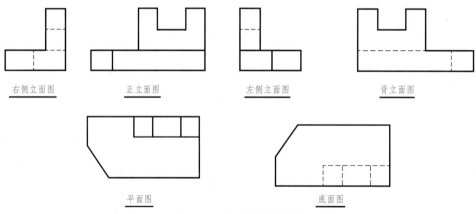

右侧立面图　　　　　　正立面图　　　　　　左侧立面图　　　　　　背立面图

平面图　　　　　　　　　　底面图

图 2-23　六视图配置位置

3. 镜像投影

假设把镜面放在形体的下面，代替水平投影面，在镜面中反射得到的图像称为镜像视图。

镜像投影法属于正投影法。镜像投影是形体在镜面中的反射图形的正投影，该镜面应平行于相应的投影面，如图 2-24 所示。用镜像投影法绘图时，应在图名后加注"镜像"二字，必要时可画出镜像投影画法的识别符号。这种图在室内设计中常用来表现吊顶（天花）的平面布置。

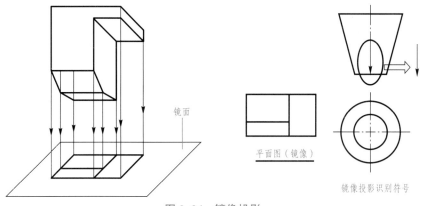

图 2-24　镜像投影

强化训练

一、单选题

1. 能反映物体的真实形状和大小，在工程制图中得到广泛应用的图为（　　　）。

    A．垂直投影图　　　B．透视图　　　　C．中心投影图　　　D．正投影图

2. 平行投影法中的（　　　）相互倾斜时，称为斜投影法。

    A．物体与投影面　　　　　　　　　B．投射线与投影面

    C．投影中心与投射线　　　　　　　D．投射线与物体

3. 投影的要素为投射线、（　　　）、投影面。

    A．观察者　　　　B．物体

    C．光源　　　　　D．画面

4. 正投影法的基本性质是真实性、积聚性、（　　　）、定比性。

    A．统一性　　　　B．特殊性

    C．类似性　　　　D．普遍性

5. 如图 2-25 所示，图形属于（　　　）图。

    A．轴测投影　　　B．正投影

    C．透视投影　　　D．标高投影

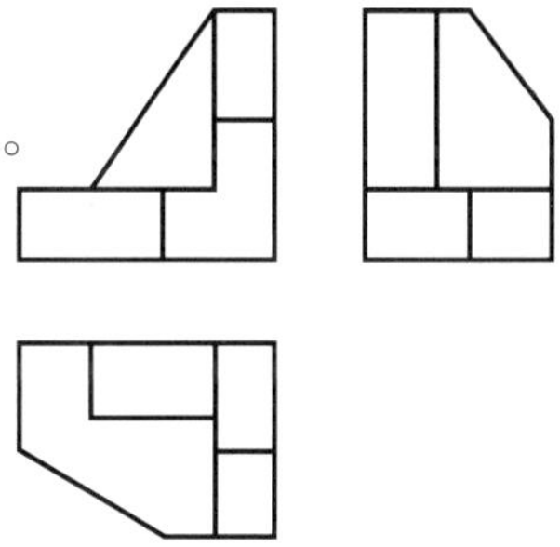

二、判断题

图 2-25　单选题 5

1. 中心投影中形体和投影面的距离是有限的。　　　　　　　　　　　　（　　　）

2. 平行投影根据投射线和投影面的关系可以分为正投影和侧投影。　　（　　　）

3. 自然界物体的投影图即为物体的影子。　　　　　　　　　　　　　　（　　　）

4. 标高投影图是一种带有数字标记的单面正投影图。　　　　　　　　　（　　　）

5. 相互平行的两直线在同一投影面上的投影平行。　　　　　　　　　　（　　　）

6. 镜像投影法属于斜投影法。　　　　　　　　　　　　　　　　　　　（　　　）

7. 由前向后投射得到的视图为正立面投影，为前视图。　　　　　　　　（　　　）

8．视图的图名宜标注在视图的下方或一侧，并在图名下用粗实线绘制一条横线，其长度应以图名所占长度为准。（　　）

9．六视图与三视图的投影都符合"长对正，高平齐，宽相等"的投影规律。（　　）

三、绘图题

如图 2-26 所示，参考形体直观图，补画三面投影图中遗漏的图线。

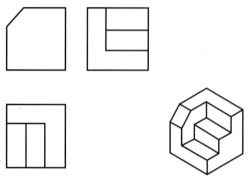

图 2-26　绘图题

科圣——墨子

墨子，春秋战国时期著名思想家、教育家、自然科学家及军事家。师从儒者，创立墨家学说，主要提倡"兼爱、非攻"等观点，墨子"崇义厚德"，以"怀天下之义"的家国情怀和实践教育思想办学收徒，为那个时代培养了大量的实用型技术技能人才。

在《墨辩》中墨子提出的类、故、理等逻辑概念为中国逻辑史上的首次。其中"类"侧重于概念内涵，反映事物间属性的类同对应关系，"故"则是事物发展的原因和结果，"理"与大道、规律相联系，这都属于逻辑类推或论证的范畴。

《墨辩》涉及几何学、物理学、光学等众多学科，对中国古代科学思想有着重要的影响。他所提出的"端""尺""区""体"可对应为点、线、面、体。其中对"端"的理解为：是不占有空间的，是物体不可再分的最小单位，是现代几何学的雏形。在当代，世界上首颗量子科学实验卫星"墨子号"升空，再次向世人证明了，墨子理论推动我国科学技术发展的伟大成就。

任务二 点的投影

任务名称	绘制形体上点的投影			
任务描述	根据图 2-27 制作建筑物简化形体模型，分析其各顶点的投影，在成果展示区完成图 2-27 形体上点投影图绘制，并判断 A 和 B、B 和 C 的相对位置。 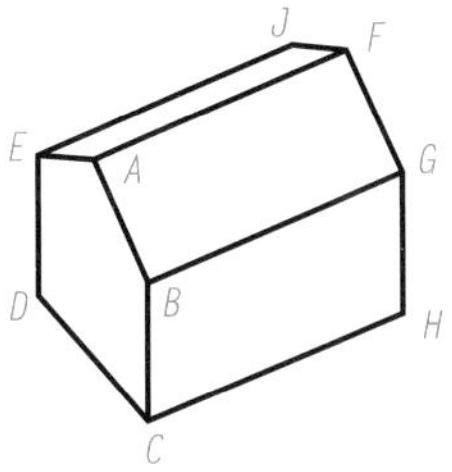 图 2-27　建筑物形体模型 提示： （1）材料、工具准备：硬质纸张、图纸、铅笔、小刀等。 （2）认真细致地观察形体，确定简化形体上点的空间位置。 （3）在图纸上绘制点的投影，利用点的投影规律，确定各个投影面上点的位置，并标注相应的字母表示。 （4）判断重影点的可见性，并标注清楚。 （5）整理图纸、工具。			
成果展示				
评价	评价人员	评价标准	权重	分数
	自我评价	1. 点投影相关知识点的掌握；	40%	
	小组互评	2. 任务实施中点的三面投影图的绘制能力； 3. 强化训练的完成能力；	30%	
	教师评价	4. 团队合作能力	30%	

一、点投影

春秋时期，楚国老子（李耳）云："九层之台，起于累土；千里之行，始于足下"，做事要从基本开始，积跬步、累小流，方有所成。正如房屋的组成由多个点汇聚成线，线汇聚成面，面构成体，我们只有夯实点投影的知识，在后续直线、面及体投影的学习中才能游刃有余。

1. 点投影的形成

将空间点 A 按正投影法分别向水平投影面、正立投影面和侧立投影面作投影，即由点 A 分别向 H 面、V 面、W 面作垂线，得垂足 a、a' 和 a''，则 a、a' 和 a'' 分别称为空间点 A 的水平投影、正面投影和侧面投影［图 2-28（a）］。

微课：点的投影

小提示：点的表示：空间点用大写字母表示，如 A、B、C 等；点的水平投影用相应的小写字母表示，如 a、b、c 等；点的正面投影用相应的小写字母加一撇表示，如 a'、b'、c' 等；点的侧面投影用相应的小写字母加两撇表示，如 a''、b''、c'' 等。

2. 点的投影规律

将三面投影体系展开后，从图 2-28（b）中可以看出，点的水平投影和正面投影的连线垂直于 OX 轴，点的正面投影和侧面投影的连线垂直于 OZ 轴。点的 H 面投影 a 到 OX 轴的距离，等于点的 W 面投影 a'' 到 OZ 轴的距离。

（1）点的两投影连线垂直于相应的投影轴，即有 $a'a \perp OX$，$a'a'' \perp OZ$，$aa_{YH} \perp OY_H$，$a''a_{YW} \perp OY_W$。

（2）点的投影到投影轴的距离，反映该点到相应投影面的距离，即有 $a'a_X = a''a_{YW} = Aa$，$aa_X = a''a_Z = Aa'$，$a_{YH} = a'a_Z = Aa''$。

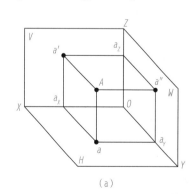

（a）

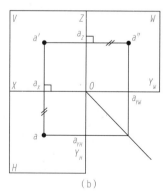

（b）

图 2-28　点的三面投影
(a) 直观图；(b) 展开图

已知空间点 A 的正面投影 a' 和侧面投影 a''，求作该点的水平投影［图 2-29（a）］。

作图步骤：

方法 1：过 O 作 45° 辅助线，过 a' 作 OZ 轴垂线，与 OZ 相交于 a_z，过 a 作直线平行于 OX 轴，与 45° 辅助线相交后作平行于 OZ 轴的直线且交 $a'a_z$ 的延长线于 a''［图 2-29（b）］。

方法 2：过 a' 作出 OZ 轴的垂线后，先用圆规量取 a_Y，再量取 $a_za''= a_Y = aa_X$，确定出 a''［图 2-29（c）］。

方法 3：过 a' 作 OZ 轴垂线，与 OZ 相交于 a_z，过 a 作 OY_H 轴垂线，交于 a_{YH}，以 O 为圆心，Oa_{YH} 为半径，画圆弧，交 OY_W 轴于 a_{YW}，再作平行 OZ 轴辅助线交 $a'a_z$ 的延长线于 a''［图 2-29（d）］。

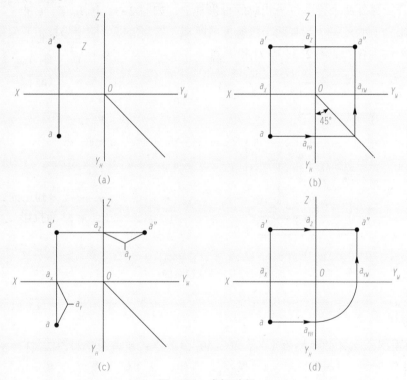

图 2-29　求解过程

(a) 已知条件；(b) 方法 1；(c) 方法 2；(d) 方法 3

3. 点的坐标投影

在三投影面体系中，空间点及其投影的位置可以由点的坐标来确定，将三投影面体系看作一个空间直角坐标系，投影面为坐标面，投影轴为坐标轴，投影原点为坐标原点。

空间一点 A 的坐标可表示为 $A(x, y, z)$。空间点到三个投影面的距离为点 A 的三个坐标。

（1）点 A 到 W 面的距离为点 A 的 X 坐标。

（2）点 A 到 V 面的距离为点 A 的 Y 坐标。

（3）点 A 到 H 面的距离为点 A 的 Z 坐标。

从图 2-30 中可以看出，点 A 的水平投影 a 由 (x, y) 坐标确定，正面投影 a' 由 (x, z) 坐标确定，侧面投影 a'' 由 (y, z) 坐标确定。点的任何两个投影都反映了点的三个坐标值。因此，已知点的投影图可以确定点的坐标；反之，已知点的坐标也可以作出点的投影图。

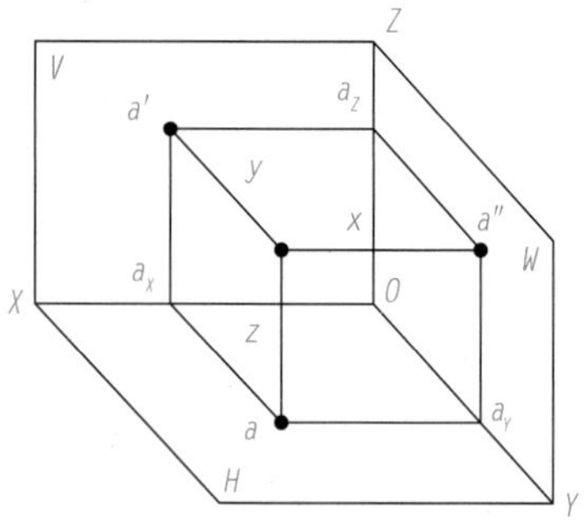

4. 特殊位置的点

（1）原点——到三个投影面的距离（三个坐标值）均为零。空间点与原点 O 重合。

图 2-30 点坐标直观图

（2）投影面上的点——到某个投影面的距离（三个坐标中一个坐标值）为零。空间点与该面投影重合，另外两个投影位于相应的投影轴上，如图 2-31 中 A、B、C 点。

（3）投影轴上的点——到某两个投影面的距离（三个坐标中两个坐标值）为零。空间点与该两面投影均重合，如图 2-31 中 D 和 E 点。

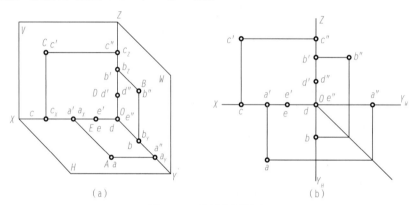

图 2-31 各种位置的点

实例练习

已知模型图上点 A 的坐标为（40，20，30），求作点 A 三面投影图。

（1）实例分析。从图 2-32（a）模型上可知，点 A 的 X 坐标为 40 mm；Y 坐标为 20 mm；Z 坐标为 30 mm，为空间上一般位置点。

（2）作图步骤。

1）利用 $X = 40$ 定出 a_X，过 a_X 作投影轴的垂线，在水平面上量取 $Y = 20$，画出水平投影 a；

2）在 V 面上量取 $Z = 30$，画出正面投影 a'；

3）过 a' 作出 OY 轴的垂线，在 W 面上量取 $Y = 20$，画出侧面投影 a''；由此可以绘制出点 A 的三面投影，如图 2-32（b）所示。

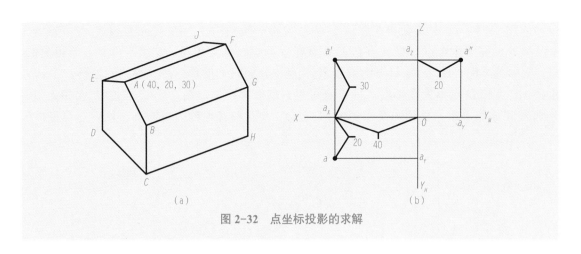

图 2-32　点坐标投影的求解

二、两点相对位置及可见性的判断

　　如果空间有两点，那么怎样判断两点的相对位置？相对位置又是如何定义的？三面投影图能反映哪些方位呢？

1. 两点相对位置

　　两点的相对位置是指空间两点上下、左右、前后的位置关系。可通过比较两点的坐标来判断：通过 X 坐标判别两点的左、右关系，X 坐标值大在左；通过 Y 坐标判别两点的前、后关系，Y 坐标值大在前；通过 Z 坐标判别两点的上、下关系，Z 坐标值大在上。

　　如图 2-33 所示，判断 A、B 两点的相对位置，可以通过 X 坐标判别 $x_b > x_a$，可以确定 B 点在 A 点的左方；通过 Y 坐标判别 $y_b < y_a$，可确定 B 点在 A 点的后方；通过 Z 坐标判别 $z_b < z_a$，可以确定 B 点在 A 点的下方。因此，空间 B 点在 A 点之后、之左、之下。

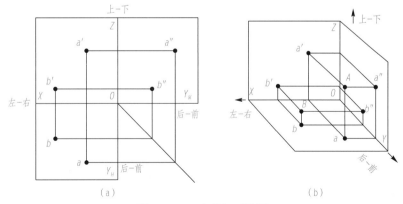

图 2-33　两点的相对位置

（a）展开图；（b）直观图

2. 重影点

当空间两点在某一投影面上的投影重合成一点时称为对该投影面的重影点。

如图2-34（a）中A点和B点位于H面的同一投射线上，在H面上投影a、b重合，A点和B点称为重影点。且A点在上B点在下，所以A点可见，B点不可见，不可见的点，表示为（b）。图2-34（b）中C点和D点，分别向V面作垂线，得到的投影c′、d′重合，C点和D点称为重影点，且C点可见，D点不可见。图2-34（c）中E点和F点，分别向W面作垂线，得到的投影e″、f″重合，E点和F点称为重影点，且E点可见，F点不可见。

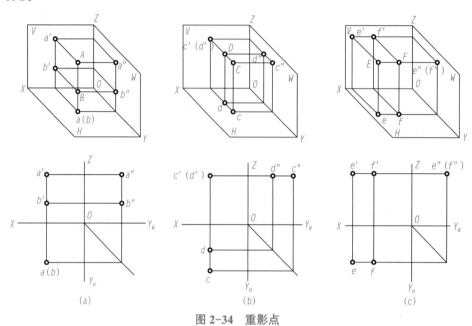

图2-34　重影点

小提示：重影点具备两个坐标值相等、第三个坐标值不相等的特点。其可见性的判别可根据不等的坐标值确定，坐标值大的可见，坐标值小的不可见。

🔵 实例练习

已知模型图上点A、B和C的三面投影，如图2-35所示，判断A和B、B和C的相对位置关系及可见性。

（1）实例分析。模型三面投影图上分析两点相对位置，可根据坐标值大小进行判别，如X坐标大在左、Y坐标大在前、Z坐标大在上。

（2）判断步骤。

1）如图2-36所示绘制坐标轴为参考，可判断出$x_a = x_b$，$y_b > y_a$，$z_b < z_a$，因此B点在A点的前下方。

2）由于$x_b = x_c$，$y_b = y_c$，$z_b > z_c$，C点在B点正下方，该两点在H面上投影重合，为重影点，c点不可见，用（c）表示。

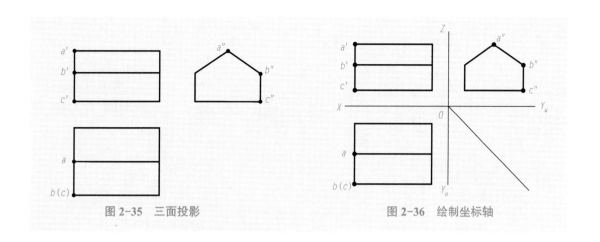

图 2-35　三面投影　　　　　　　　　图 2-36　绘制坐标轴

一、单选题

1. 物体的三面投影图中，水平面投影能显示的尺寸是（　　　　）。
   A. 长和宽　　　　　　　　　　　　B. 长和高
   C. 宽和高　　　　　　　　　　　　D. 长、宽、高

2. 侧面投影可以反映物体的（　　　　）方位。
   A. 左右、前后　　　　　　　　　　B. 左右、上下
   C. 前后、上下　　　　　　　　　　D. 以上都可以

3. 关于重影点的可见性的说法，下列正确的是（　　　　）。
   A. 前面的点可见　　　　　　　　　B. 下面的点可见
   C. 右面的点可见　　　　　　　　　D. Z坐标小的可见

4. 关于点的位置关系的说法，下列错误的是（　　　　）。
   A. Z坐标小的在下面　　　　　　　B. X坐标大的在左面
   C. Y坐标大的在前面　　　　　　　D. X坐标大的在右面

5. 点的正面投影与侧面投影的连线垂直于（　　　　）轴。
   A. Y　　　　　　　　　　　　　　B. X
   C. Z　　　　　　　　　　　　　　D. W

二、绘图题

1. 已知 A 点的两面投影（图 2-37），求点 B、C、D 的三面投影，使 B 点在 A 点的正下方 8 mm，C 点在 A 点的正前方 10 mm，D 点在 A 点的正左方 15 mm，并判断可见性。

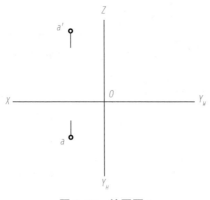

图 2-37 绘图题 1

2．根据图 2-38 中表中所给出的点到投影面的距离，在图 2-38 中作出点的三面投影（单位：mm）。

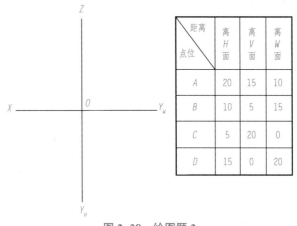

距离 点位	离 H 面	离 V 面	离 W 面
A	20	15	10
B	10	5	15
C	5	20	0
D	15	0	20

图 2-38 绘图题 2

知识拓展

中国工匠"始祖"——鲁班

鲁班，春秋末期鲁国（今曲阜）人，是中国古代一位优秀的土木建筑师，被尊称为我国土木工匠的"始祖"。

鲁班出身于工匠世家，受家庭的影响和熏陶，他自幼就喜欢手工工艺、机械制造、土木建筑等。他经常虚心向家人和有经验的师傅请教，学习先进的制作技术和经验，并悉心观察工匠们在各项劳动中应用的高超操作技巧。经个人的不懈努力和长期的生产实践，鲁班逐渐掌握了古时工匠们所需要的各种技能，成为当时最杰出的能工巧匠。

千百年来，鲁班发明锯的故事一直在民间广泛流传。另外，木工使用的不少工具器械如刨子、曲尺、弹线的墨斗，及益智玩具鲁班锁也是鲁班创造的，这些发明都是经过他的反复研究试验得来的，只有经过一次次的打磨和细节重塑才能成功。为了弘扬精益求精的工匠精神，1987年建筑行业设置了建筑工程鲁班奖（2020年更名为"中国建设工程鲁班奖"，简称为"鲁班奖"），这个奖项是建设行业工程质量的最高荣誉奖。

任务三 直线的投影

任务名称	绘制和识读形体上直线的投影				
任务描述	纵观中外建筑发展，建筑的外观着眼于线的排列组合及流动，线条的变化赋予了各类建筑独有的特质。无论是庙宇、宫殿，还是宅第，其屋顶是由屋脊的直线、斜线及曲线相结合而形成的，直线勾勒出了简单、平静、延伸、广阔的建筑意境和直观的建筑形体。结合图2-39所示的房屋建筑模型，完成以下任务： 图2-39 房屋建筑模型 （1）分别确定形体上直线的空间位置； （2）利用各位置直线的投影规律，绘制形体上的直线 AB、BC 三面投影； （3）总结各种位置直线的识读方法； （4）根据投影面垂直线的特性，判断重影点的可见性，如 BC 的投影； （5）试求解直线 DE 的实际长度； （6）判断直线 BC 与 DE 的相对位置关系，掌握两直线相对位置的判断方法				
成果展示					
评价	评价人员	评价标准		权重	分数
	自我评价	1. 直线投影相关知识点的掌握； 2. 任务实施中直线的三面投影图的绘制能力； 3. 强化训练的完成能力； 4. 团队合作能力		40%	
	小组互评			30%	
	教师评价			30%	

两点确定一条直线，直线的投影与点投影有怎样的关系？不同位置的直线对于一个投影平面又能体现出怎样的特性呢？

一、直线投影

1. 直线对一个平面的投影特性

两点确定一条直线，将两点的同名投影用直线连接，就得到直线的同名投影。

当直线垂直于投影面时，投影重合为一点，如图 2-40（a）所示；当直线平行于投影面时，投影为空间直线的平行线，且反映直线实长，如图 2-40（b）所示；当直线倾斜于投影面时，投影仍为直线，但比空间直线短，如图 2-40（c）所示。

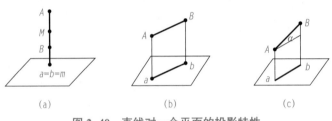

图 2-40　直线对一个平面的投影特性
(a) 垂直；(b) 平行；(c) 倾斜

各种位置的直线在三面投影体系中具备哪些投影特性？怎样能快速判别直线的类型？

2. 各种位置直线的投影特性

（1）一般位置直线。对三个投影面都倾斜的直线为一般位置直线，如图 2-41 所示。直线与 H、V、W 面的倾斜角分别用 α、β、γ 表示。

微课：各种位置直线

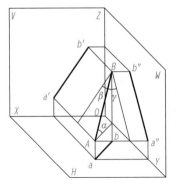
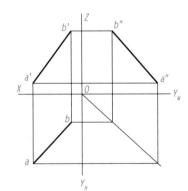

图 2-41　一般位置直线

小提示：识图方法：三条斜线段，定是一般直线。

投影特性：

1）各个投影面的投影均倾斜于投影轴，且不反映直线与投影面倾角的真实大小。

2）各个投影面的投影均小于实长。

（2）投影面平行线。某直线平行于某一投影面而倾斜于另外两个投影面，该直线为投影面平行线。投影面平行线可分为水平线、正平线、侧平线。投影面平行线特性见表2-1。

表 2-1 投影面平行线特性

名称	水平线 （// H，倾斜于 V、W）	正平线 （// V，倾斜于 H、W）	侧平线 （// W，倾斜于 V、H）
直观图	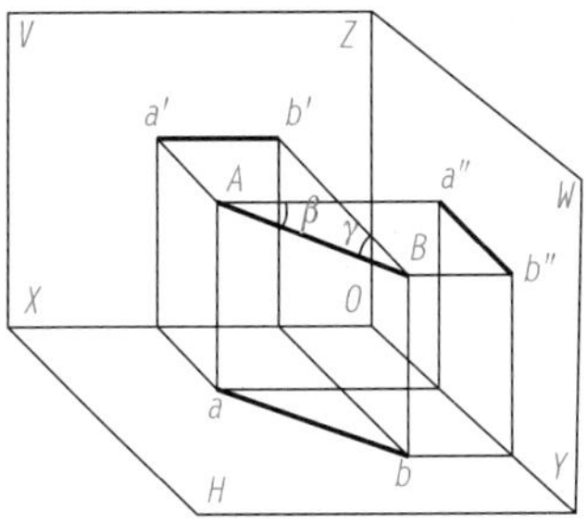	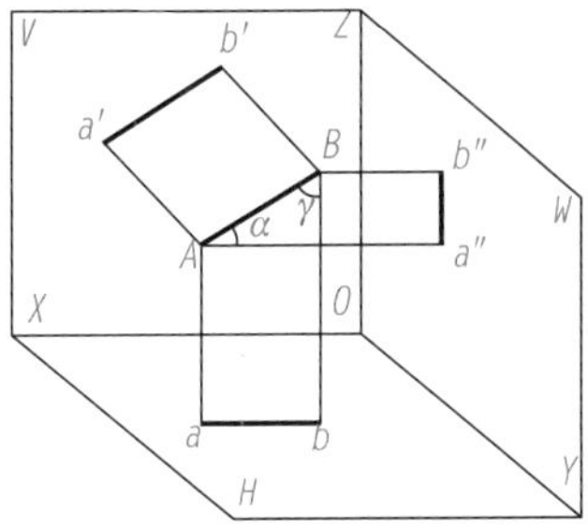	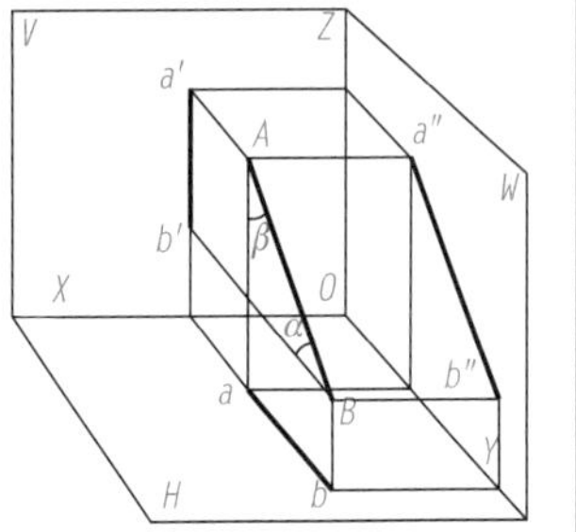
投影图	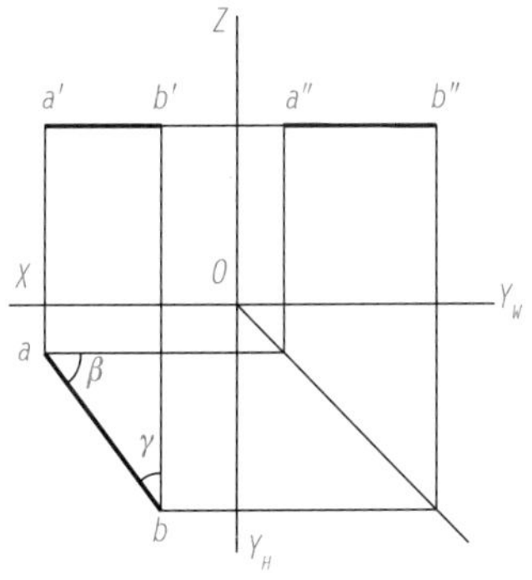	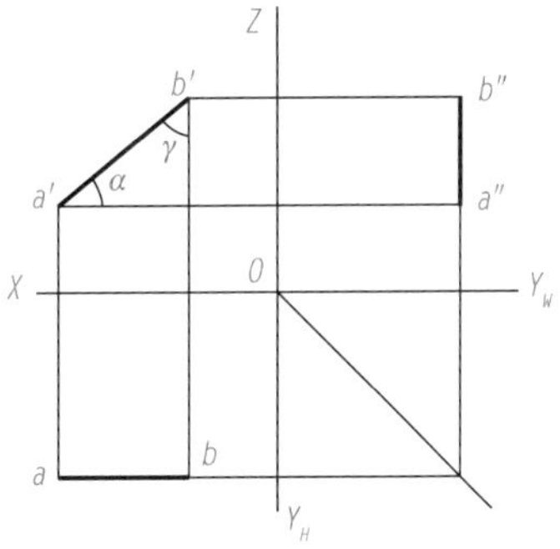	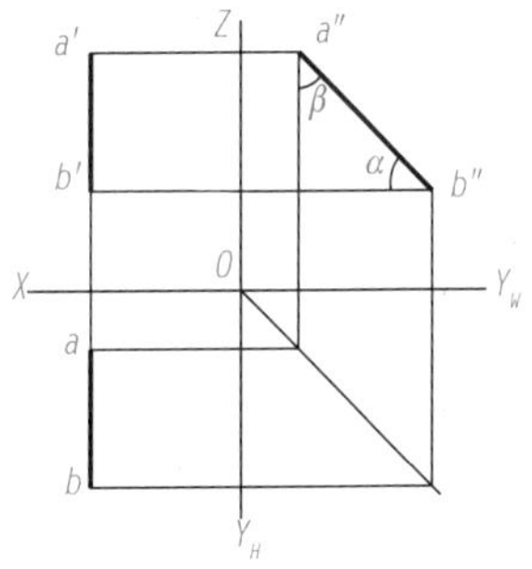
特性	1）$a'b'//OX$，$a''b''//OY_W$； 2）$ab = AB$； 3）反映 β、γ 角的真实大小	1）$ab//OX$，$a''b''//OZ$； 2）$a'b' = AB$； 3）反映 α、γ 角的真实大小	1）$ab//OY_H$，$a'b'//OZ$； 2）$a''b'' = AB$； 3）反映 α、β 角的真实大小

投影特性：

1）直线在与其平行的投影面上的投影反映该直线段实长，且该投影与投影轴的夹角（α、β、γ）反映直线与另外两个投影面的倾角。

2）另外两个投影面上的投影平行于相应的投影轴，投影长度缩短。

小提示：识图方法：一斜两直线，定是平行线；斜线在哪面，平行哪个面。

读图时，可利用直线投影特性判断直线的空间位置。在直线的任意两面投影中，如果一个投影为倾斜于投影轴的直线，而另外一个投影为平行于投影轴的直线，则该空间直线一定是投影面的平行线。若投影面投影图中两面投影都分别平行于不同的投影轴，则该直线一定平行于第三个投影面。

将图 2-42 所示的屋顶简化模型放入三面投影体系中，已知 A 的三面投影如图 2-43（a）所示，AB 实长为 30 mm，且与水平面的夹角 $\alpha = 30°$，试分析 AB 空间位置，并绘制 AB 的三面投影。

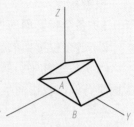

图 2-42　屋顶简化模型

（1）实例分析。空间 AB 直线为屋顶的斜线，在三面投影系中，与 W 投影面平行，与 H、V 投影面倾斜，因此，空间 AB 直线为投影面平行线中的侧平线。根据侧平线的投影特性可知，$ab // OY_H$，$a'b' // OZ$，$a''b'' = AB = 30$ mm，与水平面的夹角 $\alpha = 30°$，则与正立面的夹角 $\beta = 30°$。

（2）绘图步骤。

1）从 a'' 开始作与 Z 轴夹角为 60° 的斜线，在该斜线上量取长度 $AB = 30$，确定出 b'' 点 [图 2-43（b）]；

2）从 b'' 向 Z 轴作垂线，与 aa' 连线相交于 b'，借助 45° 辅助线和点的投影规律，绘制 b 点；

3）连接 ab、$a'b'$、$a''b''$ 直线，并加粗，如图 2-43（d）所示。

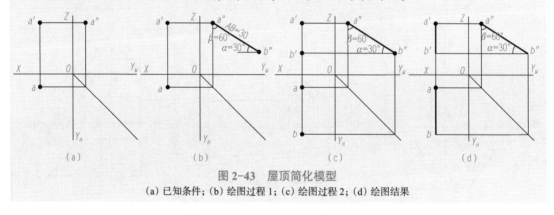

图 2-43　屋顶简化模型

(a) 已知条件；(b) 绘图过程 1；(c) 绘图过程 2；(d) 绘图结果

（3）投影面垂直线。某直线垂直于某一投影面，平行于另两个投影面，该直线为投影面垂直线。投影面的垂线按所垂直的投影面的不同有三种位置，BC 为铅垂线，BF 为正垂线，BE 为侧垂线，如图 2-44 所示。投影面垂直线特性见表 2-2。

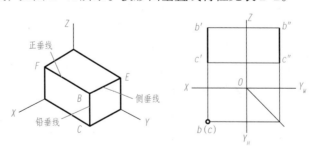

图 2-44　投影面垂直线

表 2-2　投影面垂直线特性

名称	铅垂线 ($\perp H$, // V、W)	正垂线 ($\perp V$, // H、W)	侧垂线 ($\perp W$, // V、H)
直观图			
投影图			
特性	1）a、b 积聚成一点； 2）$a'b' \perp OX$，$a''b'' \perp OY_W$； 3）$a'b' = a''b'' = AB$	1）a'、b' 积聚成一点； 2）$ab \perp OX$，$a''b'' \perp OZ$； 3）$ab = a''b'' = AB$	1）a''、b'' 积聚成一点； 2）$ab \perp OY_H$，$a'b' \perp OZ$； 3）$ab = a'b' = AB$

投影特性：

1）直线在与其垂直的投影面上积聚为一点，投影有积聚性。

2）另外两个投影垂直于相应的投影轴，且反映线段实长。

小提示：识图方法：一点两直线，定是垂直线；点在哪面，垂直哪个面。

想一想：

特殊位置的直线利用真实性可以求出实长，那么一般位置直线该如何求解？

二、一般位置直线的实长及其对投影面的倾角

一般位置直线对投影面的三个投影都倾斜于投影轴，每个投影既不反映线段的实长，也不反映倾角的大小，对此，常采用直角三角形法求线段实长及其对投影面的倾角。

微课：一般位置直线求实长和夹角

1. 一般位置直线的实长及对水平投影面的夹角 α

在图 2-45（a）中，AB 为一般位置直线，过点 A 作 $AC \parallel ab$，得到一直角三角形 $\triangle ABC$，其中直角边 $AC = ab$，$BC = Z_A - Z_B = \Delta Z_{AB}$，斜边 AB 就是所求的实长，AB 和 AC 的夹角就是 AB 对 H 面的夹角 α。

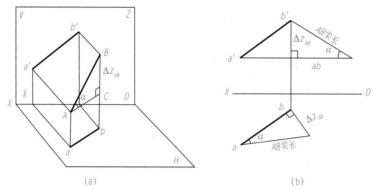

图 2-45 直线的实长及对水平投影面的夹角 α

(a) 直观图；(b) 投影图

2. 一般位置直线的实长及对正立投影面的夹角 β

在图 2-46（a）中，AB 仍为一般位置直线，过点 B 作 $BC \parallel a'b'$ 得一直角三角形 $\triangle ABC$，其中直角边 $BC = a'b'$，$AC = Y_A - Y_B = \Delta Y_{AB}$，$AB$ 与 AC 的夹角就是 AB 对 V 面的夹角 β。

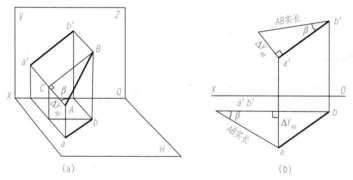

图 2-46 直线的实长及对正立投影面的夹角 β

(a) 直观图；(b) 投影图

🔷 **实例练习**

如图 2-47 所示，三棱锥上 DE 直线为一般位置直线，已知 DE 直线的正面投影 $d'e'$ 及点 E 的水平投影 e [图 2-48（a）]，DE 直线与水平面夹角 $\alpha = 45°$，求 DE 直线实长及在水平面上的投影 de。

（1）实例分析。由于已知点 D 和点 E 的坐标差 ΔZ_{DE} 与水平投影夹角 α，所以可采用图 2-48（b）所示正面投影中作直角三角形求实长的作图方法。

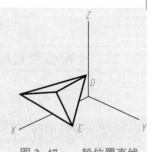

图 2-47 一般位置直线

（2）绘图步骤。

1）在图 2-48（b）中，从 d' 点开始作直角边，使 $d'm = \Delta Z_{DE}$；

2）再从 d' 点作斜线 $d'n$ 使倾角 α 为 45°，连接 mn，即直线水平投影 de 的长，$d'n$ 的长度为 DE 直线实长；

3）再以 e 为圆心、mn 为半径作弧，交 $d'm$ 的延长线于点 d 和 d_1，连接 de 或 d_1e 即 DE 的水平投影。

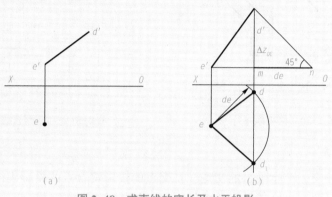

图 2-48　求直线的实长及水平投影
（a）已知条件；（b）作图过程

三、直线上的点

由于直线的投影是直线上所有点的投影的集合，所以点在直线上，则点的投影必在直线的同名投影上且符合点的投影规律，如图 2-49 所示。直线上两线段长度之比等于它们的同名投影长度之比，即 $AC : CB = ac : cb = a'c' : c'b' = a''c'' : c''b''$。

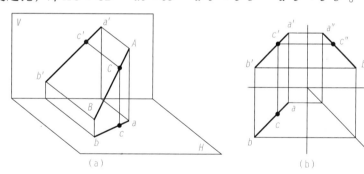

图 2-49　直线上点的投影
（a）直观图；（b）投影图

四、两直线的相对位置

两直线的相对位置关系有两直线平行、两直线相交、两直线交叉三种。

1. 两直线平行

空间两直线平行，其同面投影彼此平行。图 2-50 所示为平行两直线，其所有的同面投影彼此平行。若为一般位置直线，由两面投影互相平行即可判断两直线空间平行。但对于投影面的平行线，必须在它们所平行的投影面上的投影有平行关系，才可以确定两直线平行，如图 2-51 所示，AB 与 CD 不平行。

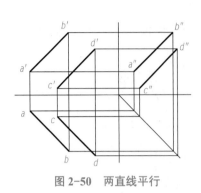

图 2-50　两直线平行

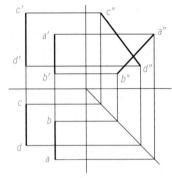

图 2-51　判断两直线不平行

2. 两直线相交

空间两直线相交，产生唯一的交点，且交点的投影符合点的投影规律。若两直线均为一般位置直线，且两面投影满足上述条件，即可判断两直线空间相交。如图 2-52 所示，K 点为 AB 和 CD 的交点。

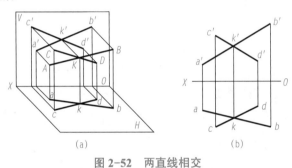

(a)　　　　　　　　　　　(b)

图 2-52　两直线相交

(a) 直观图；(b) 投影图

3. 两直线交叉

空间既不平行也不相交的两直线为交叉直线。同名投影可能相交，但"交点"不符合空间一个点的投影规律，"交点"是两直线上的一对重影点的投影，用其可以帮助判断两直线的空间位置，如图 2-53 所示。

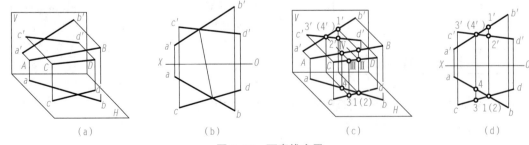

(a)　　　　　　　　(b)　　　　　　　　(c)　　　　　　　　(d)

图 2-53　两直线交叉

一、单选题

1. 某直线的 H 面投影反映实长，该直线为（   ）。

    A．水平线　　　　　　　　　　　B．侧平线

    C．正平线　　　　　　　　　　　D．铅垂线

2. 直线上的点具有两个投影特性，即从属性和（   ）。

    A．定值性　　　　　　　　　　　B．定比性

    C．定量性　　　　　　　　　　　D．可量性

3. 正垂线平行于（   ）投影面。

    A．V、H　　　　　　　　　　　B．H、W

    C．V、W　　　　　　　　　　　D．V

4. 一般位置直线（   ）于三个投影面。

    A．垂直　　　　　　　　　　　　B．倾斜

    C．平行　　　　　　　　　　　　D．包含

5. 平行于正投影坐标轴（X 轴）的直线是（   ）。

    A．水平线　　　　　　　　　　　B．正垂线

    C．侧垂线　　　　　　　　　　　D．侧平线

二、判断题

根据下列直线的两面投影图，判断两直线的相对位置。

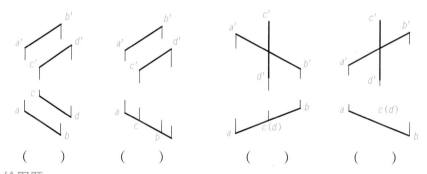

   （   ）　　　　（   ）　　　　（   ）　　　　（   ）

三、绘图题

1. 已知 $AB /\!/ W$ 面，$AB = 20$，$\alpha = 30°$，B 在 A 的后上方，求 AB 的三面投影（图 2-54）。

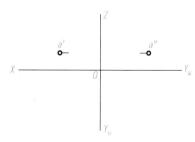

图 2-54　绘图题 1

2．判断点 *K* 是否在直线 *AB* 上（图 2-55）。

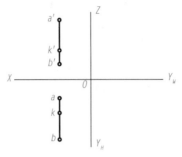

图 2-55　绘图题 2

3．在直线 *AB* 上求一点 *C*，使 *AC* = 20（图 2-56）。

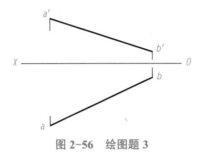

图 2-56　绘图题 3

4．求直线 *AB* 上点 *C* 的投影，使 *AC* : *CB* = 4 : 3（图 2-57）。

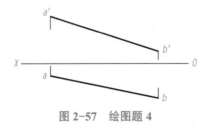

图 2-57　绘图题 4

知识拓展

中国古建筑——坡屋顶

　　我国古建筑的屋顶大部分应用了坡屋顶形式（图 2-58），由于坡屋顶排水迅速、不易发生积水，因此屋顶一般不会发生渗漏，进而影响下部结构。坡屋顶类型很多，早在秦汉时期就已基本形成，到宋代时更为完备。梁思成先生曾写到："屋顶不但是几千年来广大人民所喜闻乐见的，并且是我们民族最骄傲的成就。它的发展成为中国建筑中最主要的特征之一。"

图 2-58　坡屋顶

传统坡屋顶在中国流传几千年，它跨越历史长河，体现了中国几千年的灿烂建筑文明。坡屋顶将木结构梁架体系、斗拱、曲线、檐口折返和建筑的采光、通风融为一体。屋顶上平缓的曲线，给人以柔美之感，这同中国和缓、中庸的文化相吻合。因此，中国建筑的屋顶创造是在理性主导下散发出的中国人特有的浪漫情怀，既能带来视觉的美感和精神的庄严，又具有强烈的纪念象征。

任务四 平面的投影

任务单

<table>
<tr><td>任务名称</td><td colspan="4">绘制形体上平面的投影</td></tr>
<tr><td>任务描述</td><td colspan="4">根据图 2-59 和图 2-60 完成以下任务：
（1）确定形体上平面的空间位置。
（2）利用各位置平面的投影规律，确定各个投影面上平面的投影位置，并标注相应的字母表示。
（3）在图 2-60 上用中粗线标注出形体表面 Q_1、Q_2、Q_3、Q_4 的投影轮廓。
纪念方碑
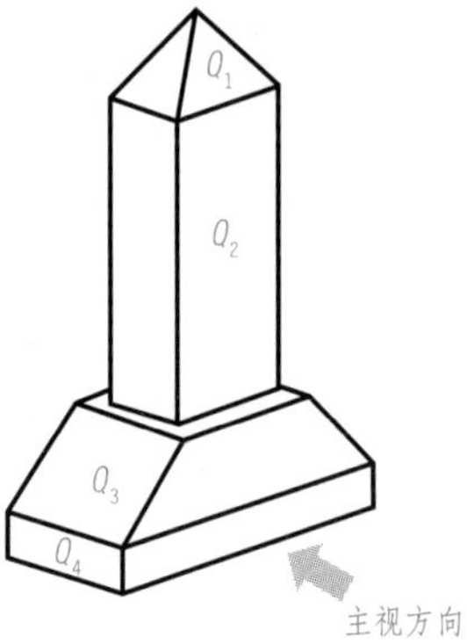

图 2-59　形体</td></tr>
<tr><td>成果展示</td><td colspan="4">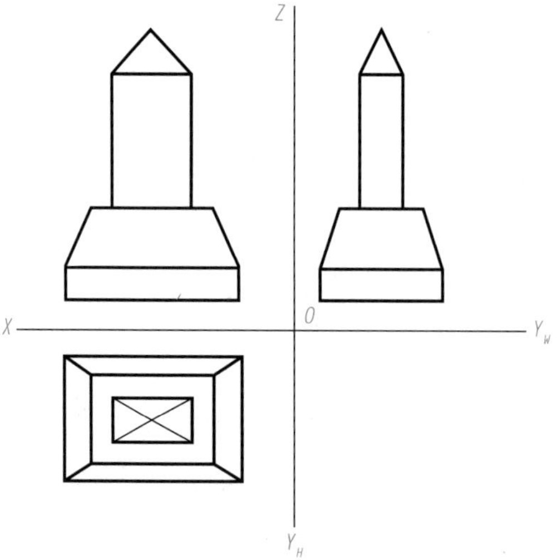

图 2-60　成果展示</td></tr>
<tr><td rowspan="4">评价</td><td>评价人员</td><td>评价标准</td><td>权重</td><td>分数</td></tr>
<tr><td>自我评价</td><td rowspan="3">1．平面投影相关知识点的掌握；
2．任务实施中平面的三面投影图的绘制能力；
3．强化训练的完成能力；
4．团队合作能力</td><td>40%</td><td></td></tr>
<tr><td>小组互评</td><td>30%</td><td></td></tr>
<tr><td>教师评价</td><td>30%</td><td></td></tr>
</table>

一、平面的表示法

如图 2-61 所示，在立体几何中确定平面的方式有以下几种：
（1）不在同一直线上的三个点可以确定一个平面。
（2）直线及直线外的一点可以确定一个平面。
（3）两平行直线可以确定一个平面。
（4）两相交直线可以确定一个平面。
（5）平面图形可以确定一个平面。

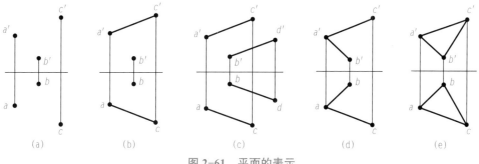

图 2-61　平面的表示

想一想：

　　空间平面的投影有哪些类型？如斜屋顶的倾斜面放置在三面投影体系中，属于哪一类平面？具备哪些特性？

二、平面的分类

平面与投影面的关系如图 2-62 所示。
（1）平面平行于投影面——投影体现出实形。
（2）平面垂直于投影面——投影积聚成直线。
（3）平面倾斜于投影面——投影类似原平面。

微课：各种位置
平面的投影

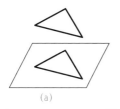 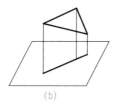 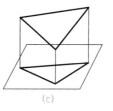

（a）　　　　　　　　（b）　　　　　　　　（c）

图 2-62　平面与投影面关系
（a）平行；（b）垂直；（c）倾斜

根据平面与投影面的位置不同，可以分为特殊位置平面和一般位置平面两大类。特殊位置平面又可分为投影面平行面和投影面垂直面。

1. 投影面平行面

在三面投影体系中，平面平行于一个投影面，而垂直于另外两个投影面称为投影面平行面。其可分为水平面、正平面、侧平面（表2-3）。

投影特性：

（1）在它所平行的投影面上的投影反映实形。

（2）在另外两个投影面上的投影分别积聚成与相应的投影轴平行的直线。

表 2-3　投影面平行面特性

名称	水平面 （// H，倾斜于 V、W）	正平面 （// V，倾斜于 H、W）	侧平面 （// W，倾斜于 V、H）
直观图	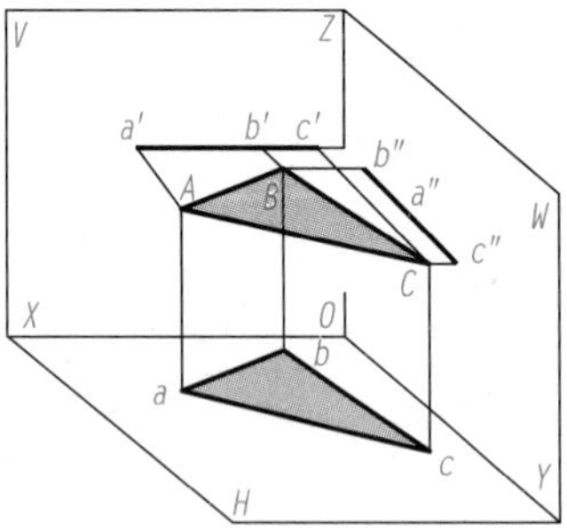	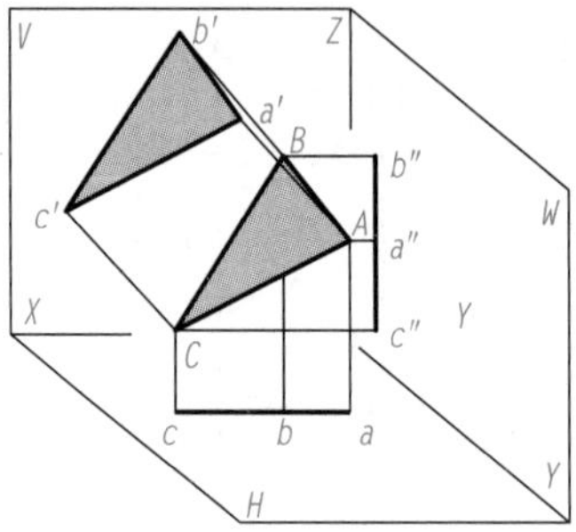	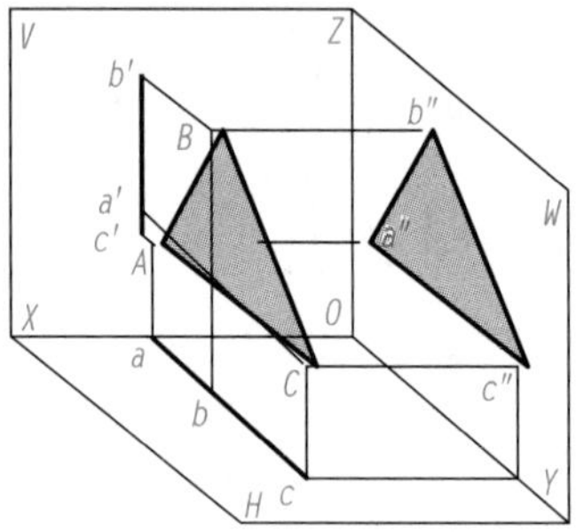
投影图	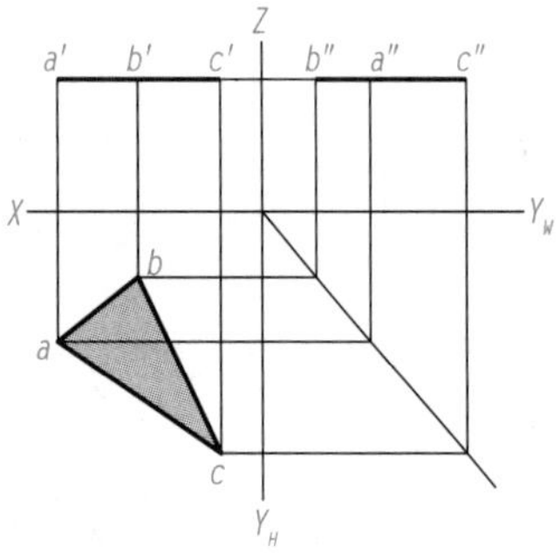	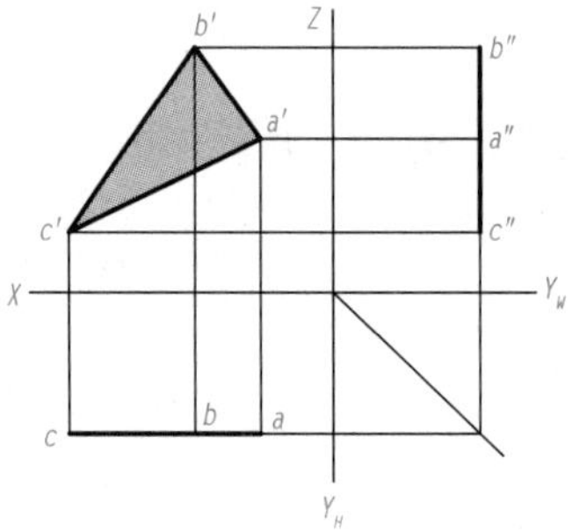	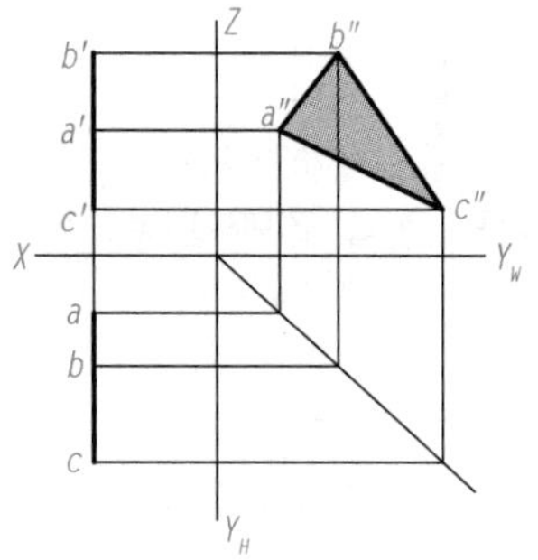
特性	1）水平投影 △abc 反映 △ABC 实形。 2）a'b'c'、a"b"c" 积聚为一条线，具有积聚性	1）正面投影 △a'b'c' 反映 △ABC 实形。 2）abc，a"b"c" 积聚为一条线，具有积聚性	1）侧面投影 △a"b"c" 反映 △ABC 实形。 2）abc、a'b'c' 积聚为一条线，具有积聚性

小提示：识图方法：一框两线，定是平行面；框在哪面，平行哪个面。

2. 投影面垂直面

在三面投影体系中，垂直于某一投影面，而对另外两投影面倾斜的平面称为投影面垂直面。其可分为铅垂面、正垂面、侧垂面（表2-4）。

投影特性：

（1）在它垂直的投影面上的投影积聚成直线。该直线与投影轴的夹角反映空间平面与另外两投影面的真实倾角。

（2）在另外两个投影面上的投影为类似形。

表 2-4　投影面垂直面特性

名称	铅垂面 （⊥H，倾斜于 V、W）	正垂面 （⊥V，倾斜于 H、W）	侧垂面 （⊥W，倾斜于 V、H）
直观图			
投影图			
特性	1）abc 积聚成一直线。 2）△a'b'c'、△a″b″c″ 为 △ABC 的类似形。 3）abc 与 OX、OY_H 的夹角 β、γ 反映平面与 V、W 面的真实夹角	1）a'b'c' 积聚成一直线。 2）△abc、△a″b″c″ 为 △ABC 的类似形。 3）a'b'c' 与 OX、OZ 的夹角 α、γ 反映平面与 H、W 面的真实夹角	1）a″b″c″ 积聚成一直线。 2）△abc、△a'b'c' 为 △ABC 的类似形。 3）△a″b″c″ 与 OY_W、OZ 的夹角 β、γ 反映平面与 H、V 面的真实夹角

小提示：识图方法：一线两框，定是垂直面；线在哪面，垂直哪个面。

3. 一般位置平面

对三个投影面都倾斜的平面为一般位置平面，如图 2-63 所示。

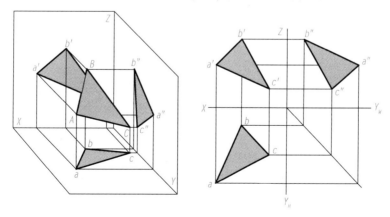

图 2-63　一般位置平面

投影特性：△ *abc*、△ *a'b'c'*、△ *a″b″c″* 均为△ *ABC* 的类似形。

三、平面上的直线和点

1. 平面上直线的几何判定条件

直线在平面上的判定条件：如果一直线通过平面上的两个点，或通过平面上的一个点，但平行于平面上的一直线，则直线在平面上。如图 2-64（a）所示，若直线过△ *ABC* 平面上 *D*、*E* 两点，该直线属于△ *ABC* 平面，且该直线 *DE* 的同名投影仍在△ *ABC* 平面的同名投影上，如图 2-64（b）所示。若直线过△ *ABC* 平面上 *B*，且平行于 *AC*，该直线仍属于△ *ABC* 平面，且该直线 *GB* 的同名投影仍在△ *ABC* 平面的同名投影上，如图 2-64（c）所示。

微课：平面上点
和直线的投影

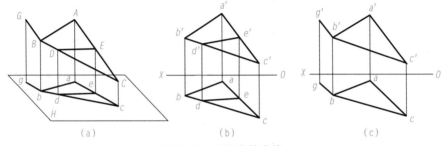

（a）　　　　　　　　（b）　　　　　　　　（c）

图 2-64　平面上的直线

⊙实例练习

如图 2-65 所示，在平面 *ABC* 内作一条水平线，使其到 *H* 面的距离为 10 mm。

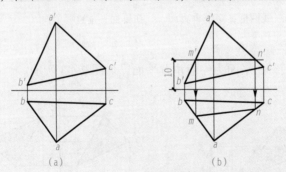

（a）　　　　　　　　　　　　（b）

图 2-65　求解过程

（a）已知条件；（b）作辅助线

（1）实例分析。根据水平线的投影特性，水平线在 *H* 面上的投影为斜线，反映实长，在 *V* 面上的投影为平行于 *OX* 轴的直线，体现类似形；由水平线到 *H* 面的距离为 10 mm 可知，在 *V* 面上的投影线距离 *OX* 轴为 10 mm。因此，可先作水平线在 *V* 面的投影与平面 *ABC* 相交，再根据点的从属性和投影规律确定水平线在 *H* 面的投影。

（2）绘图步骤。

1）先在 V 面上作平行于 OX 轴，且距离为 10 mm 的直线交平面 $\triangle a'b'c'$ 于 m' 和 n' 点。

2）从 m' 和 n' 点出发向 OX 轴作垂线，交平面 $\triangle abc$ 于 m 和 n 点。

3）连接 $m'n'$ 及 mn，即为所求。

2. 平面上点的几何判定条件

点在平面上的判定条件是，如果点在平面内的一条直线上，则点在平面上。如图 2-66（a）所示，点 F 过 $\triangle ABC$ 平面上的 DE 直线，该点属于 $\triangle ABC$ 平面上的点，且点 F 在投影面的同名投影仍在 $\triangle ABC$ 平面上 DE 直线的同名投影上，如图 2-66（b）所示。

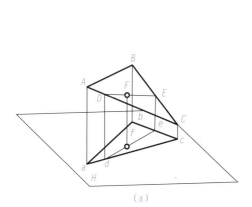 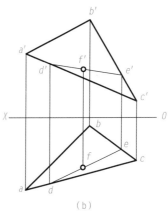

（a）　　　　　　　　　　　　　（b）

图 2-66　点在平面上的判定

（a）直观图；（b）投影图

🔵**实例练习**

如图 2-67 所示，已知 K 点在平面 $\triangle ABC$ 上，求 K 点的水平投影。

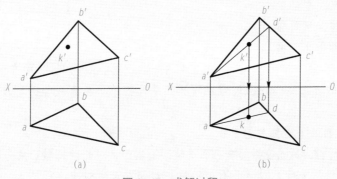

（a）　　　　　　　　　　　　　（b）

图 2-67　求解过程

（a）已知条件；（b）作辅助线

（1）实例分析。利用平面内作辅助线的方法进行求解。

（2）绘图步骤。

1）连接 $a'k'$ 与 $b'c'$ 交于 d'。

2）利用点在线上的投影规律求出 D 点的水平投影 d。

3）再过 k' 向 OX 轴作垂线，求出 K 点的水平投影 k。

强化训练

一、单选题

1．在所平行的投影面上的投影反映实形，在其他两投影面上的投影积聚成线且平行于相应的投影轴，原平面在空间中的是（　　）。

  A．一般位置平面　　　　　　　　B．投影面平行平面

  C．投影面垂直平面　　　　　　　　D．不确定

2．某平面的水平投影为一个垂直等腰三角形，正面投影、侧面投影均为平行于投影轴的直线，则该平面为（　　）。

  A．水平面　　　　　　　　　　　　B．侧平面

  C．正平面　　　　　　　　　　　　D．铅垂面

3．正垂面的 W 投影（　　）。

  A．呈类似形　　　　　　　　　　　B．积聚为一直线

  C．反映平面对 W 面的倾角　　　　D．反映平面对 H 面的倾角

4．（　　）的投影特性是：①正面投影积聚成直线；②水平投影和侧面投影为平面的类似形。

  A．水平面　　　　　　　　　　　　B．侧平面

  C．正垂面　　　　　　　　　　　　D．铅垂面

5．如图 2-68 所示，平面 M、N 分别是（　　）。

  A．一般面、正垂面

  B．侧垂面、水平面

  C．正平面、一般面

  D．铅垂面、正垂面

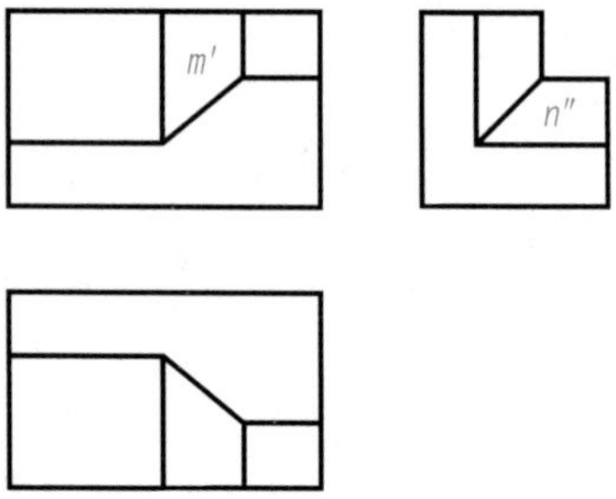

图 2-68　单选题 5

二、判断题

1．面上取点的方法是先找出过此点而又在平面内的一条直线作为辅助线，然后在该直线上确定点的位置。（　　）

2．垂直于 H 面的平面称为铅垂面。（　　）

3．投影面平行面，其三投影必有一面反映平面实形，另外两投影积聚为两直线。（　　）

4．若两平面相互平行，则两平面内任意一对相交直线对应平行。（　　）

5．如果一直线通过平面上的一个点，但平行于平面上的一直线，则直线在平面上。

 （　　）

三、填空题

判断图 2-69 所示形体上 A、B、C、P、Q、R 属于什么位置平面。

A 属于_____平面，P 属于_____平面。

B 属于_____平面，Q 属于_____平面。

C 属于_____平面，R 属于_____平面。

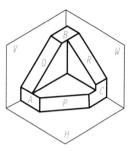

图 2-69 填空题图

四、绘图题

1. 已知点 A 的两面投影（图 2-70），过点 A 作等腰三角形的 H、V 面投影，该三角形为正垂面，$\alpha = 30°$，底边 BC 为正平线，长为 25 mm，三角形高为 20 mm，且 B 在 C 的左下方。

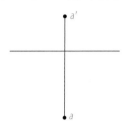

图 2-70 绘图题 1

2. 已知 AC 为正平线，在图 2-71 中补全平行四边形 $ABCD$ 的水平投影。

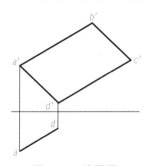

图 2-71 绘图题 2

3. 在三角形 ABC 平面内取一点 K，使其距 V 面 20 mm，距 H 面 16 mm（图 2-72）。

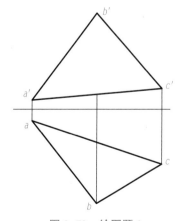

图 2-72 绘图题 3

干栏式建筑

干栏式建筑在中国古籍中被称为干兰、高栏、阁栏、葛栏等，它主要是为了防潮湿而建立。为适应多雨地区的需要，该类型建筑的屋顶为长脊短檐式，墙体高出地面的底架（图2-73）。经考古发现的陶囷、干栏式陶屋及栅居式陶屋，都为防潮湿的代表性的建筑形式。

图 2-73　干栏式建筑

这种非常适应环境的干栏式民居建筑形式，多利用山坡建房，下层为架空的斗拱式建筑。它的平面布局一般是三开间、五开间或七开间，奇数开间是为了保证中堂居中，形成对称之美。其立面布局一般为二层结构、三层结构或二三层混合结构。

干栏式建筑基本上没有施工图纸，它的建造是造房工匠一种独特的施工和民间传艺方式。建筑的构造为力与美、虚与实的结合，外观的装修是自然朴实的色彩和纹理，以及简洁的人工装饰，充分利用自然资源，注重高度环保和相对节能也是干栏式民居建筑的重要价值体现之一。

一、单选题

1. 点的水平投影，反映（　　）坐标。

    A. Z B. Y C. X D. O

2. 空间直线与投影面的相对位置关系有一般位置直线、投影面（　　）和投影面平行线 3 种。

    A. 倾斜线   B. 垂直线   C. 正垂线   D. 水平线

3. 正垂线平行于（　　）投影面。

    A. V、H B. H、W C. V、W D. V

4. 三面投影图中水平投影反映形体的（　　）。

    A. 上下、左右、前后的三个方位的关系

    B. 左右、前后的方位关系

    C. 上下、左右的方位关系

    D. 上下、前后的方位关系

5. 如果 A 点在 W 投影面上，则（　　）。

    A. A 点的 X 坐标为 0   B. A 点的 Y 坐标为 0

    C. A 点的 Z 坐标为 0   D. A 点的 X、Y、Z 坐标都不为 0

6. 直线上的点具有两个投影特性，即从属性和（　　）。

    A. 定值性   B. 定比性

    C. 定量性   D. 可量性

7. 图 2-74 中两直线的相对几何关系是（　　）。

    A. 相交   B. 交错

    C. 平行   D. 无法判断

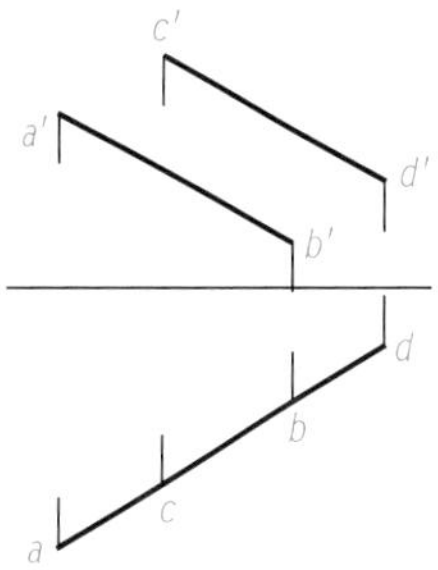

图 2-74　单选题 7

8. 正垂面的 W 投影（　　）。

    A. 呈类似形   B. 积聚为一直线

    C. 反映平面对 W 面的倾角   D. 反映平面对 H 面的倾角

9. 若空间平面对 3 个投影面既不平行也不垂直，则该平面称为（　　）。

    A. 一般位置平面   B. 水平面   C. 正平面   D. 侧平面

二、判断题

1. 投射线与投影面垂直的平行投影法叫作正投影法。　　　　　　　　　　　　　（　　）

2. 当直线或平面平行于投影面时，直线的投影反映实长，平面的投影反映实形，这种投影特性称为真实性。　　　　　　　　　　　　　　　　　　　　　　　　　　　　（　　）

3. 当直线或平面倾斜于投影面时，直线的投影仍为直线，但小于实长，平面的投影是其原图形的类似形，这种投影特性称为类似性。　　　　　　　　　　　　　　　　（　　）

4. 三视图之间的投影关系可概括为：主、俯视图长对正；主、左视图高平齐；俯、左视图宽相等。　　　　　　　　　　　　　　　　　　　　　　　　　　　　　　　　（　　）

5．点的两面投影的连线必垂直于投影轴。 （　　）

6．平行于一个投影面，倾斜于另外两个投影面的直线叫作投影面平行线。 （　　）

7．如果点在直线上，则点的各投影必在该直线的同面投影上，并将直线的各个投影分割成和空间相同的比例。 （　　）

8．空间两直线的相对位置有平行、相交和交叉三种情况。 （　　）

9．垂直于一个投影面，倾斜与另外两个投影面的直线叫作投影面垂直面。 （　　）

10．与三个投影面都倾斜的平面叫作一般位置平面。 （　　）

三、绘图题

1．在图 2-75 中补绘梯形在 V 面的投影。

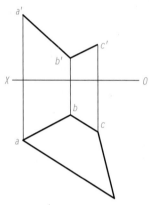

图 2-75　绘图题 1

2．在 △ABC 平面上，MN 为水平线，其距离 H 面为 15 mm，求 MN 在 H、V 面上的投影，以及空间 BC 的实长及与 H 面的夹角（图 2-76）。

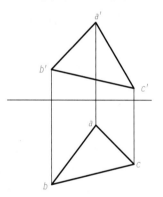

图 2-76　绘图题 2

习题库

项目三　立体投影

　　建筑物的外观形象随着时代的变迁一直发展变化，但无论多复杂的建筑形体，经几何分解后，可以看成由不同类型的简单几何形体组成，这些简单的几何形体被称为基本体。基本体对建筑形象起着决定性作用，它是建筑形象的主导因素。本项目主要介绍基本体的相关内容。

》》知识框架

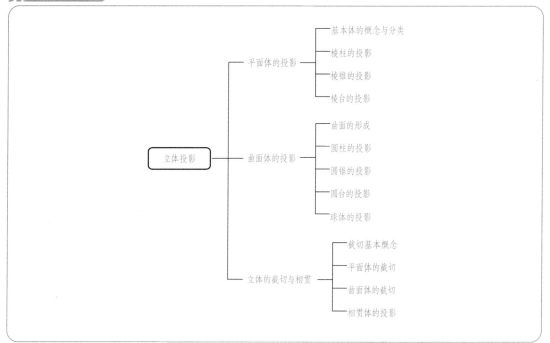

知识目标

　　1. 了解平面体的特点，掌握平面体的投影图绘制，熟悉平面体投影图的特点，了解平面体的尺寸标注；

　　2. 了解曲面体的特点，掌握曲面体的投影图绘制，熟悉曲面体投影图的特点，了解曲面体的尺寸标注；

　　3. 了解截交线的定义，熟悉截交线的基本性质，掌握截交线的投影绘制方法；

　　4. 了解相贯线的定义，熟悉相贯线的基本性质，掌握相贯线的投影绘制方法。

1. 能够绘制棱柱体、棱锥体、棱台的三面投影图，并完成平面体三面投影的尺寸标注；
2. 能够绘制圆柱体、圆锥体的三面投影图，并完成曲面体三面投影的尺寸标注；
3. 能够判断立体被平面截切后的截交线的形状，以及完成立体截交线的绘制；
4. 能够完成立体相贯线的绘制。

育人目标

1. 应用唯物辩证法对立统一的规律和质量互变规律分析问题与解决问题，养成良好的思维习惯，培养逻辑思维与辩证思维能力；
2. 培养认真负责、踏实敬业的工作态度和严谨细致的工作作风。

任务一 平面体的投影

任务单

任务名称	平面体的投影
任务描述	平面体投影的绘制，关键在于画出平面体上的点（棱角）、线（棱线）和平面的投影。如图3-1所示，人民英雄纪念碑为典型的平面体，主要由棱柱、棱锥、棱台等组成，根据BIM简化模型（图3-2），完成以下任务。   人民英雄纪念碑 图3-1 实物图　　　　图3-2 BIM简化模型 （1）分析棱柱、棱锥及棱台各个表面的投影特性； （2）掌握绘制棱柱、棱锥及棱台三面投影图的方法； （3）掌握绘制棱柱、棱锥及棱台表面点的投影的方法。

成果展示				
评价	评价人员	评价标准	权重	分数
	自我评价	1. 平面体投影相关知识点的掌握；	40%	
	小组互评	2. 任务实施中平面体的三面投影图的绘制能力； 3. 强化训练的完成能力；	30%	
	教师评价	4. 团队合作能力	30%	

相关知识

想一想：

现代建筑大多由基本体组合而成，学习平面立体的投影，需要空间想象力和观察能力，具备对于三维空间的高度认知和心理感受。想一想身边的建筑都是由哪些基本体构成的。

一、基本体的概念与分类

建筑物或构筑物及其构件都是由一些几何体构成的，通常将组成建筑物或构筑物的这些最简单的几何体称为基本体。基本体根据其表面的不同可分为平面体和曲面体。

如图 3-3（a）所示，工程中常见的平面体主要有棱柱、棱锥和棱锥台等；图 3-3（b）所示的圆柱、圆锥、球体及圆环为曲面体。

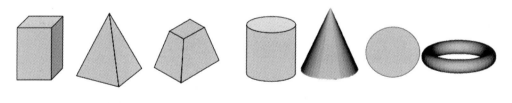

（a）   （b）

图 3-3　基本体
（a）平面体；（b）曲面体

棱柱在建筑工程中扮演着重要的角色，在建造房屋或其他结构时，建筑师常常要使用长方体或其他形状的各种棱柱来构建结构。例如，房屋构件中的梁和柱子一般采用棱柱状，那么棱柱是如何形成的，又具备怎样的特性呢？

二、棱柱的投影

1. 棱柱的形成及分类

（1）形成。棱柱由两个相互平行的底面和若干个侧棱面围成，相邻两侧棱面的交线称为侧棱线，简称棱线。棱柱的棱线相互平行。

（2）分类。棱柱按表面形状可分为三棱柱、四棱柱、五棱柱等；按侧棱与底面是否垂直又可分为直棱柱和斜棱柱。

2. 棱柱的投影

蜂巢结构由若干个整齐排列的六棱柱形组成，每个六棱柱的底部由 3 个相同的菱形组成。这种结构具备节省建筑材料、节约经济、稳定坚固、体积大的优势。如图 3-4 所示，建筑上所用的蜂窝夹层板也是利用这一特点。以正六棱柱为例，学习棱柱的投影特性及绘制方法。

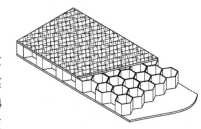

图 3-4　蜂窝夹层板

（1）正六棱柱的形体特征分析。如图 3-5 所示，已知平面体为正六棱柱体；上、下底面为正六边形，均为水平面，其投影在水平投影面上反映实形，正面及侧面投影重影为一直线；侧棱面均为矩形，前后棱面为正平面，正面投影反映实形，水平投影及侧面投影重影为一条直线；其他四个侧棱面均为铅垂面，其水平投影均重影为直线，正面投影和侧面投影均为类似矩形。六条棱线相互平行且垂直于底面，均为铅垂线。

（2）六棱柱投影图的绘制。

1）正六棱柱水平投影的正六边形，利用几何作图法完成。

如图 3-6 所示，先作正六棱柱的中心线，画出六边形的外接圆，分别以圆的左边点和右边点为圆心，以六边形的边长为半径，在圆环上进行截取，确定其顶点位置，然后依次进行连接形成正六边形。

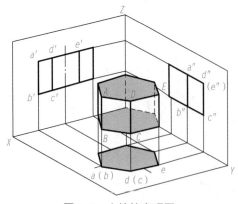

图 3-5　六棱柱直观图

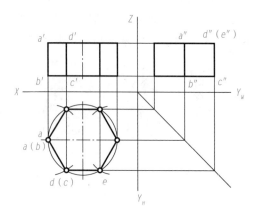

图 3-6　六棱柱投影图绘制

2）根据三面投影规律画出其他的两个投影。利用三面投影规律中的"长对正"，可以绘制出上下底面在正立面上的投影分别为一条直线。同样，利用"宽相等"（利用45°辅助线）、"高平齐"绘制出上下底面在侧立面上的投影也分别为一条直线。

侧棱线在空间位置中属于铅垂线，其投影在水平面上都积聚为一点即重影点。以 AB 为例，在水平面上的投影 a 与 b 重合于一点。由于 b 点不可见，需要加括号。在正立面投影中其体现为实形，可以确定出 $a'b'$。同样根据三面投影规律，可以绘制出 AB 棱线在侧立面上的投影线 $a''b''$，其他棱线投影线的绘制方法同上。

3. 棱柱表面点的投影

在平面体表面上取点和线段，实质上是在平面上取点和线段。因此，平面体表面上的点和直线的投影特性，与平面上的点和直线的投影特性基本上是相同的，而不同的是平面体表面上点和直线的投影存在可见性的问题。

小提示：平面体表面上的点和直线的作图方法一般有从属性法、积聚性法和辅助线法三种。棱柱表面上点的投影可以利用从属性法和积聚性法求解。

⟳ 实例练习

如图 3-7（a）所示，已知棱柱上点 M 的正立面投影 m'，求解该点的其他两面投影。

（1）实例分析。根据图 3-7（b）中 m' 的位置可以确定出空间位置上 M 处于正六棱柱的右前端侧棱上，如图 3-7（c）所示的侧棱在水平面的投影都积聚为一点，利用从属性法，即可确定在水平投影面上的 m。

根据图 3-7（b）中 n' 的位置可以确定出空间位置上 N 处于正六棱柱的左前侧面上，如图 3-7（c）所示，该侧面在水平面的投影都积聚为一条直线，利用积聚性法，即可确定在水平投影面上的 n。

（2）作图步骤。如图 3-7（b）所示，从 m' 出发作 OX 轴垂直线交于 H 面正六边形的前侧顶点 m，根据点的投影规律，绘制出侧立面上的 m''。从 n' 出发作 OX 轴垂直线，交于 H 面正六边形的左前侧的边线于 n，根据点的投影规律，可绘制出侧立面上的 n''。

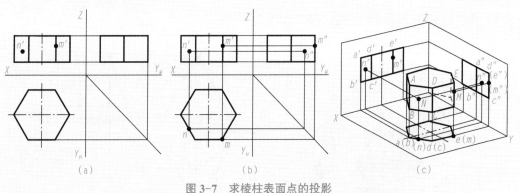

图 3-7 求棱柱表面点的投影
(a) 已知条件；(b) 表面点的求解过程；(c) 直观图

三、棱锥的投影

1. 棱锥的组成及分类

（1）组成（图3-8）。棱锥是由一个底面和几个侧棱面组成的。侧棱线交于有限远的一个点，该点为锥顶。

（2）分类。棱锥一般可分为正棱锥和斜棱锥。正棱锥的底面是正多边形且顶点在底面上的投影是底面的中心；反之则为斜棱锥。棱锥也可根据底面的形状分为三棱锥、四棱锥、五棱锥等。

2. 棱锥的投影

（1）正三棱锥的形体特征分析。图3-9中已知的平面体为正三棱锥体；正三棱锥的锥顶为 S，其底面为正 $\triangle ABC$。底面正三角形为水平面；侧棱面均为三角形，棱面 $\triangle SAB$、$\triangle SBC$ 是一般位置平面，各个面的投影均为类似三角形；后棱面 $\triangle SAC$ 在投影体系中为侧垂面，侧立面投影重影为一条直线 $s'' a''(c'')$，在正立面上的投影 $s'\ a'\ c'$ 为类似的三角形。

（2）棱锥投影图的绘制。

1）画出底面 $\triangle ABC$ 的各个投影：首先绘制特征面，在水平面上绘制出正 $\triangle ABC$，根据"长对称"，可以绘制出底边 $\triangle ABC$ 在正立面上的投影——$a'\ b'\ c'$ 的投影线，利用"高平齐、宽相等（45°辅助线）"，可以绘制出底边 $\triangle ABC$ 在侧立面上的投影——$a''\ b''\ c''$ 投影线。

2）作出锥顶 S 的各个投影：根据锥顶距离底面的高度可以确定锥顶 S 在正立面的位置 s'，正三棱锥中锥顶 S 在水平面上的投影，为底面正三角中心的位置。因此，作出三角形各个边的中线相交的点，即所求的投影点 s，由 s 和 s'，利用45°辅助线及点的投影规律，绘制 s''。

3）依次连接各个棱线并加粗，结果如图3-10所示。

微课：棱锥

图 3-8　棱锥的组成

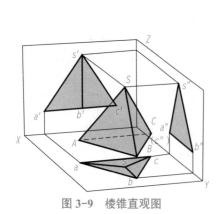

图 3-9　棱锥直观图

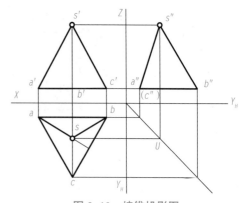

图 3-10　棱锥投影图

3. 棱锥表面点的投影

根据棱锥表面上点的一个已知投影，求作该点的其余两个投影，一般可利用平面内过点作辅助直线的方法。具体有过锥顶法和平行底面法两种方法。

> ⟳ **实例练习**
>
> 已知棱锥表面上点 M 在正立面上的投影 m'，求解点 M 的其他两面投影。
>
> 作图步骤如下。
>
> **方法1：过锥顶法。**
>
> 根据图3-11（a）中 m' 位置可以确定空间点 M 位于 $\triangle SAC$ 侧棱面上，该棱面为一般位置平面。在正立面图中过 s' 连接 m' 交于底边 $a'c'$ 于 $1'$，连接 $s'1'$ 辅助线，之后完成辅助线 $s'1'$ 在水平面上的投影，根据直线上点的从属性可以确定出水平面上1点位于 ac 直线上，从 $1'$ 点直接作垂线，交 ac 于1点。连接 $s1$，同样根据从属性法，从 m' 点直接作垂线，交 $s1$ 于 m 点。借助45°辅助线和点的投影规律，由 m 和 m' 绘制出 m''，如图3-11（b）所示。
>
> **方法2：平行底面法。**
>
> 过 m' 点，作一条平行于 $a'c'$ 的辅助线，该辅助线交于两侧棱上，分别为 $1'$ 点和 $2'$ 点。利用从属性法，从 $1'$ 点开始作垂线交于水平面上 sa 于1点，再过1点作 ac 的平行线交于 sc 于2点，再次利用从属性法，从 m' 点作垂线交辅助线12于点 m，同样根据点的投影规律完成 m'' 的绘制，如图3-11（c）所示。

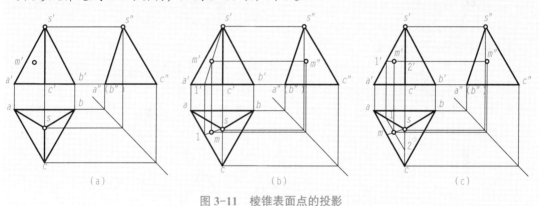

图 3-11　棱锥表面点的投影
(a) 已知条件；(b) 方法1求解过程；(c) 方法2求解过程

四、棱台的投影

棱锥被平行于底面的平面截割，截面与底面之间的部分为棱台。所以，棱台的两个底面彼此平行且相似，所有的棱线延长后交于一点。

如图3-12所示为上下底面为矩形的正四棱台的直观图和投影图。正四棱台上下底面为水平面，左右侧面为正平面，前后侧面为侧垂面，它在水平面的投影为大小两个矩形，在正立面和侧立面的投影都为等腰梯形。

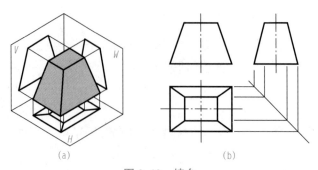

图 3-12 棱台
(a) 直观图；(b) 投影图

一、单选题

1. 平面立体可分为棱柱和棱锥两类，棱柱的各棱线（　　　）。

    A. 交于一点
                      B. 交于两点

    C. 互相平行
                      D. 互相交叉

2. 正六棱柱的棱线垂直于正投影面时，其正面投影为（　　　）。

    A. 正四边形
                      B. 正五边形

    C. 正六边形
                      D. 三角形

3. 正棱柱的一个投影是（　　　）。

    A. 任意多边形
                      B. 任意斜多边形

    C. 正多边形
                      D. 斜多边形

4. 判别如图 3-13 所示的三棱锥各边对投影面的相对位置，下列说法正确的是（　　　）。

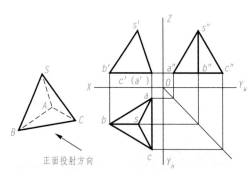

图 3-13　单选题 4

    A. BC 是水平线
                      B. SB 是正平线

    C. SA 是侧平线
                      D. AC 是一般位置直线

5. 正棱锥体的棱线与底面（　　　）。

    A. 垂直
        B. 相交
        C. 平行
        D. 交叉

二、绘图题

1. 已知正六棱柱的 V、H 投影，完成棱柱的 W 面投影，并补棱线上点的投影（图 3-14）。

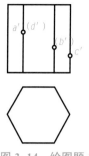

图 3-14　绘图题 1

2. 已知三棱锥的两面投影，补充其侧面投影及表面点的三面投影（图 3-15）。

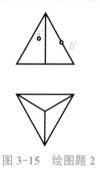

图 3-15　绘图题 2

知识拓展

人民英雄纪念碑

人民英雄纪念碑位于北京天安门广场中心，是中华人民共和国政府为纪念中国近现代史上的革命烈士而修建的纪念碑（图 3-16）。它庄严宏伟的雄姿，具有我国独特的民族风格。

人民英雄纪念碑呈方形，建筑面积为 3 000 m²，分台座、须弥座和碑身三部分，高 37.94 m。纪念碑的正面碑心是一整块花岗岩，镌刻着毛泽东同志 1955 年 6 月 9 日所题写的"人民英雄永垂不朽"八个金箔大字。

图 3-16　人民英雄纪念碑

这座纪念碑不仅是一个地理标志，更是一部记载着中国近代以来动荡和变迁的历史书。在中国近现代史上的重要事件和英勇烈士的形象，时至今日依然引发我们中华儿女的思考和警醒，提醒我们要珍惜当下的和平与稳定，时刻要富有爱国情怀，提高国家安全意识，为早日实现中华民族伟大复兴贡献自己的力量。

任务二　曲面体的投影

任务名称	曲面体的投影			
任务描述	中国"天圆地方"的宇宙观念源远流长，自伏羲时代就已经产生了，它是在古代人们长期的劳动活动实践中逐步产生的。这种观念对建筑的形式有直接或间接的影响。许多建筑的外观或构件多数采用曲面这一种元素。建筑祈年殿作为坛庙建筑的代表更是如此，它将"天圆地方，天人合一"展现得淋漓尽致。 从图3-17中可以看出，祈年殿外观主要由圆锥、圆台、圆柱及球等基本体组成。请根据其简化模型（图3-18），完成以下任务： 图 3-17　祈年殿外观　　　　图 3-18　简化模型 （1）分析圆柱、圆锥、圆台及球各个表面的投影特性； （2）掌握绘制圆柱、圆锥、圆台及球等三面投影图的方法； （3）掌握绘制圆柱、圆锥、圆台及球表面点的投影方法。			
成果展示				
评价	评价人员	评价标准	权重	分数
	自我评价	1. 曲面体基本知识的掌握；	40%	
	小组互评	2. 任务实施中曲面体三面投影图的绘制能力； 3. 强化训练的完成能力；	30%	
	教师评价	4. 团队合作能力	30%	

一、曲面的形成

曲面可以看作动线的运动轨迹，动线称为母线。曲面上任一位置的母线，称为该曲面的素线。控制母线运动的线或面，分别称为导线（准线）或导面。直母线沿着曲导线运动，并始终平行于空间一条直导线，所形成的曲面为柱面（图3-19）。

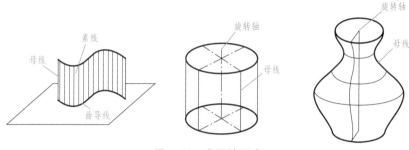

图3-19　曲面的形成

从控制条件上说，由母线绕一固定的轴线旋转生成的曲面称为回转面，该固定轴线称为旋转轴。由直母线旋转生成的称为旋转直纹面，如圆柱面、圆锥面；只能由曲母线旋转生成的称为旋转曲线面，如球面、圆环面等。

想一想：

天圆地方是中国传统文化思想，有圆有方，以圆为范，规矩成方圆。其中"圆"寓意为圆融、圆满，许多建筑中都存在圆的造型，如图3-20所示为建筑圆长廊造型，因此圆柱体是非常常见的一种几何形体。试举例说明建筑中存在哪些构件或形体为圆柱体。那么圆柱是如何形成，在三面投影体系中又体现什么样的特性呢？

图3-20　圆柱的形成

二、圆柱的投影

圆柱由圆柱面和上下两个底圆组成，上下底圆为水平面。如图3-21所示，圆柱面可以看成是由直线AA_1绕与它平行的轴线旋转而成，直线AA_1称为母线，也称为转向轮廓线，圆柱面上与轴线平行的任意直线为圆柱面的素线。

微课：圆柱

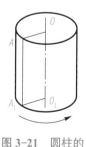

图3-21　圆柱的形成

1. 圆柱投影图的绘制［图3-22（a）］

（1）绘制出圆柱的对称线、回转轴线，如图3-22（b）所示；

（2）绘制出圆柱的顶面和底面的水平投影，如图3-22（c）所示；

（3）绘制出圆柱的顶面和底面在正立面和侧立面上的投影线条，如图3-22（d）所示；

（4）绘制出正面及侧面的转向轮廓线，如图 3-22（e）所示。

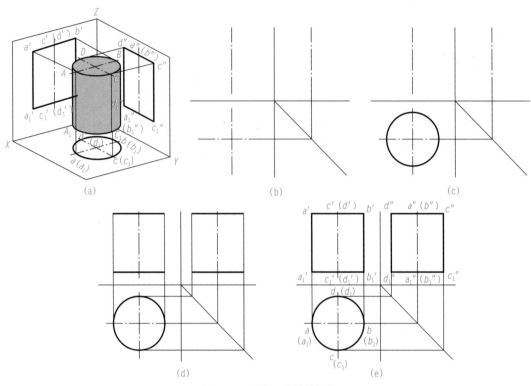

图 3-22　圆柱三面图绘制

2. 圆柱表面点、线的投影

（1）圆柱表面上点的投影。如图 3-23 所示空间点 A 位于圆柱面上，过点 A 作素线 BC，从上往下作水平投影，出现重影点，即圆柱面上的素线在特征面上的投影都具备积聚性。

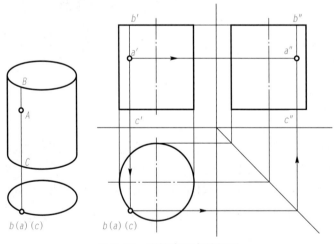

图 3-23　圆柱表面点的投影

由于 A 点和 C 点位于 B 点的下侧，因此在水平面上的投影 a、c 需要加括号，表示不可见。在投影展开图中已知 a'、b'、c'，则可以直接利用圆柱面的积聚性，确定出水平面

上 a、b、c 重影点的位置。再借助 45° 辅助线和点的投影规律，可以分别完成点在侧立面上的投影。

实例练习

已知圆柱表面上点 M 及点 N 正面投影 m' 和 n'，求其余两面投影。

（1）实例分析。根据图 3-24 中 m' 的表示可知，空间 M 点位于圆柱面上的右前侧，利用积聚性来求解。

（2）作图步骤。从 m' 出发，作垂线交于圆环右前侧 m 点，根据点的投影规律和 45° 辅助线绘制出 m''，由于从左往右看时，左侧曲面遮住了右侧 M 点，因此 m'' 为不可见点，需要加括号。

如图 3-24 中 n' 位于左侧的转向轮廓线上，其在侧立面的投影位于中心线上，因此从 n' 出发，绘制水平辅助线交于中心线 n''，同样利用积聚性，绘制出 n 点，绘图结果如图 3-25 所示。

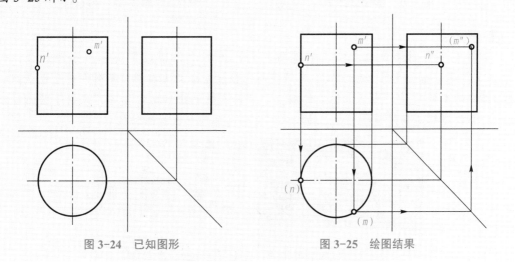

图 3-24　已知图形　　　　　　图 3-25　绘图结果

（2）圆柱表面上线的投影。圆柱面上的曲线是由若干点组成的，曲线的投影也为点的投影，因此，取特殊点和一般位置上的点进行投影图的绘制。

如图 3-26 所示，已知圆柱表面上线的正面投影，求它的其余两投影。该三面投影图上的正立面投影为一条斜线，在该斜线取上下两个端点和与对称轴的交点为特殊位置点，完成特殊点作图后，再在中间增设一般位置点。具体作图步骤如下：

1）命名立面图上右上侧点为 a' 点，利用积聚性在侧立面上绘制出 a''，根据点的投影规律可绘制出 a 的投影。

2）确定立面图上左下侧点为 b' 点，同样利用点的积聚性，绘制 b''，根据点的投影规律和 45° 辅助线绘制出 b，由于 B 点位于圆柱面的下侧，从上往下看时，水平投影图上 b 点被遮挡，此处需要加括号。随后，取斜线与中间轴线上的交点为 c'，可利用积聚性和从属性分别绘制出 c'' 和 c。

为了保证绘制出来的线条更为精确，在 a' 和 c' 中间增设 $1'$ 点，同样利用积聚性、点的投影规律和 45° 辅助线绘制 $1''$ 和 1 的投影。

同理在 b' 和 c' 点中间增设 $2'$ 点，根据积聚性、点的投影规律绘制出 $2''$ 和 2 的投影。

3）对各个点依次进行连接，不可见部分用虚线连接，可见部分用粗实线进行连接，在连接时尽量保证曲线的光滑，如图 3-27 所示。

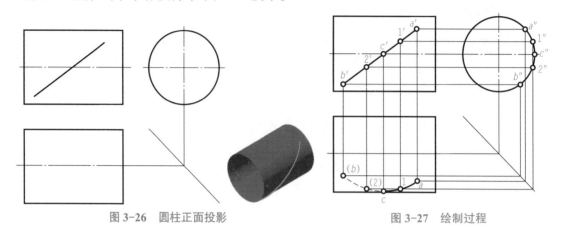

图 3-26 圆柱正面投影　　　　　　　　　　　　图 3-27 绘制过程

想一想：

曲面体中的圆锥体也是常见的建筑外形，特别是屋顶造型多采用圆锥屋顶，如图 3-28 所示的粮仓建筑。粮食储备是保障国家粮食安全的重要物质基础，粮仓也是做好储备保证的基础建设。为保证粮食的安全，做好有效的排水防潮措施，采用了圆锥屋顶设计。那么圆锥是如何形成，在三面投影体系中又体现什么样的特性呢？

图 3-28 粮仓建筑

三、圆锥的投影

如图 3-29 所示，圆锥是由圆锥面和底面组成的，圆锥面可以看成是直线 SA 绕与它相交的轴线 OO_1 旋转而成的，S 称为锥顶，直线 SA 为母线，圆锥面上过锥顶的任一直线称为圆锥面的素线。

微课：圆锥

1. 圆锥投影图的绘制［图 3-30（a）］

圆锥直观图如图 3-30（a）所示，其投影图绘制步骤如下：

（1）绘制出圆锥的对称线、回转轴线，如图 3-30（b）所示；

（2）在水平投影图上绘制出圆锥底圆，以及正面投影和侧面投影积聚的直线，如图 3-30（c）所示；

（3）作出锥顶的正面投影和侧面投影，并绘制出正面和侧面转向轮廓线的投影，如

图 3-29 圆锥的
　　　　　形成

图 3-30（d）所示。

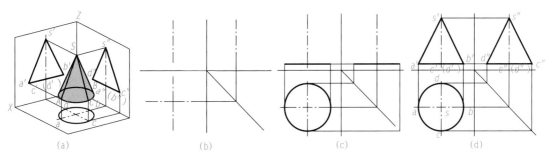

图 3-30　圆锥三面图的绘制

(a) 直观图；(b) 绘制中心线；(c) 作图过程；(d) 绘图结果

2. 圆锥表面点的投影

（1）底面上点的投影。点在底面上，点的投影就在底面相应的投影上。底面为水平面，可利用底面投影具有积聚性直接作图。

（2）锥面上点的投影。锥面上点的投影也在锥面相应的投影上。但锥面的投影没有积聚性，所以不能利用积聚性直接作图，只能采用辅助方法帮助作图。一般有两种方法：一种是素线法；另一种是辅助圆法，也称为纬圆法。

1）素线法。过锥面上的点和锥顶可作一条素线，点在该素线上，则点的投影在该素线的投影上。

> ⚙ **实例练习**
>
> 已知圆锥表面的点 M 的正面投影 m'，求出 M 点的其他投影［图 3-31（a）］。
>
> （1）实例分析。过 M 点及锥顶 S 作一条素线 $S1$，先求出素线 $S1$ 的投影，再求出素线上的 M 点的投影。
>
> （2）作图步骤。
>
> 1）过 $m's'$ 作圆锥表面上的素线，延长交于底圆为 $1'$［图 3-31（c）］。
>
> 2）求素线的水平投影 $s1$ 及侧面投影 $s''1''$。
>
> 如图 3-30（c）所示从 $1'$ 点出发向下作垂线交于圆环前侧为 1 点，连接 $s1$，再根据点的投影规律和 45° 辅助线，确定 $1''$ 并连接 $s''1''$。

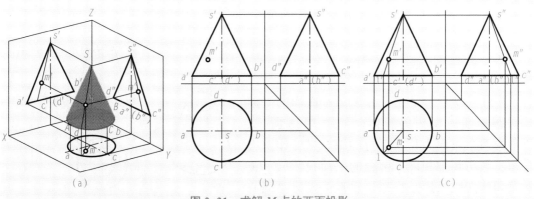

图 3-31　求解 M 点的两面投影

(a) 直观图；(b) 作图过程；(c) 绘图结果

3）求出 M 点的水平投影和侧面投影。

根据直线上点的从属性原理，从 m' 出发，向下作垂线，交 $s1$ 于 m 点，利用宽相等、高平齐，借助辅助线，完成 m'' 的绘制。

2）辅助圆法。过锥面上任意一点，作一平行于底面的辅助平面，此平面与圆锥的交线为圆，该圆被称为辅助纬圆。点在辅助纬圆上，则点的投影在相应辅助纬圆的投影上。辅助纬圆在一个投影面的平行平面上，因此，它总有一个投影为反映真实形状的圆，另外，投影均积聚成一条直线段。

实例练习

如图 3-32（a）所示，已知圆锥上 N 点的水平投影 n，求出 n' 和 n''。

（1）实例分析。如图 3-32（b）所示，过 N 点作一平行于底面的水平辅助圆，该圆的正面投影为过 n' 且平行于 $a'b'$ 的直线 $2'3'$，它的水平投影为直径等于 $2'3'$ 的圆，n 在圆周上，最后由 n 和 n' 确定出 n''。

（2）作图步骤。

1）以 s 为中心，sn 为半径画圆，作出辅助圆的正面投影 $2'$ 和 $3'$；

2）从水平面上的 2 点和 3 点开始向上作垂线，交 $s'a'$ 和 $s'b'$ 于 $2'$ 及 $3'$ 点；

3）从 n 点向上作垂直线，交 $2'3'$ 于 n' 点；

4）利用点的投影规律和 45° 辅助线，完成 n'' 绘制，如图 3-32（c）所示。

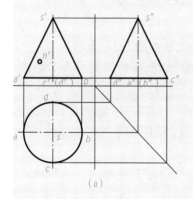 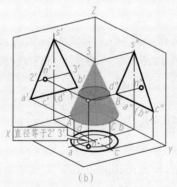 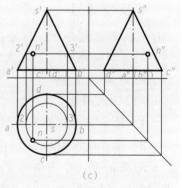

图 3-32　求解 N 点的两面投影

(a) 已知条件；(b) 直观图；(c) 绘图结果

四、圆台的投影

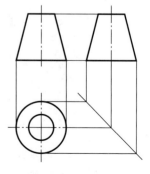

圆台可以看作是用平行于圆锥底面的平面截切圆锥顶后得到的形体，如图 3-33 所示。圆台的两个底面为相互平行的圆。它的作图方法和步骤与圆锥相同。圆台的三面投影为：正立面和侧立面投影是梯形，水平面投影是同心圆形。

图 3-33　圆台投影

五、球体的投影

球体可以看成一个圆沿任意一条直径回转而成。球体的三面投影均为直径相同的圆，如图3-34所示，这三个圆是球面上不同位置轮廓素线的投影。球体一般作为建筑装饰造型，如图3-35所示的栏杆上的扶手造型为球体。

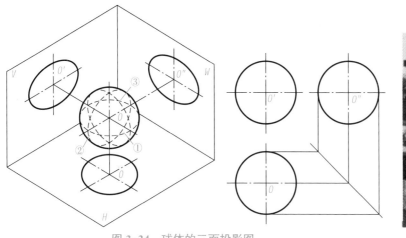

图 3-34　球体的三面投影图　　　　　　　　　　　图 3-35　球体形扶手

在球面上取点，一般采用纬圆法，球表面的点必定落在球的某一纬圆上，如图3-36所示，利用纬圆法求出点的另外两个投影。

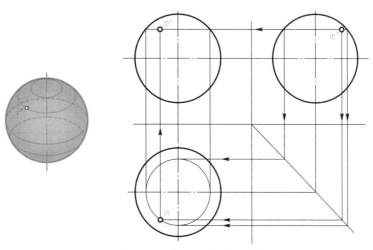

图 3-36　球体表面点的投影

强化训练

一、单选题

1. 某圆柱的轴线垂直于水平面，其上下底面为水平圆，则圆柱面上的各素线为（　　　）。

    A. 铅垂线　　　　　　B. 水平线　　　　　　C. 侧垂线　　　　　　D. 正平线

2．下列不是曲面立体术语的是（　　　）。

    A．素线   B．纬圆   C．椭圆   D．轴线

3．下列关于圆锥及投影作图方法说法有误的一项是（　　　）。

    A．圆锥是由底面和圆锥面组成的

    B．圆锥的轴线垂直于水平面时，圆锥底面为水平圆

    C．圆锥底面为水平圆时，其正面投影和侧面投影积聚为正平面

    D．绘制圆锥投影时，通常先绘制出圆锥各个投影位置上的对称中心线

4．如图 3-37 所示的圆台的上下底面与投影线平行，圆台的正投影（　　　）。

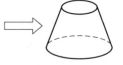

    A．矩形   B．两条线段

    C．等腰梯形   D．圆环

图 3-37　单选题 4

5．点 A 在圆锥表面，正确的一组视图是（　　　）。

A.   B.   C.   D.

二、绘图题

1．在图 3-38 中绘制圆锥及表面点的三面投影图。

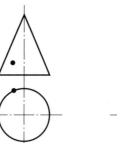

图 3-38　绘图题 1

2．已知正圆柱和圆柱表面上的 A、B、C 的 H 面投影，完成圆柱及其表面点的 V、W 面投影（图 3-39）。

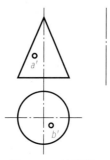

图 3-39　绘图题 2

天坛

　　天坛（图3-40）位于北京市东城区永定门内大街东侧，现存有祈谷坛、圜丘坛、斋宫、神乐署四组古建筑群，共有92座600余间古建筑，是世界上现存规模最大的古代祭祀性建筑群。

　　天坛呈回字形建筑布局，由内坛和外坛两个部分组成，各自有坛墙相围。位于北面的围墙高大，均为半圆形，南面的围墙较低，呈方形，南北平面布局图则象征了"天圆地方"。

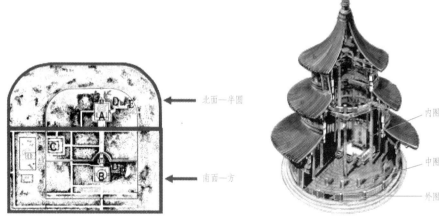

北面—半圆

南面—方

内圈

中圈

外圈

图 3-40　天坛

　　天坛主要建筑为圜丘坛、皇穹宇和祈年殿，由南向北，位于同一条轴线上。乾隆十六年修缮时，将祈年殿三层琉璃瓦檐一律改成青色。祈年殿以三层须弥座台基承托，采用三重檐攒尖顶，总共有二十八根柱子，这与天空星辰二十八宿的数字相符。因此，天坛无论在整体布局还是单一建筑上，都反映出"天圆地方"的思想，这一观点在中国古代宇宙观中占据着核心地位。

　　天坛集明、清建筑技艺之大成，是中国古建珍品，是世界建筑史上的瑰宝。在历尽沧桑后，天坛以深刻的中国文化内涵、庄严宏伟的建筑风格，成了东方古老文明的象征。

任务三 立体的截切与相贯

任务名称	绘制立体的截交线与相贯线的投影			
任务描述	立体的结构形状是多种多样的，由于平面立体与曲面立体所组成的建筑构件和建筑造型也是千变万化的，因此平面立体和曲面立体结构并非单一的和完整的，往往会出现基本体被截切或立体相贯的情况。如图3-41所示为建筑及构件存在的立体截切和相贯的造型。 图 3-41 建筑立体的截切与相贯 (a) 重庆璧山艺术中心；(b) 一字卯榫；(c) 钢结构建筑；(d) 丁字卯榫 结合图3-41的启示，完成以下任务： (1) 截切与相贯的基本概念及特性； (2) 掌握平面体截交线的绘制方法； (3) 掌握曲面体截交线的绘制方法； (4) 掌握同坡屋面投影图的绘制方法； (5) 掌握圆柱与圆柱相贯的绘制方法。			
成果展示				
评价	评价人员	评价标准	权重	分数
	自我评价	1. 截切与相贯基本知识的掌握；	40%	
	小组互评	2. 任务实施中截切后形体投影图绘制能力； 3. 强化训练的完成能力；	30%	
	教师评价	4. 团队合作能力	30%	

深圳华侨城大厦地处于华侨城核心片区，建筑总高为300 m，如图3-42所示，外形宛如一颗晶莹剔透的钻石，像是由多个平面切割而成的，是国内倾斜角度最大的摩天大楼，其传承了华侨城生态、艺术、文化底蕴，为都市生活注入鲜活生动的人文景观和美学体验。试分析华侨城大厦的立面造型是如何形成的。

图 3-42　华侨城大厦

一、截切基本概念

用平面与立体相交，截去立体的一部分则称为截切；用以截切立体的平面，称为截平面；截平面与立体表面的交线称为截交线；截交线围成的平面称为截断面。图3-43所示为平面体及曲面体的截切直观图。

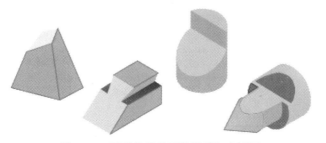

图 3-43　平面体及曲面体的截切直观图

小提示：截交线一般是由直线、曲线或直线与曲线共同构成的。截交线上的点既是平面上的点又是立体表面上的点，即平面和立体表面的共有点。

二、平面体的截切

1. 平面体截交线的特点

（1）封闭性。截交线围成的图形是封闭的多边形。

（2）共有性。截交线是截平面与立体表面的共有线。

微课：平面体的
截切

截交线的形状取决于被截立体的形状及截平面与立体的相对位置。截交线的投影形状取决于截平面与投影面的相对位置，如图3-44所示，同一个立方体被不同位置截切平面截切，其截交线围成不同形状的图形。

图 3-44　截交线的投影

2. 求截交线的方法

（1）交点法。如图 3-45 所示，先求出平面体的各棱线与截平面的交点，然后将位于同一棱面上的两交点连成线，即可求得截交线。

（2）交线法。直接作出平面体的各棱面与截平面的交线。

作截交线时，首先要对其空间和投影进行分析，分析截平面与平面体的形状位置，以确定截交线的形状。其次分析截平面与投影面的相对位置，以确定截交线的投影特性，完成分析后开始画出截交线的投影，分别求出截平面与棱面的交线并依次连接成多边形，即可求得截交线。

图 3-45 交点法

实例练习

根据已知条件，补绘四棱锥被切后的水平投影和侧面投影，如图 3-46（a）所示。

（1）实例分析。

1）进行空间分析。该四棱锥是被一正垂面进行截切，如图 3-46（a）所示，四条棱线与截平面都产生交点，分别为Ⅰ、Ⅱ、Ⅲ、Ⅳ四个点，即可确定截交线的形状为四边形。

2）进行投影分析。在正面图中截交线的投影为一斜线，其他两个面上的投影均为类似的四边形。

（2）作图步骤。

1）采用交点法求解，在正立面上依次取点 1′、2′、3′、4′，注意 2′ 和 4′ 重影，4′ 为不可见点，需要加括号表示；

2）1′ 点位于右侧棱线，该棱线的侧面投影和水平投影如图 3-46（b）所示，利用从属性，从 1′ 点出发向侧立面上作垂线，交于该棱线投影线上于 1″，从 1′ 点出发向水平面作垂线交于棱线投影线上于点 1；

3）同样的方法确定 2″ 和 4″ 点，之后利用宽相等的原理绘制出 2 点和 4 点投影；

4）确定 3′ 点为左侧棱线上点，从 3′ 点出发向侧立面上作垂线，交于该棱线投影线上于 3″ 点，从 3′ 点出发向水平面作垂线交于棱线投影线上 3 点；

5）在各投影面上依次连接点，完成截交线的投影；

6）补绘截切后各棱线的投影。

四棱锥截切实例
练习

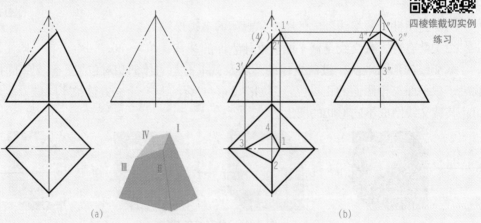

(a)　　　　　　　　　　　　　　(b)

图 3-46 四棱锥被截切后的水平投影和侧面投影

三、曲面体的截切

1. 曲面体截交线

曲面体截切与平面体截切过程类似，是用截切平面对回转体进行截切后，对剩余体作正投影，得到截切投影图。如图 3-47 所示为截切后的圆柱、圆锥、半球体图。

图 3-47　曲面体截切

截交线是截平面与回转体表面的共有线。截交线的形状取决于回转体表面的形状，以及截平面与回转体轴线的相对位置。求截交线的方法为求截平面与回转体表面的共有点。具体步骤如下：

（1）空间及投影分析。分析回转体的形状及截平面与回转体轴线的相对位置，以确定截交线的形状。分析截平面及回转体与投影面的相对位置，明确截交线的投影特性，如积聚性、类似性等。找出截交线的已知投影及能预见的未知投影。

（2）画出截交线的投影。当截交线的投影为非圆曲线时，先找特殊点，再补充中间点。将各点光滑地连接起来，并判断截交线的可见性。

2. 圆柱体表面的截交线

截平面与圆柱面交线的形状取决于截平面与圆柱轴线的相对位置，见表 3-1，截平面与圆柱的截交线可有三种形式——两平行直线、圆和椭圆。

表 3-1　圆柱体的截交线

截平面与轴线的位置关系	平行	垂直	倾斜
示意图		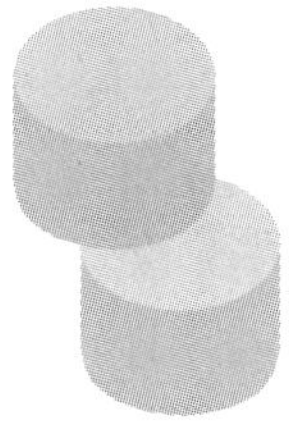	
投影图	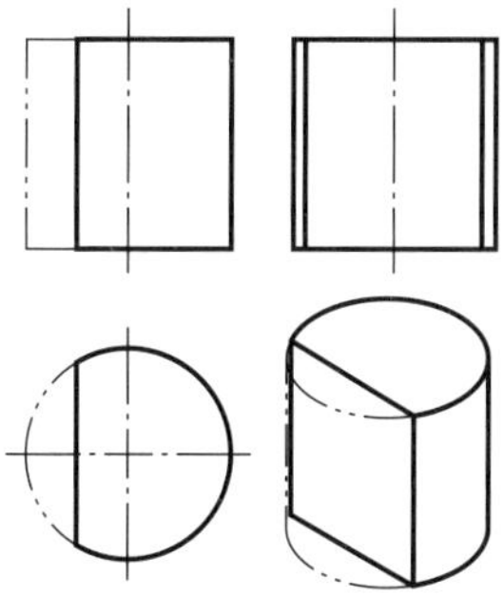	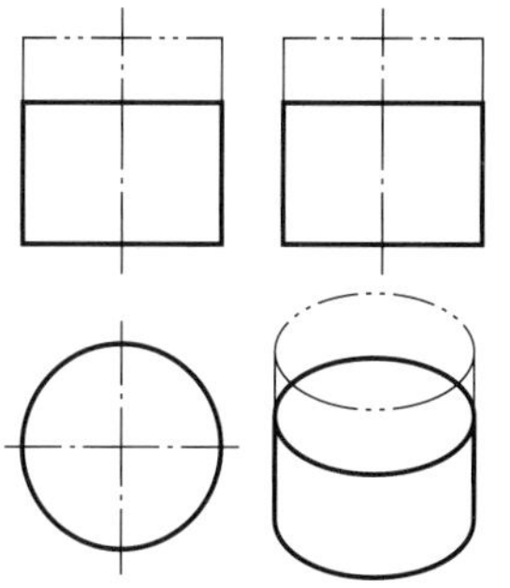	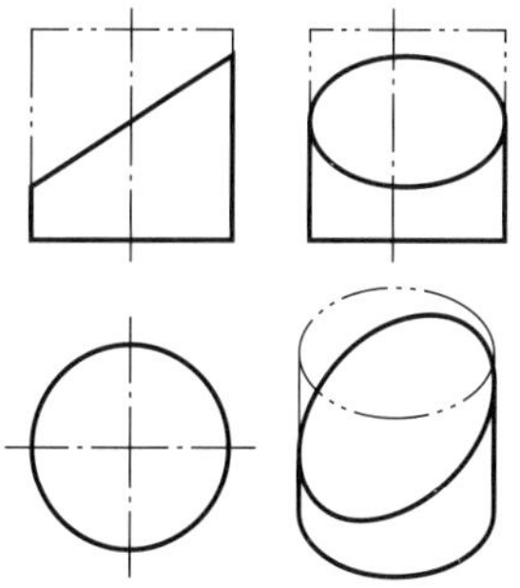
截交线形状	两平行直线	圆	椭圆

如图 3-48（a）所示，已知圆柱被截切后的三面投影图，求出截交线的另外两个投影。

（1）实例分析。首先进行空间分析，正面图中截交线的投影为一斜线，其截切后在水平面上的投影为圆形，可以判定该圆柱是被一正垂面进行截切，如图 3-48（b）所示。

（2）作图步骤。

1）先作出截交线上的特殊点。如图 3-48（c）所示，圆柱与截平面产生交点，分别为 Ⅰ、Ⅲ、Ⅴ、Ⅶ 四个点，其在水平投影面上的投影为 1、3、5、7，在正立面上的投影分别为 1′、3′、5′（7′）；利用从属性，从 1′ 点出发向侧立面上作垂线，交于转向轮廓投影线上于 1″，同样的方法确定 3″、5″、7″ 点。

2）再作出适当数量的一般点。在形体上取 Ⅱ、Ⅳ、Ⅵ、Ⅷ 四个点，在水平投影面上取投影 2、8 点，之后从 2、8 点出发，向正立面上作垂线交于重影点 2′（8′）；从点 2 向 Y_H 轴作垂线，交于 45°辅助线，之后向 Y_W 轴作垂线，再从 2′ 点出发，向侧平面作垂线，汇交于点 2″，同样方法确定出点 8″。

在水平投影面上取投影点 4、6，之后从点 4、6 出发，向正立面上作垂线交于重影点 4′（6′）；从 4 点向 Y_H 轴作垂线，交于 45°辅助线，之后向 Y_W 轴作垂线，再从 4′ 点出发，向侧平面作垂线，汇交于 4″ 点，同样方法确定出 6″ 点。

3）将这些点的投影依次光滑地连接起来，如图 3-48（d）所示，在侧立面上绘制成椭圆。

4）补全侧面投影中的转向轮廓线。

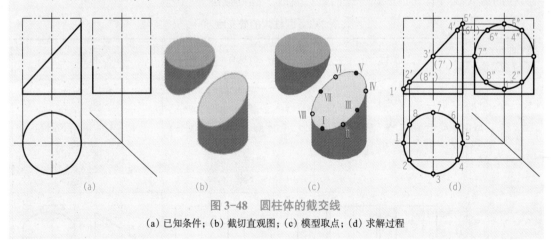

图 3-48　圆柱体的截交线

(a) 已知条件；(b) 截切直观图；(c) 模型取点；(d) 求解过程

3. 圆锥体表面的截交线

根据截平面与圆锥体轴线的相对位置不同，截平面与圆锥面的交线有 5 种形状，见表 3-2。

表 3-2　圆锥体的截交线

截平面与圆锥体相对位置	过锥顶	垂直于圆锥体轴线 $\theta = 90°$	倾斜于圆锥体轴线，与所有素线都相交 $90° > \theta > \alpha$	平行于一条素线 $\theta = \alpha$	平行于两条素线 $0° < \theta < \alpha$
示意图				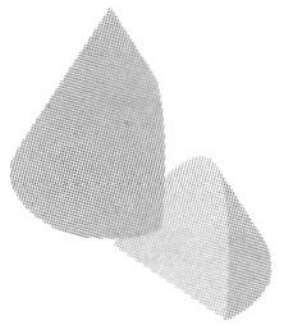	
投影图	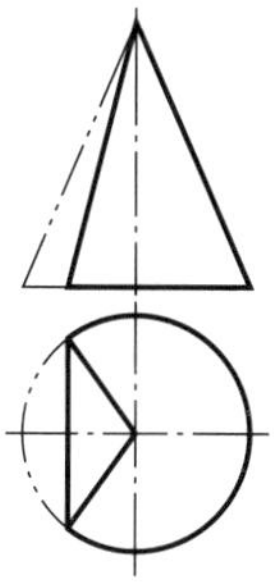	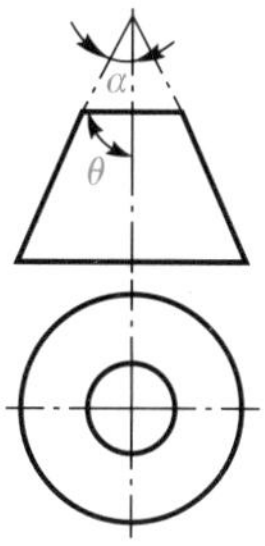	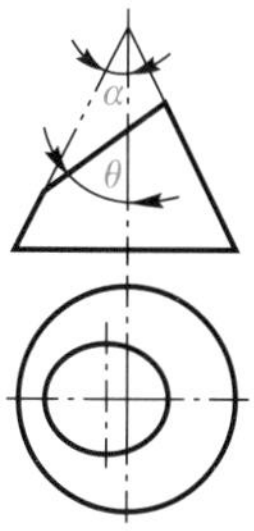	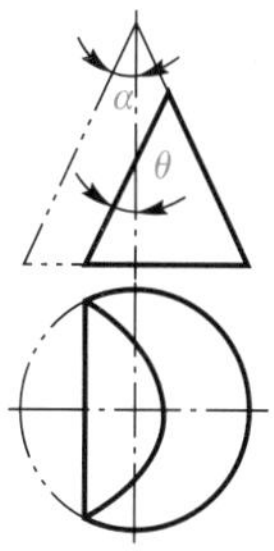	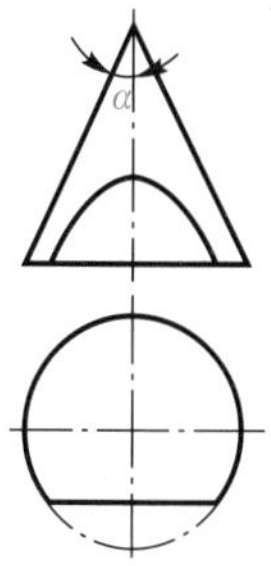
截交线形状	两相交直线	圆	椭圆	抛物线	双曲线

注：表中的粗实线围成的图形为圆锥截切后的立面投影图和水平面投影图。

⟳ 实例练习

如图 3-49（a）所示，圆锥被正垂面截切，求出截交线的另外两个投影。

（1）实例分析。如图 3-49（b）所示的截交线为一个椭圆。由于圆锥前后对称，故椭圆也前后对称。取一参照平面，椭圆的长轴为截平面与圆锥前后对称面的交线，即正平线，椭圆的短轴是垂直于长轴的正垂线，分别取Ⅰ、Ⅱ、Ⅲ、Ⅳ点。

（2）作图步骤。

1）先作出截交线上的特殊点。如图 3-49（c）所示，在正立面上取 1′、2′，从点 1′向水平面作垂线，交圆环于点 1，从点 2′向 X 轴作垂线，交圆环于点 2，从点 1′向侧立面作垂线，交于点 1″，从点 2′向 Z 轴作垂线，交于点 2″，再在正立面上取点 3′、4′，利用纬圆法，从点 3′、4′向水平面作垂线，交纬圆于点 3、4，利用点的投影规律，作辅助线，确定出点 3″，同样的方法，确定出点 4″。

2）再作一般点。如图 3-49（d）所示，在正立面投影图上取 5′、6′，从点 5′、6′向侧立面作垂线，交于点 5″、6″，利用纬圆法，确定出点 5、6，在正立面投影图上取 7′、8′，利用纬圆法，确定点 7、8 及点 7″、8″。

3）依次光滑连接各点，即得截交线的水平投影和侧面投影。

4）补全侧面转向轮廓线。

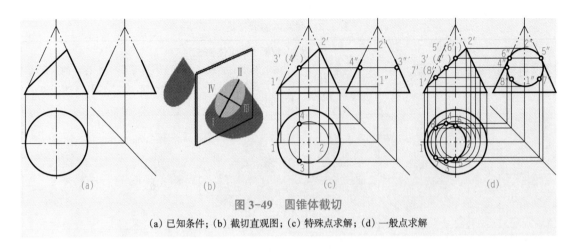

图 3-49 圆锥体截切
(a) 已知条件；(b) 截切直观图；(c) 特殊点求解；(d) 一般点求解

4. 球体表面的截交线

平面与圆球相交，截交线的形状都是圆，但根据截平面与投影面的相对位置不同，其截交线的投影可能为圆、椭圆或积聚成一条直线，具体见表 3-3。

表 3-3 圆柱体的截交线

截平面的位置关系	平行于正立面	平行于水平面	倾斜
示意图			
投影图			
截交线形状	纬圆、直线	纬圆、直线	椭圆、直线
注：表中的粗实线围成的图形为球体截切后的正立面投影图和水平面投影图。			

◇实例练习

如图 3-50（a）所示，为球体被正垂面切割投影图，完成俯视图和左视图。

（1）实例分析。平面切割球体产生的截交线为圆。由图 3-50（b）可以看出，正垂截切平面切割球体，在球体上产生一个截交圆，该圆是截切平面与球面的共有线。其正面投影为直线，与截割平面的投影重合；水平投影和侧面投影为椭圆，需要绘制。

（2）作图步骤。

1）求作特殊位置点。如图3-50（c）所示，先利用点的投影规律，完成截交线上最高点Ⅰ和最低点Ⅱ的水平投影1点和2点、侧面投影1″点和2″点。再作截交线上最前点Ⅲ、最后点Ⅳ的水平投影和侧面投影，由于3′、4′位于1′、2′的中间，过Ⅲ、Ⅳ作水平辅助平面，利用纬圆法，求出Ⅲ、Ⅳ的水平投影3、4点和侧面投影3″、4″点。

2）作出适当数量的一般点。如图3-50（d）所示，在正面水平轴线和垂直轴线上分别取点5′、6′、7′、8′，利用点的从属性和投影规律，完成点的水平投影5、6、7、8和侧面投影5″、6″、7″、8″。

3）依次光滑连接各点，并描深图线。

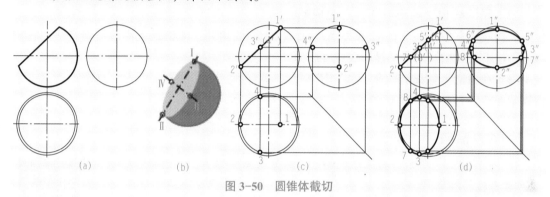

图3-50　圆锥体截切

(a) 已知条件；(b) 截切直观图；(c) 特殊点求解；(d) 一般点求解

想一想：

现在许多建筑物外观奇特，建筑的主楼与裙楼都是相互联系贯通的，这些相互交错联系的建筑形体是如何投影的？具备哪些特性？

四、相贯体的投影

两形体相交称为相贯，这样的形体称为相贯体，它们表面的交线称为相贯线，按照相贯体表面性质不同，相贯体分为三种情况：两平面体相贯，如图3-51（a）所示；平面体和曲面体相贯，如图3-51（b）所示；两曲面体相贯，如图3-51（c）所示。

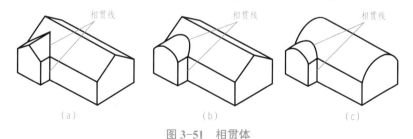

图3-51　相贯体

(a) 两平面体相贯；(b) 平面体和曲面体相贯；(c) 两曲面体相贯

1. 两平面体相贯

同坡屋面的交线是两平面体相贯的工程实例，以同坡屋面投影为例，学习两平面体相贯线的绘制。

在坡屋顶中，如果各屋面有相同的水平倾角，且屋檐各处同高，则称为同坡屋面；由这种屋面构成的屋顶称为同坡屋顶。

图 3-52 所示为屋檐等高的四坡顶屋面直观图和三面投影图。其屋面交线及其投影具有如下特性：

（1）屋檐线相互平行的两坡面如相交，必相交成水平屋脊线，其水平投影与两屋檐线的水平投影平行且等距。

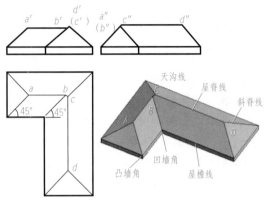

图 3-52　同坡屋面

（2）屋檐线相交的两坡面，必交成斜脊线或天沟线，斜脊线位于凸墙角处，天沟线位于凹墙角处。无论是天沟线或斜脊线，它们的水平投影与屋檐线的水平投影都成 45° 角。

（3）在屋面上如果有两条交线交于一点，必有第三条交线交于此点，这个点就是三个相邻屋面的公有点，如图 3-52 中 A、B、C、D 四点所示。

***

⊙**实例练习**

如图 3-53（a）所示为两五棱柱相贯的形体三面投影图，利用所学知识，完成相贯线的补绘。

立体相贯

（1）实例分析。根据三视图可以想象出空间形体为两个五棱柱相贯，如图 3-53（b）所示，在立体模型上取交点 A、B、C、D、E、F、G，利用棱线与积聚性棱面相交求出相应交点投影，即可绘制出相贯线。

（2）作图步骤。在正立面投影图上分别标出 a′、b′、c′、d′、e′、f′、g′ 位置，再根据棱线在侧立面上具有积聚性的特点，分别确定出 a″、b″、c″、d″、e″、f″、g″，不可见的点加括号表示，如图 3-53（c）所示，由两点确定三点投影的方法，可以确定出水平面上点的投影。从 c′ 和 e′ 开始向下作垂线，交于前侧水平棱线的投影线上，分别确定出 c 和 e；由于 D 点距离前侧面位置是固定的，可从侧立面投影图上量取 d″ 到前侧面投影线的距离为 y_d，在水平面上沿屋脊线方向，同样截取 y_d 以确定出 d；最后依次连线加粗。

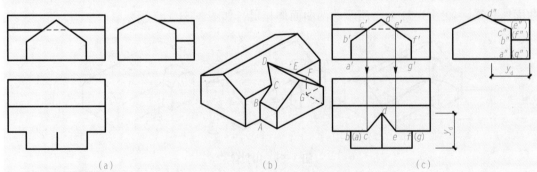

（a）　　　　　　　　（b）　　　　　　　　（c）

图 3-53　两五棱柱相贯
(a) 已知条件；(b) 直观图；(c) 求解过程

2. 平面体和曲面体相贯

平面体与轴线垂直于某一投影面的常见回转体（圆柱、圆锥、球）相交，其相贯线是同时位于两立体表面上的共有线，一般情况下是由若干段平面曲线组合而成的封闭的曲线，特殊情况下是由平面曲线和直线组合而成的。

> **实例练习**

如图 3-54（a）所示为平面体与曲面体相贯建筑，其简化模型如图 3-54（b）所示。根据图 3-54（c）所示的投影图，补全四棱柱与圆柱的相贯线。

立体与平面体
相贯

（1）实例分析。由图 3-54（a）、（b）可知，平面体与圆柱曲面体相交，上下表面的形状相同，在 H 面上具有显实性，各侧面在 H 面上具有积聚性。相贯线在 H 面上为前后对称的一段圆弧。相贯线在 V 面投影及 W 面的投影可以用立体上表面上取点作图法求之。

（2）作图步骤。

1）求贯穿点。如图 3-54（d）所示，先在相贯线的 H 面投影上定出 1、2、3，利用点的投影规律，在 V、W 面投影上相应地作出 1′、2′、3′ 及 1″、2″、3″ 的投影。

2）连接相贯线。分别在 V、W 投影面上按顺序光滑连接各点的投影，并补绘平面体与圆柱垂直相交的相贯线的投影。

3）整理加粗相贯线的投影图，结果如图 3-54（e）所示。

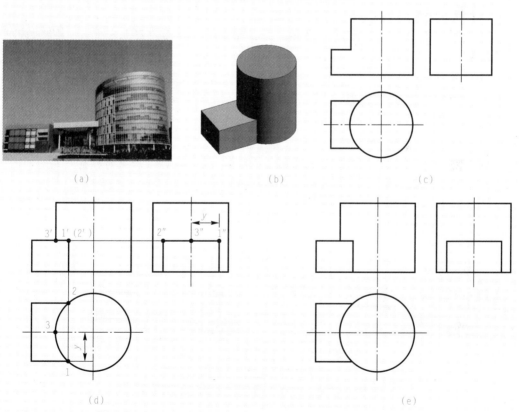

图 3-54　平面体与曲面体相贯
(a) 建筑图；(b) 简化模型；(c) 已知投影图；(d) 作图过程；(e) 作图结果

3. 两曲面体相贯

两曲面体的相贯线一般为光滑封闭的空间曲线，它是两回转体表面的共有线。按照回转体轴线之间的关系又可分为正交（轴线垂直相交）、斜交（轴线倾斜相交）和偏交（含垂直与倾斜）三种。

根据相贯线的性质，求相贯线可归结为求两相交立体表面上一系列共有点的问题。常用的求解方法有以下两种：

（1）利用投影积聚性求作相贯线。当相交的两曲面立体，其表面垂直于投影面时，可利用它们在投影面中的积聚性投影，采用立体表面上取点作图法求之。

（2）辅助截平面法。当相交的两曲面立体的相贯线不能用积聚性投影求作时，可采用辅助截平面法。

⊙ **实例练习**

如图 3-55（a）所示为钢结构网架节点图，从图中可以直观地看到两圆柱体相贯，根据图 3-55（b），已知两圆柱的三面投影，完成正立面投影图上相贯线的补绘。

（1）实例分析。由图 3-55（a）所示的投影图可知，直径不同的两圆柱轴线垂直相交，相贯线为前后左右对称的空间曲线。由于大圆柱轴线垂直于 W 面，小圆柱轴线垂直于 H 面，因此，相贯线的 W 面投影为一段圆弧，H 面投影为圆，只有 V 面投影需要求解，因此可以用立体表面上取点作图法求之。

（2）作图步骤。

1）求特殊点。如图 3-55（c）所示，先在相贯线的 H 面投影上定出最前、最左、最右、最后点 Ⅰ、Ⅱ、Ⅲ、Ⅳ 的投影 1、2、3、6，再在相贯线的 W 面投影上相应地作出 1″、2″、3″、6″，根据 H 面投影和 W 面投影再求出 1′、2′、3″、6″ 的投影。

曲面体与曲面体相贯

2）求一般点。先在已知相贯线的 W 面投影上任取一重影点 4″（5″），确定出 H 面投影 4、5，然后作出 V 面投影 4′、5′。

3）光滑连接相贯线。相贯线的 V 面投影左右、前后对称，后面的相贯线与前面的相贯线重影，只需按顺序光滑连接前面可见部分的各点的投影，即完成作图。

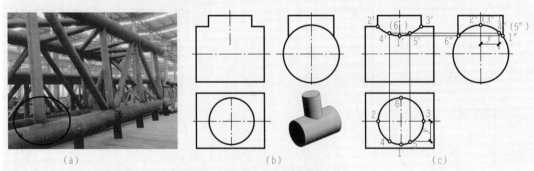

（a） （b） （c）

图 3-55　两圆柱体相贯

（a）钢结构网架节点；（b）已知条件及直观图；（c）求解过程

一、单选题

1. 平面截切立体时，平面与立体的交线称为（　　　）。

   A. 截平面　　　　　　　　　　B. 截立体

   C. 截交线　　　　　　　　　　D. 立体在平面上的投影

2. 如图 3-56 所示的六棱锥被正垂面 P 所截，其截交线的形状是（　　　）。

   A. 三角形　　　　　　　　　　B. 五边形

   C. 六边形　　　　　　　　　　D. 七边形

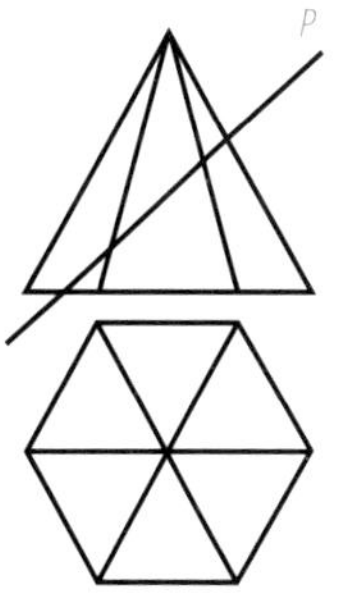

3. 下列属于截交线基本性质的是（　　　）。

   A. 类似性　　　　　　　　　　B. 封闭性

   C. 积聚性　　　　　　　　　　D. 定比性

4. 当截平面倾斜于圆柱轴时，截交线为（　　　）。

   A. 圆　　　　　　　　　　　　B. 直线

   C. 椭圆　　　　　　　　　　　D. 曲线

图 3-56　单选题 2

5. 当截平面通过圆锥顶时，截交线为（　　　）。

   A. 圆　　　　　　　　　　　　B. 两相交直线

   C. 椭圆　　　　　　　　　　　D. 双曲线

二、绘图题

1. 在图 3-57 中补绘三棱柱被正垂面切割后的水平投影，并求出侧面投影。

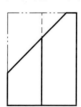

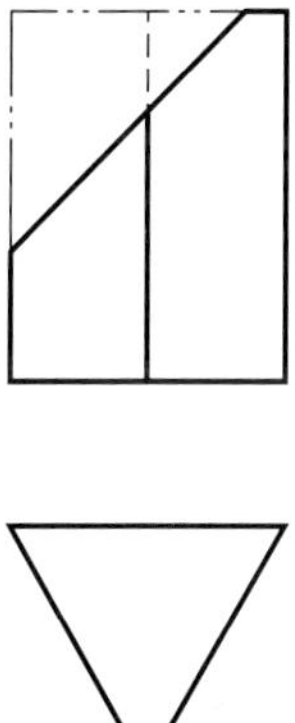

图 3-57　绘图题 1

2．在图 3-58 中补绘圆管被切割后的侧面投影。

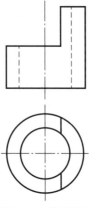

图 3-58　绘图题 2

3．已知四坡屋面的倾角 $\alpha = 35°$ 及檐口线的 H 面投影，求屋面交线的 V/H 投影（图 3-59）。

图 3-59　绘图题 3

知识拓展

卯榫结构

众所周知，卯榫结构是木质建筑的灵光所在，它的发明解决了木材之间的衔接问题，使不同的木质构件可以稳定地、牢固地连接在一起（图 3-60）。在中国历朝历代美轮美奂的殿堂楼阁中展示出了至关重要的功效。

图 3-60　卯榫结构

楔钉榫（图 3-61）是卯榫结构中较为独特的一种，它常用于连接弧形的木材，楔钉有与铁钉相似的运用，经过匠人精巧设计、精心打磨，用弧形材料凿切成上下两片带有暗榫的构件，通过力的作用拼合后，使其不可上下分割，再在其中部插入一根菱形的楔钉，使其左右锁定，形成一个四面稳定、严丝合缝的整体。

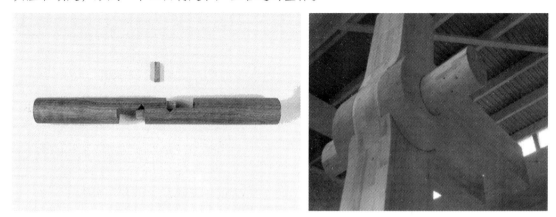

图 3-61　楔钉榫

一、单选题

1. 在一圆柱体的三视图中，其中圆的图线代表（　　）。
   A. 圆柱顶面的投影　　　　　　　　　B. 圆柱面的积聚性投影
   C. 圆柱底面的投影　　　　　　　　　D. 圆柱顶面和底面的投影

2. 在曲面按一定约束条件运动形成过程中，母线运动到曲面上的任一位置时，称为曲面的（　　）。
   A. 导线　　　　　B. 素线　　　　　C. 母线　　　　　D. 子线

3. 正六棱柱的棱线垂直于正投影面时，其正面投影为（　　）。
   A. 正四边形　　　B. 正五边形　　　C. 正六边形　　　D. 三角形

4. 正五棱锥的三个视图中，其中两个视图的外轮廓均是（　　）。
   A. 多边形　　　　B. 三角形　　　　C. 五角形　　　　D. 六角形

5. 基本几何体分为曲面立体和（　　）两大类。
   A. 棱柱　　　　　B. 棱锥　　　　　C. 棱台　　　　　D. 平面立体

6. 在一正圆锥体的三视图中，其中圆的图线代表（　　）。
   A. 锥面的投影　　　　　　　　　　　B. 交线的投影
   C. 底面的投影　　　　　　　　　　　D. 曲面的投影

7. 平面截切立体时，平面与立体的交线称为（　　）。
   A. 截平面　　　　　　　　　　　　　B. 截立体
   C. 截交线　　　　　　　　　　　　　D. 立体在平面上的投影

8. 平面立体分为棱柱和棱锥两类。棱柱的各棱线（　　）。
   A. 交于一点　　　　　　　　　　　　B. 交于两点
   C. 互相平行　　　　　　　　　　　　D. 互相交叉

9. 直母线绕与它相交的轴线回转形成的形体为（　　）。
   A. 棱锥　　　　　B. 棱柱　　　　　C. 圆柱　　　　　D. 圆锥

10. 在一圆柱体的三视图中，其中圆的图线代表（　　）。
    A. 圆柱顶面的投影　　　　　　　　　B. 圆柱面的积聚性投影
    C. 圆柱底面的投影　　　　　　　　　D. 圆柱顶面和底面的投影

二、判断题

1. 求棱锥面上点的投影，可以利用素线法。　　　　　　　　　　　　　（　　）

2. 棱锥的一个面在 W 面的投影积聚成一条线，面上的一点 A 在 W 面的投影也在这条线上。　　　　　　　　　　　　　　　　　　　　　　　　　　　　　（　　）

3. 表达圆柱体时最少需要两个视图来绘制，一个视图是不够的。　　　　（　　）

4. 曲面体是指全部由曲面围成的几何体。　　　　　　　　　　　　　　（　　）

5. 圆锥体表面上的线具有积聚性，在各投影面上一定积聚为一点。　　　（　　）

6. 四棱锥被单一截平面截切得到的图形为一直线。　　　　　　　　　　（　　）

7．平面立体的截交线，其投影形状与截平面与投影面的相对位置有关。　　　（　　）

8．平面立体被单一平面截切，截交线的形状是多边形。　　　（　　）

9．当截平面的投影具有积聚性时，截交线的一个投影即可得到。　　　（　　）

10．圆球的投影为三个相等的圆。　　　（　　）

三、绘图题

1．已知形体两面投影，补画左视图（图 3-62）。

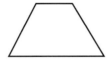

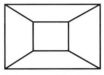

图 3-62　绘图题 1

2．如图 3-63 所示，圆柱被两平面所截切，补全投影图。

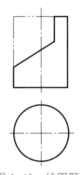

图 3-63　绘图题 2

3．补全半圆拱屋面与坡屋顶的交线（图 3-64）。

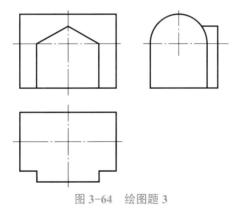

图 3-64　绘图题 3

习题库

项目四 组合体投影

　　一般工程形体较为复杂，不是由单一的基本体组成的。为了便于认识，可以将它人为地看作是由若干基本体按照一定构型方式加工组合而成的，由基本体组合而成的形体称为组合体。

知识框架

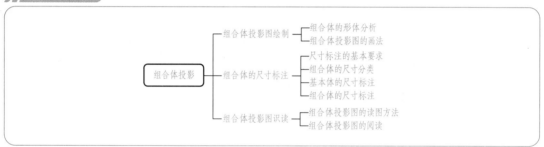

知识目标

1. 了解组合体的形体；
2. 熟悉组合体的三面投影图投影规律；
3. 掌握组合体的三面投影图画法；
4. 熟悉组合体的尺寸标注；
5. 掌握组合体三面投影图的读图方法。

能力目标

1. 能够绘制建筑立体构件的三面投影图；
2. 能够识读建筑立体构件三面投影图的标注；
3. 能够识读建筑构件的三面投影图。

育人目标

1. 用唯物辩证法思想看待和处理问题，掌握正确的思维方法，养成科学的思维习惯，树立正确的世界观、人生观和价值观；
2. 培养勤奋多思的学习态度、开拓创新的职业品格和行为习惯。

任务单

任务名称	组合体投影图绘制
任务描述	斗拱又称枓栱、斗科、欂栌、铺作等，是中国建筑特有的一种结构，如图4-1所示。在立柱顶、额枋和檐檩间或构架间，从枋上加的一层层探出呈弓形的承重结构叫作拱，拱与拱之间垫的方形木块叫作斗，合称斗拱。从构成上来看，斗拱属于组合体，请结合斗拱分解后的形体（图4-2），完成以下任务： （1）分析组合体如何组成； （2）掌握组合体的绘制方法； （3）绘制斗拱结构的三面投影图。 斗拱 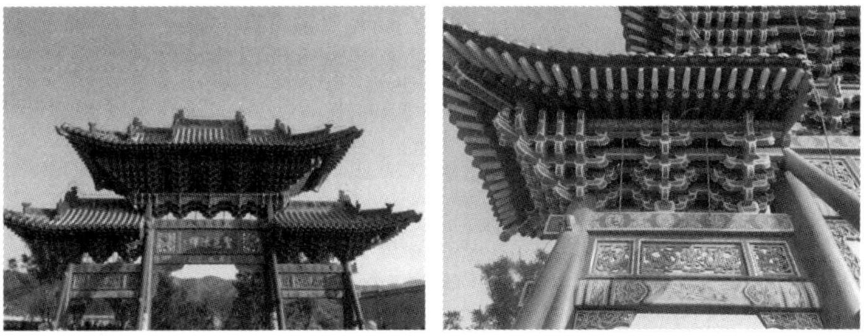 图4-1 斗拱结构 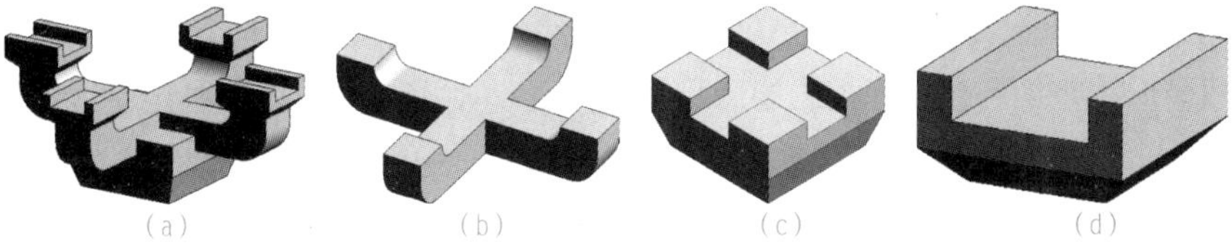 图4-2 斗拱分解后的形体 （a）斗拱；（b）拱、翘；（c）坐斗；（d）升
成果 展示	

评价	评价人员	评价标准	权重	分数
	自我评价	1. 组合体投影基本知识的掌握； 2. 任务实施中组合体的形体分析能力； 3. 强化训练的完成能力； 4. 团队合作能力	40%	
	小组互评		30%	
	教师评价		30%	

一、组合体的形体分析

　　为了便于研究组合体，假想将组合体分解为若干简单的基本体，然后分析它们的形状、相对位置及组合方式，这种分析方法称为形体分析法。形体分析法是对组合体画图、读图和尺寸标注的基本方法。

　　用形体分析法对组合体进行分解，可以发现组合体的组合方式分为叠加、切割和综合三种形式，如图 4-3 所示。

1. 叠加

　　叠加是假想组合体由若干基本体按一定的相对位置组合而成。在这种组合方式中，基本体表面的连接方式包括共面、相交、相切等。

微课：组合体的
形体分析

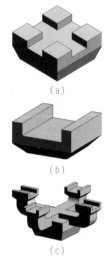

图 4-3　组合体组合方式
(a) 叠加；(b) 切割；(c) 综合

　　（1）共面。当两个基本体互相叠加时，若两个基本体相邻表面未形成同一个面，则投影图中结合处存在分界线。如图 4-4（a）所示，上下两个形体叠加后在正面投影中未形成同一面，则需要在投影中画出交线。如图 4-4（b）所示，若两个基本体有相邻的表面平齐共面，则共面相交处不存在分界线。如图 4-4（c）所示，因为只有正面投影中形成了共面，背面并没有形成，所以需要画虚线表示只有一个共面。

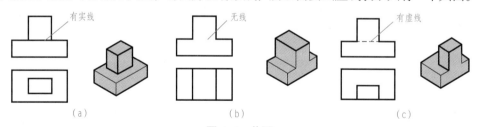

图 4-4　共面

　　（2）相交。若两个基本体相交，在其相交处产生交线。作图时需正确画出交线的投影。如图 4-5 所示，两个形体相交时，在正面投影和侧面投影中，相交部位均产生相贯线。

　　（3）相切。若两个基本体有相邻表面相切，则相切处是光滑过渡的，两基本体相邻的表面组成组合面，不存在分界线，因此相切处不画线。如图 4-6 所示，两个形体相切时，正面投影及侧面投影中相切处均不画线。

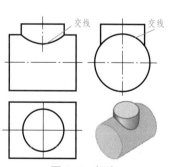

图 4-5　相交

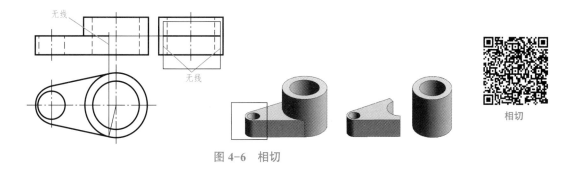

図 4-6　相切

2. 切割

假想组合体是由基本体被一些平面或曲面切割而成的。如图 4-7（a）所示的组合体可以看作是一个四棱柱前上方被切去一个三棱柱后，再在上部中间挖一个四棱柱槽而形成的。如图 4-7（b）所示的组合体可以看作是一个四棱柱挖去 1/4 圆柱后，再用两个截平面切去一个角形成的。

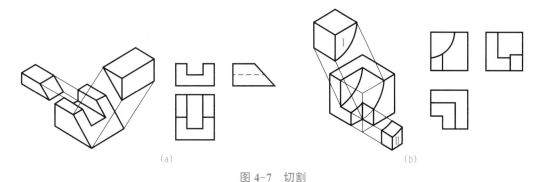

（a）　　　　　　　　　　　　　　　　　　　（b）

图 4-7　切割

3. 综合

综合体即由基本体按一定的相对位置，以叠加和切割两种方式综合组成。由图 4-8 可以看出，组合体是由形体 1、2、3 通过叠加方式组合在一起的，而形体 1 是一个四棱柱切割两个圆角 5 后，再挖去两个圆柱 6 形成的；形体 2 是一个四棱柱通过切割小四棱柱 4 形成的；形体 3 是一个三棱柱。

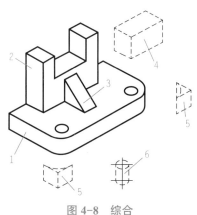

图 4-8　综合

建筑形体的组成较为复杂，绘制其投影图时更需要严谨的工作态度及精益求精、追求极致的职业品质。那么要如何绘制组合体的三面投影图？绘图过程中有哪些注意事项？

二、组合体投影图的画法

微课：组合体三面图的画法

在工程制图中，常把工程形体在多面投影面体系中的某个投影称为视图，相应的投射方向称为视向（如正视、俯视、侧视）。正面投影、水平投影、侧面投影分别称为正视图、俯视图、左视图；在建筑工程制图中分别称为正立面图、平面图、左侧立面图。组合体的三面投影图称为三视图或三面图。一般不太复杂的形体，用其三面图就能将它表达清楚。因此，三面图是工程中常用的图示方法。

绘制组合体的三面投影图分为 5 个步骤：形体分析；投影图的选择；选定比例和布置投影图；画三面投影图的底稿；检查、描深图线。

1. 形体分析

利用形体分析法对组合体进行形体分析。如图 4-9 所示为一室外台阶，将它可以看成是由边墙、台阶、边墙三大部分组成的。其中，两边的边墙是两个棱线水平的六棱柱；中间的三级台阶可看成是三个四棱柱叠加而成。

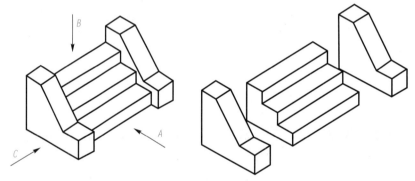

图 4-9　形体分析及正视方向选择

2. 投影图的选择

投影图选择的原则是用较少的投影图将物体的形状完整、清楚、准确地表达出来。投影图选择包括确定物体的安放位置、选择正视方向及确定投影图数量等。

形体的安放位置是指形体相对于投影面的位置，该位置的选取以表达方便为前提，即应使形体上尽可能多的线（或面）为投影面的特殊位置直线（或平面）。对建筑形体，通常按其正常工作位置放置，总结来说就是自然放置、反映特征、可见性好。

正面投影图是三视图中的主要视图，因此要首先确定正面图。选择正面投影方向时，要尽量反映出组合体的形状特征及其相对位置，使视图上的虚线尽可能少一些，同时要合理利用图纸的幅面。如图 4-9 所示的台阶，如果选择 C 向投影为正视图，它虽然能反映台阶踏步与边墙的形状特征，但正视图和左视图均有虚线；而若从 A 向投影，则能很清楚地反映台阶踏步与两边墙的位置关系，同时正视图无虚线。因此，选择虚线少的 A 向为正视方向更为合理。

当正面投影选定以后，组合体的形状和相对位置还不能完全表达清楚，需要增加其他投影进行补充。为了便于看图，减少画图工作量，在保证完整、清楚地表达物体形状、结构的前提下，尽量减少投影图的数量。如图4-9所示的台阶需用三面投影图才能确定它的形状。

3. 选定比例和布置投影图

（1）选取画图比例、确定图幅。选取比例时，尽可能选用原值比例，并按选定的比例，根据组合体的长、宽、高计算三个视图所占的面积，并在视图之间留出标注尺寸的位置和适当的间距，选用合适的标准图幅。

（2）布图、画基准线。固定图纸，画出图框和标题栏。根据视图的数量和标注尺寸所需的位置，将各视图匀称地布置在图幅内。对于一般形体，应先根据形体总的长、宽、高尺寸，画出各视图所占范围，目测并调整其间距，使布图均匀。如果形体是对称的，应先画出各投影图的基准线、对称线，并依此均匀布图。

4. 画三面投影图的底稿

根据物体投影规律，逐个画出各基本形体的三面图。画图的顺序：先画主要形体后画次要形体，先画大形体后画小形体，先画实体后画挖去的孔、槽等，先画轮廓后画细部，先画曲线后画直线。画每个形体时，要三个视图联系起来画，并从反映形体特征的视图画起，再根据投影关系画出其他两个视图。

5. 检查、描深图线

底稿画完后，用形体分析法逐个检查各组成部分的投影，以及它们之间的相互位置关系；对各基本形体间表面相切、共面或相交时产生的线、面的投影，用线、面的投影性质予以重点校核，纠正错误，补充遗漏。检查无误后，用规定的线型进行加深。

组合体三面图绘制步骤如图4-10所示。

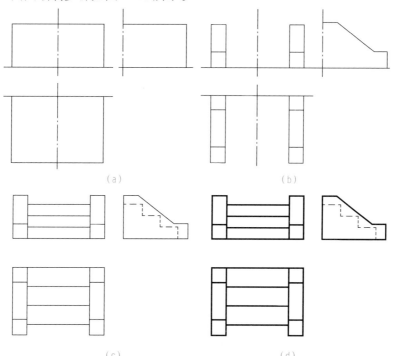

（a）　　　　　　　　　　　　　　　（b）

（c）　　　　　　　　　　　　　　　（d）

图4-10　组合体三面图绘制步骤

如图 4-11 所示为斗拱结构，绘制斗拱的简化模型（图 4-12）的三面图。

（1）实例分析。

1）形体分析。斗拱主要由坐斗、拱、翘和升等组成。

2）选择投影方向。整个模型是一个对称样式，按照其自然位置放置，选择箭头方向为其正视方向，绘制出的投影图最能反映该形体特征及相对位置，如图 4-12 所示。

微课：组合体
实例分析

图 4-11　斗拱结构

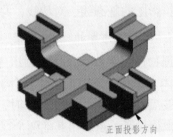

正面投影方向

图 4-12　简化模型

3）确定图幅和比例。根据简化模型的最大长、宽、高尺寸及复杂程度确定图幅和比例。

（2）绘图步骤。

1）布图，画作图基准线。选择各投影图的边线、对称线为基准线，并依此均匀布图，如图 4-13（a）所示。

2）利用三面投影"长对正、高平齐、宽相等"的投影规律，作辅助线条，先完成坐斗的投影绘制，如图 4-13（b）所示；再完成拱、翘的投影绘制，如图 4-13（c）所示；最后完成升的投影绘制，如图 4-13（d）所示。

3）检查修改无误后，擦去多余辅助线条，并对形体可见轮廓进行加深描粗，完成作图，如图 4-13（e）所示。

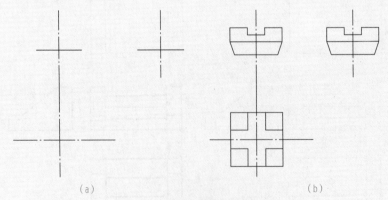

（a）　　　　　　　　　　　　　　　　　（b）

图 4-13　三面投影图的作图过程

（a）布图；（b）绘制坐斗投影

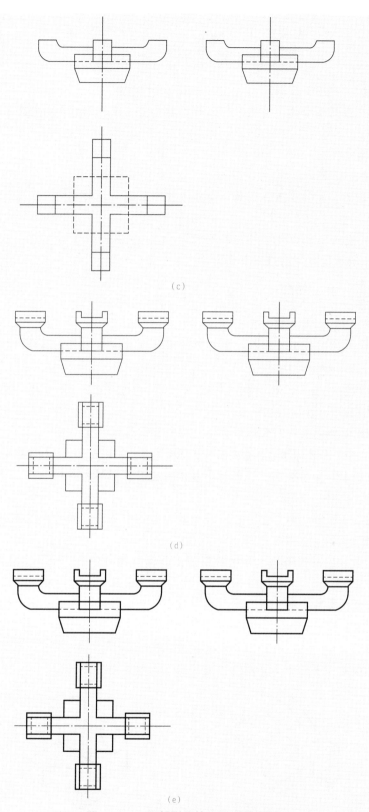

图 4-13　三面投影图的作图过程（续）

(c) 绘制拱、翘投影；(d) 绘制升的投影；(e) 检查、描深

一、单选题

1．为了便于研究组合体，将组合体分解为若干基本体，分析它们的形状、位置及组合方式的方法为（　　）。

　　A．形体分析法　　　　　　　　　　B．线面分析法

　　C．组合分析法　　　　　　　　　　D．立体分析法

2．当两个基本体互相叠加时，若两个基本体相邻表面未形成同一个面，则投影图中结合处（　　）。

　　A．存在交线　　　　B．不存在交线　　　C．存在虚线　　　D．以上都不对

3．图4-14所示组合体的组合方式为（　　）。

　　A．叠加　　　　　　　　　　　　　B．切割

　　C．综合　　　　　　　　　　　　　D．以上都不对

4．绘制组合体三面图步骤正确的是（　　）。

①形体分析；②投影图的选择；③选定比例和布置投影图；④画三面图底稿；⑤检查、描深图线

图4-14　单选题3

　　A．①②⑤　　　　B．①②③⑤　　　C．①②③④　　　D．①②③④⑤

二、判断题

1．由两个或两个以上的基本体组合构成的整体称为组合体。　　　　　　　　（　　）

2．组合体的基本形体的相邻表面之间可能形成共面、相切或相交三种特殊关系。（　　）

3．当两个基本体互相叠加时，若两个基本体相邻表面形成同一个面，则投影图中结合处存在交线。　　　　　　　　　　　　　　　　　　　　　　　　　　　（　　）

4．组合体正立面图反映了组合体各部分的左右、上下的位置关系，表达了组合体各部分的长度和高度。　　　　　　　　　　　　　　　　　　　　　　　　　　（　　）

5．投影图选择的原则是用较多的投影图把物体的形状完整、清楚、准确地表达出来。
　　　　　　　　　　　　　　　　　　　　　　　　　　　　　　　　　（　　）

6．选择正面投影方向时，要尽量反映出组合体的形状特征及其相对位置，使视图上的虚线尽可能少一些，同时要合理利用图纸的幅面。　　　　　　　　　　　　（　　）

三、绘图题

如图4-15所示，参考形体直观图，绘制组合体的三面投影图。

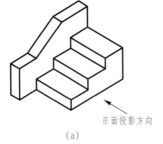

正面投影方向

(a)

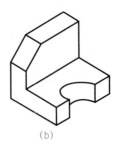

(b)

图4-15　绘图题

关帝庙——斗拱结构

在上下五千年璀璨的中华文明历史画卷中，古建筑留下了浓墨重彩的一笔。山西古建筑又被称为中国古建筑的摇篮。据统计，在山西现存两万八千余座古建筑。

山西运城解州关帝庙始建于隋代，已有1 400多年的历史，后被大火焚毁后，于清康熙五十二年（1713年）进行重新修建（图4-16）。崇宁殿是关帝庙的主殿，因关羽被宋徽宗封为"崇宁真君"而得名。大殿面宽7间，进深6间，重檐歇山顶，屋顶与柱连接采用了斗拱结构。

斗拱是中国古建筑上特有的构件，它由斗、升、拱、翘、昂这几部分组成（图4-17）。对于较大建筑物，斗拱主要为柱与屋顶间的过渡部分。它的功能在于承受上部支出屋檐的质量，或直接集中传力于柱上，或者先间接地纳至额枋上，再转到柱上。

斗拱在美学和结构上也拥有一种独特的民族风格。无论从建筑艺术还是技术营造的角度，斗拱都足以象征和代表中华古典的建筑精神和气质。

图4-16 关帝庙

图4-17 斗拱

任务二 组合体的尺寸标注

任务名称	组合体的尺寸标注			
任务描述	在"项目—制图标准与应用"中已经学习了平面图形尺寸标注的方法和步骤，明白了尺寸标注并不是简单的数字的加法或减法，不能用以往在数理几何图形上标注尺寸的方法进行尺寸标注，工程图中的尺寸标注和实际生产息息相关，通过组合体的尺寸标注学习，完成以下任务： （1）掌握组合体尺寸标注的基准的选择方法； （2）掌握组合体尺寸标注的方法； （3）掌握结合任务一，对图4-18所示的斗拱结构的三面投影图进行尺寸标注。 图 4-18 斗拱结构			
成果 展示				
评价	评价人员	评价标准	权重	分数
	自我评价	1. 组合体投影图标注基本知识的掌握； 2. 任务实施中组合体投影图的规范尺寸标注； 3. 强化训练的完成能力； 4. 团队合作能力	40%	
	小组互评		30%	
	教师评价		30%	

想一想：

尺和寸，皆指量具。《管子·形势解》："以规矩为方圆则成，以尺寸量长短则得，以法数治民则安。"意指：用规矩划方圆就能划成，用尺寸量长短就能量好，用法度、政策来治理民众就能安定。因此，事情不背于规范，其成效如神。那么组合体尺寸标注的基本原则有哪些呢？有哪些注意事项？

一、尺寸标注的基本要求

组合体尺寸标注要满足完整、准确、清晰、合理四个方面的要求。完整是指组合体各部分形状大小及相对位置的尺寸标注完全，不遗漏、不重复；准确是指尺寸标注要符合国家标准的相关规定；清晰是指尺寸标注要整齐清晰，便于阅读；合理是指尺寸标注的位置要合理。

二、组合体的尺寸分类

在投影图上所标注的尺寸要能完全表达出组合体各部分的大小和相互位置。在形体分析的基础上，组合体的尺寸一般包括下列三种：

（1）定形尺寸：确定形体各组成部分大小的尺寸。由于组合体是由多个基本体进行叠加或切割而成的，因此定形尺寸的标注应以基本形体的尺寸标注为基础。

（2）定位尺寸：确定形体各部分之间相对位置的尺寸。标注定位尺寸要有基准，通常将形体的底面、侧面、对称轴线、中心轴线等作为尺寸标注的基准。

（3）总体尺寸：形体的总长、总宽、总高。

三、基本体的尺寸标注

组合体是由基本体组成的，因此，熟悉基本体的尺寸标注是组合体尺寸标注的基础。任何基本体都有长、宽、高三个方向的尺寸，在视图上通常要将反映这三个方向的大小尺寸都标注出来。如图4-19所示是几种常见的几何体的尺寸标注示例。对于回转体，可在其非圆视图上注出直径方向尺寸，因直径具有双向尺寸功能，因此它不仅可以减少一个方向的尺寸，还可以省略一个投影。

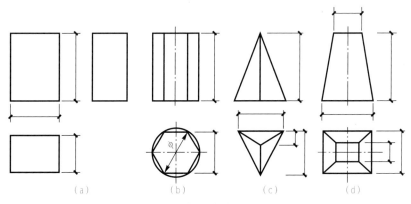

图 4-19　基本体的尺寸标注

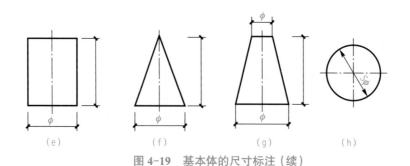

图 4-19　基本体的尺寸标注（续）

四、组合体的尺寸标注

标注组合体尺寸时，首先要进行形体分析，熟悉各基本体的定形尺寸及确定它们相对位置的定位尺寸。其次选择尺寸基准，尺寸基准是尺寸标注的起点，一般可选择组合体重要的基面、对称面、回转面的轴线作为尺寸基准。再次依次标注定形尺寸、定位尺寸、总体尺寸。最后检查、调整和布置尺寸。

微课：组合体
的尺寸标注

尺寸标注应注意：尺寸应标注在反映形状特征最明显的视图上；尽量避免标注在虚线上；尺寸标注应尽量集中，表示同一结构的尺寸应尽量放在一起；与两视图有关的尺寸，在不影响清晰的情况下，应尽量标注在两个视图之间；尺寸应尽量标注在轮廓线外面；尺寸线的排列要整齐、美观，小尺寸在内，大尺寸在外，同方向尺寸不重叠时，应尽量布置在同一条线上，同方向多排尺寸的间隔要均匀。在建筑工程中，通常从施工生产的角度来标注尺寸，只是将其尺寸标注齐全、清晰还不够，还要保证在施工现场读图时能直接读出各个部分的尺寸，不需要再进行计算。

🔄 实例练习

根据斗拱简化模型尺寸标注图（图 4-20）进行三面投影图的尺寸标注（实际斗拱的尺寸标注可参考《营造法式》详图）。

（1）实例分析。

1）首先进行形体分析。如图 4-20 所示，斗拱主要由坐斗、拱、翘和升等组成。

2）其次选择基准。以坐斗底面为高度方向的基准；以斗拱的横竖对称线分别为长度、宽度方向的基准。

3）最后依次标注定形尺寸、定位尺寸及总尺寸。

（2）作图步骤。

1）标注定形尺寸。首先标注坐斗的尺寸，需要标注坐斗底座上底面尺寸（360 mm×360 mm），下底面尺寸（300 mm×300 mm），高度（90 mm）；坐斗上部高度（90 mm），上部槽体尺寸可依据定位尺寸确定，这里不需标注。其次标注拱、翘的定形尺寸。拱长度、宽度、高度尺寸如图 4-20 正立投影图所示，拱内侧半径为 45 mm，外侧半径为 90 mm，翘与拱相同。最后标注升的定形尺寸。升的底座上底面、下底面尺寸如图 4-20 水平投影图所示，高度尺寸见正立投影面，槽体尺寸通过定位尺寸确定。

2）标注定位尺寸。坐斗的槽宽度和高度分别为 120 mm、45 mm，升的槽宽、槽高分别为 120 mm、35 mm。

3）标注总尺寸。组合体总长 900 mm、总宽 900 mm、总高 360 mm。

4）调整尺寸位置，检查是否有遗漏、重复的尺寸，调整尺寸排列位置，使其整齐、美观。标注后的组合体三视图如图 4-21 所示。

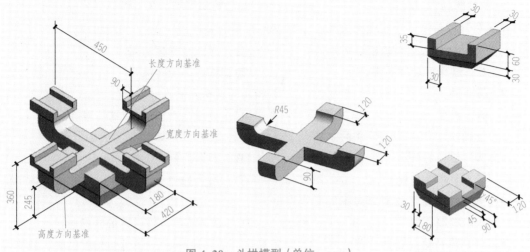

图 4-20　斗拱模型（单位：mm）

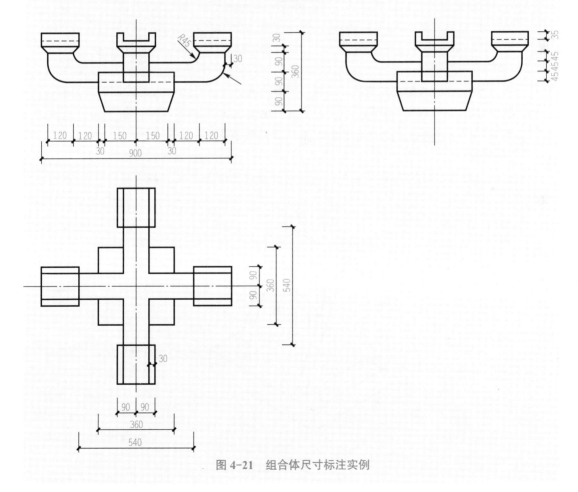

图 4-21　组合体尺寸标注实例

一、单选题

1. 关于组合体尺寸基准的选择，下列说法错误的是（　　　）。

　　A. 选择组合体重要的基面　　　　　　B. 选择对称面为基准

　　C. 选择回转面为基准　　　　　　　　D. 任选一面为基准

2. 圆锥体的尺寸标注中，需要（　　　）和高度两个尺寸。

　　A. 长度　　　　　　B. 宽度　　　　　　C. 直径　　　　　　D. 斜度

3. 下列不能作为尺寸标注的基准为（　　　）。

　　A. 形体的底面　　　　　　　　　　　B. 形体的侧面

　　C. 形体的虚线　　　　　　　　　　　D. 形体的中心轴线

4. 确定形体各组成部分大小的尺寸为（　　　）。

　　A. 定形尺寸　　　　　B. 定位尺寸　　　　　C. 测量尺寸　　　　　D. 标注尺寸

5. 组合体尺寸标注的步骤包括：①选择基准；②形体分析；③调整尺寸位置、检查是否遗漏；④标注定位尺寸；⑤标注总尺寸；⑥标注定形尺寸。正确的顺序是（　　　）。

　　A. ①－②－④－③－⑤－⑥　　　　　B. ②－①－④－⑥－⑤－③

　　C. ①－②－⑥－④－⑤－③　　　　　D. ②－①－⑥－④－⑤－③

二、判断题

1. 尺寸标注的基本要求是完整、准确、清晰和合理。　　　　　　　　　（　　　）

2. 组合体的尺寸分为定形尺寸、定位尺寸和总体尺寸三类。　　　　　　（　　　）

3. 组合体尺寸应标注在反映形状特征最明显的视图上。　　　　　　　　（　　　）

三、绘图题

如图4-22所示，参考形体直观图，绘制组合体的三面投影图，并进行尺寸标注。

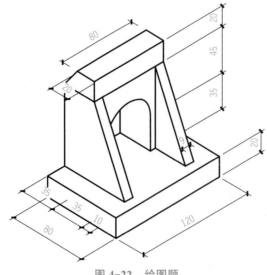

图4-22　绘图题

鹳雀楼——斗拱结构

鹳雀楼（图4-23）位于山西省运城永济市蒲州古城西向的黄河东岸，在北周时期为兵家修建的军事建筑。因其气势宏伟，高大开阔，登上高楼则有腾空欲飞之感，故名"云栖楼"。又因名为"鹳雀"的一种食鱼鸟类经常成群栖息于高楼之上，故"云栖楼"又称为"鹳雀楼"。

鹳雀楼的楼体壮观、结构奇巧，与武汉黄鹤楼、南昌滕王阁、湖南岳阳楼并称为中国四大名楼。唐宋时期文人学士曾登楼赏景，留存许多经典诗篇。其中王之涣所作的"白日依山尽，黄河入海流。欲穷千里目，更上一层楼"的诗句，堪称千古绝唱，由此诗因此楼作，因此楼名即诗名。

据传历史上的鹳雀楼后被元兵烧毁，使这座在中华民族历史文化上占有重要地位的伟大建筑消失，成为国人一憾。1996年，开始复建中国历史

图4-23 鹳雀楼

文化名楼——鹳雀楼，重现它的雄姿。复建中采用现代建筑材料、现代建筑设计技术及施工工艺，来表现古建筑中"斗拱结构"的逼真艺术效果实非易事。由于形制特殊，结构复杂，质量标准高，技术要求严，因而施工难度之大，科技含量之高，在国内仿古建筑中实属罕见，而且许多工艺查无可鉴，唯一的途径就是科技攻关，进行科技创新，最终使复建的鹳雀楼为国内为数不多的一座采用唐代彩画技艺的仿唐建筑。

任务三 组合体投影图识读

任务单

任务名称	识读组合体投影图
任务描述	识读隧道的三面投影图（图 4-24、图 4-25），想象出隧道的空间形状。 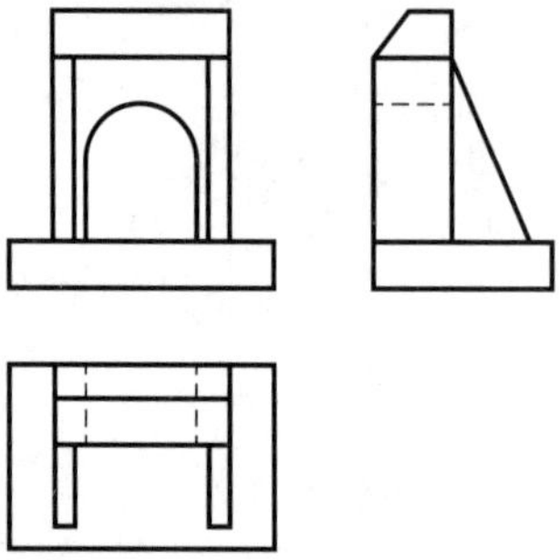 图 4-24　隧道的三面投影图 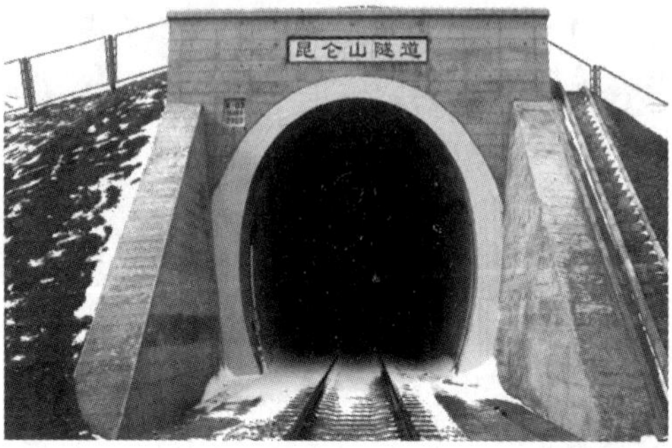 图 4-25　实物图
成果展示	隧道

评价	评价人员	评价标准	权重	分数
	自我评价	1. 组合体投影图相关知识的掌握； 2. 任务实施中组合体的读图能力； 3. 强化训练的完成能力； 4. 团队合作能力	40%	
	小组互评		30%	
	教师评价		30%	

相关知识

想一想：

在组合体读图方法的学习中，需要将不同视图联系起来，抓住主要特征去分析，在生活学习中也是如此，要有大局意识，遇到比较复杂的事情时，要学会抓住主要矛盾，分清楚事情的主次、轻重、缓急。什么样的视图是能反映组合体特征的？

一、组合体投影图的读图方法

1. 要把几个视图联系起来进行分析

在多面正投影中，一个投影并不能反映形体的真实形状。如图4-26所示，形体的水平投影均是两个同心圆，而由于正面投影的不同，所反映出的形体也是不同的。图4-26（a）所示的形体是两个不同直径的圆柱叠加；图4-26（b）所示的形体是在大的圆柱中挖去一个圆孔；图4-26（c）所示的形体是一个圆台；图4-26（d）所示的形体是圆台和圆柱的叠加。

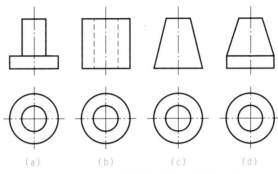

微课：组合体
三视图的阅读

图4-26 有一个视图相同的不同集合体

两个投影不可以反映形体的真实形状。如图4-27所示的形体中正面投影和水平投影均相同，而由于侧面投影的不同，所以反映出的形体也是不同的。

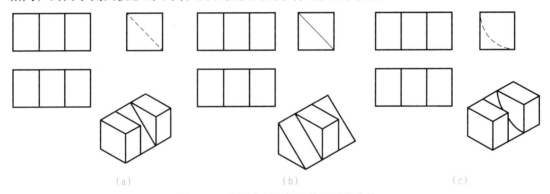

图4-27 有两个视图相同的不同集合体

2. 先局部、后整体，逐步读图

由于组合体形状的复杂性，读图时需要用形体分析法将图分解成几个部分，一部分一部分去读。一般情况下，应从最能反映组合体形体特征或组合特征的投影入手去分解。

分析如图4-28所示的组合体，从正面投影可以看出，形体是由Ⅰ、Ⅱ、Ⅲ、Ⅳ四个形体叠加而成，根据投影规律可在其他两面视图中找到每部分相对应的投影。这四个形体均有一个投影具有积聚性且反映其形状特征，另外两个投影等厚，用特征视图按厚度方向拉伸可形成其空间形状，故运用形体分析法读图时，从各投影中找出反映其形状特征的线框是想象其形状的关键。由于形体放置的方位不同，一般情况下各形体的特征线框分散于各个投影中。此例中水平投影图中的线框1、正立面投影图中的线框2′、左侧立面图中的线框3″和4″分别是四个形体的特征线框，将其拉伸至给定的厚度就可以得出形体的形状，这种拉伸法常用于想象有积聚投影的柱体的形状。最后，将四个形体按照其相对位置组合起来，故读图时还应从最能反映组合体中各部分相对位置的那个投影，来了解该组合体。

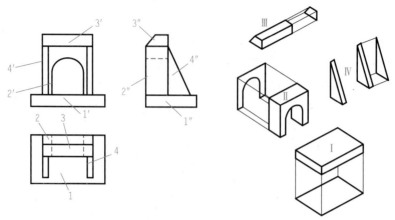

图 4-28　形体分析法读图

3. 读懂投影图中图线、线框的空间含义

多面正投影图是由图线组成的封闭线框构成的，因此，读懂图中每条图线、每个封闭线框的空间含义是读图的基础。这种运用直线、平面的投影特性对组合体投影图中的线条和线框进行分析，最后想象出其形状的分析方法，称为线面分析法。

（1）投影图中图线的意义。

1）表示两个相邻面交线的投影，如图 4-29 中 Ⅰ 为 B 平面与 D 平面交线的投影。

2）表示平面或曲面的积聚投影，如图 4-29 中 Ⅱ 为 A 平面的积聚投影。

3）表示曲面的转向轮廓线的投影，如图 4-29 中 Ⅲ 为曲面 C 的转向轮廓线。

（2）投影图上线框的意义。

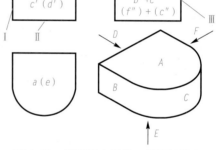

图 4-29　投影图中图线、线框的意义

1）表示一个面的投影，或平面与曲面相切的投影，如图 4-29 中 d' 为 D 平面的投影，$b'' + c''$ 为 B 平面与 C 平面相切的投影。

2）表示立体的积聚投影，如图 4-29 中水平投影 a 为立体从上向下的积聚投影。

（3）利用线框分析形体表面相对位置关系（图 4-30）。视图中一个封闭线框，一般情况下表示一个面的投影线，线框套线框则有可能有一个面是凸出的、凹下的、倾斜的或具有打通的孔。

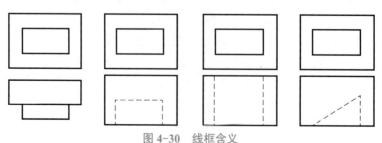

图 4-30　线框含义

相邻两个线框表示两个面高低不平或相交。如图 4-31（a）中线框 1 和 2 是平行的两个面。在图 4-31（b）和（c）中，线框 1 和 2 都是相交的两个面。

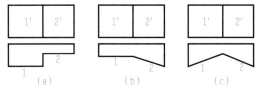

图 4-31　相邻线框含义

二、组合体投影图的阅读

🔷**实例练习 1**

根据图 4-32 所示的组合体三视图，想象出组合体的空间形状。

（1）实例分析。采用形体分析法，如图 4-33 所示，从正面投影可以看出，形体是由底板、立板、耳板、肋板四部分叠加而成的，分别找出最能反映其特征的投影面，拉伸至一定的厚度即可得到形体的形状。

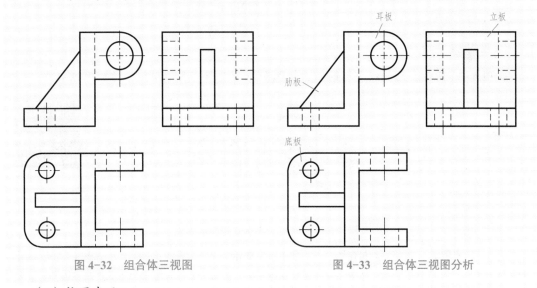

图 4-32　组合体三视图　　　　图 4-33　组合体三视图分析

（2）构图步骤。

1）看底板，如图 4-34（a）所示，底板的水平投影最能反映底板的形状特征，将其拉伸，可以想象出底板的形状。

2）看立板，如图 4-34（b）所示，根据立板的三面投影可以看出立板是一个四棱柱。

3）看耳板，如图 4-34（c）所示，耳板的正面投影可以反映耳板的形状特征，拉伸后，可以想象出耳板的形状，根据耳板的水平投影和侧面投影，可以看出耳板是两个相同的形状，分别位于形体的前面和后面。

4）看肋板，如图 4-34（d）所示，根据肋板的三面投影可以看出肋板为一个三棱柱。

5）将各部分综合起来想象组合体的形状，如图 4-34（e）所示。

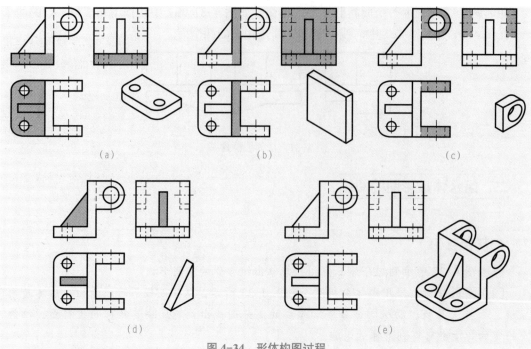

图 4-34 形体构图过程

如图 4-35 所示，已知组合体的正面投影和侧面投影，求作组合体的水平投影。

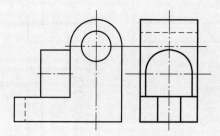

组合体实例练习

图 4-35 组合体的正面投影和侧面投影

（1）实例分析。进行形体分析，如图 4-36 所示，可以将组合体分为三部分。形体 Ⅰ 为四棱柱挖去半圆槽，形体 Ⅱ 是半个圆柱和四棱柱的叠加，形体 Ⅲ 是半圆柱和四棱柱叠加后挖去一个圆柱孔。将三部分形体叠加，可以得到组合体的形状。

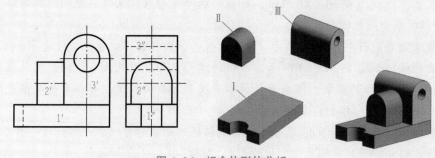

图 4-36 组合体形体分析

（2）作图步骤（图4-37）。

1）根据组合体的形状绘制水平投影图，绘制形体Ⅰ的水平投影，根据"长对正、宽相等"绘制出四棱柱的轮廓，再根据正面投影和侧面投影确定半圆槽的位置及直径。

2）绘制形体Ⅲ的投影，根据"长对正"确定形体Ⅲ的轮廓及圆孔位置，从上向下看，圆孔看不到，故绘制虚线。

3）绘制形体Ⅱ的投影，形体Ⅱ的水平投影为矩形框，根据"长对正、宽相等"绘制。

4）根据三面图的投影规律，检查绘制的平面图是否缺线、多线，确认无误后加深图线。

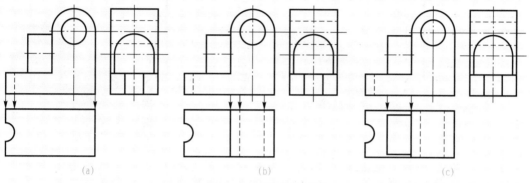

(a)　　　　　　　　(b)　　　　　　　　(c)

图4-37　形体构图过程

🔹**实例练习3**

如图4-38（a）所示，已知组合体的正面投影和侧面投影，求作组合体的水平投影。

（1）实例分析。首先进行形体分析，想象出组合体的形状。分析已知的两个视图，可以知道该组合体是由一个棱台多次切割形成的，从正立面投影可以确定棱台左右两侧被水平面与侧平面截切掉，之后中间部位又被水平面和两个对称的正垂面切掉成槽，由此可以想象出其形体如图4-38（b）所示。

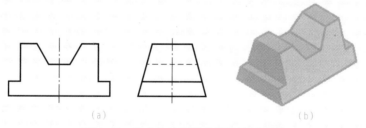

(a)　　　　　　　　(b)

图4-38　组合体的正面投影和侧面投影

（2）作图步骤。

1）根据形体分析，先补绘形体没有截切前的水平投影，如图4-39（a）所示，绘制出了棱台的水平投影图。

2）补绘棱台左右两侧被截切后的水平投影，如图4-39（b）所示，绘制时利用"长对正、宽相等"的投影规律，检查并擦掉多余线条，保证图形绘制正确。

3）补绘棱台中间被截切成槽后的水平投影，如图4-39（c）所示，绘制时利用"长对正、宽相等"的投影规律，检查擦掉多余线条，保证图形绘制正确。

4）检查所补作的视图是否正确，对投影面的垂直面进行分析，如图4-39（c）中对A面进行了投影分析。A面是正垂面，其水平投影a′与侧面投影a″应该是类似梯形，其边数和顶点数完全相同，符合投影规律，因此可以判断补绘平面图是正确的。

5）整理图形，结果如图4-39（d）所示。

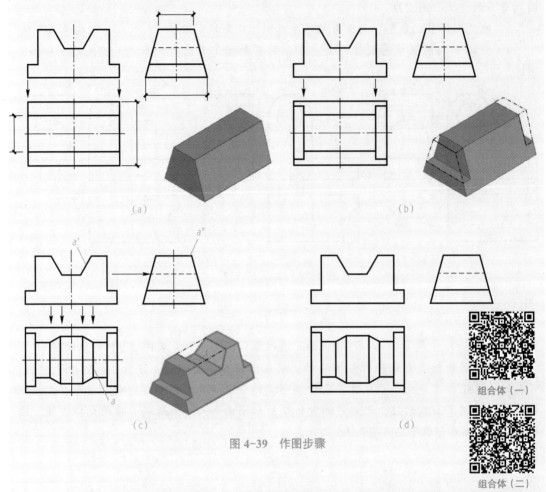

（a）　　　　　　　　　　　（b）

（c）　　　　　　　　　　　（d）

组合体（一）

组合体（二）

图4-39　作图步骤

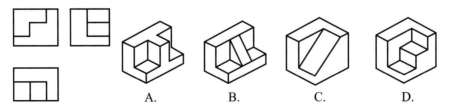

强化训练

一、单选题

1. 在下图中已知形体的三面投影图，则与其吻合的轴测图是（　　　　）。

A.　　　B.　　　C.　　　D.

2．画组合体三视图时，可以采用形体分析法或（　　　）。

　　A．线面分析法　　　　B．叠加法　　　　　C．切割法　　　　　D．综合法

3．形体正确的 *H* 面投影图为（　　　）。

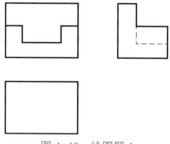

　　　　A.　　　　　　　　B.　　　　　　　　C.　　　　　　　　D.

4．已知物体的正视图与俯视图，所对应的左视图为（　　　）。

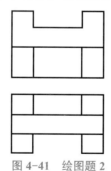

　　　　　　　　　　A.　　　　　B.　　　　　C.　　　　　D.

二、绘图题

1．在图 4-40 中补画组合体投影中所缺的图线。

图 4-40　绘图题 1

2．在图 4-41 中补画组合体投影中的第三面投影。

图 4-41　绘图题 2

青藏铁路

中国新世纪四大工程之一的青藏铁路，是一条连接青海省西宁市至西藏自治区拉萨市的国铁Ⅰ级铁路，也是世界上海拔最高、线路最长、环境最恶劣的高原铁路。最早由孙中山先生从宏观上提出修建青藏铁路。但在那个动荡不安、百姓处于水深火热的年代，这成了一个不可能实现的命题。

中华人民共和国成立后，百废待兴，积极开展工业化和发展经济，把国民经济引入正轨，是首要任务。铁路建设作为国民经济的大动脉，更是首当其冲，因此青藏铁路建设也纳入规划中。青藏铁路分为两期建成：一期工程，东起青海省西宁市，西至格尔木市，于1958年至1984年5月完成从开工建设到建成通车；二期工程，东起青海省格尔木市，西至西藏自治区拉萨市，于2001年6月29日开工，2006年7月1日全线通车。

修建青藏铁路，面临高寒缺氧、多年冻土、生态脆弱三大世界性工程难题。在中国共产党的正确领导下，几代建设者以惊人的毅力和勇气，开拓创新，攻克难题，在世界屋脊上筑造了一条连接西藏与内地的神奇"天路"，孕育了青藏铁路精神。精神因传承而不朽，当代大学生应珍惜我们所处的这个伟大时代，做新时代的奋斗者。

一、选择题

1．在下图中已知形体的正面投影和水平投影，则与其吻合的形体是（　　　）。

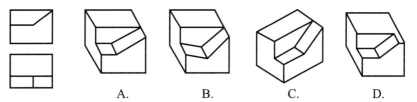

　　　　　　　A.　　　　　　　　B.　　　　　　　　C.　　　　　　　　D.

2．下图所示形体化正确的俯视图为（　　　）。

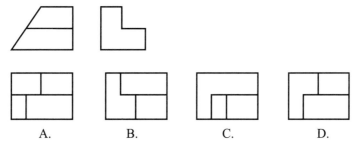

　　　　　　A.　　　　　　　B.　　　　　　　C.　　　　　　　D.

3．已知俯视图和主视图，选择正确的左视图为（　　　）。

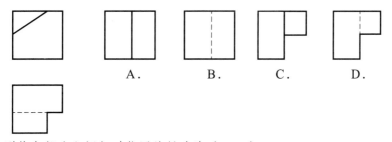

　　　　　　A.　　　　　　B.　　　　　　C.　　　　　　D.

4．确定形体各部分之间相对位置的尺寸为（　　　）。

　　A．定形尺寸　　　　　　　　　　　B．定位尺寸
　　C．测量尺寸　　　　　　　　　　　D．标注尺寸

5．投影中的线不可能表示形体的（　　　）。

　　A．具有积聚性的一个面　　　　　　B．两个面的交线
　　C．曲面的投影轮廓线　　　　　　　D．平行的平面

二、判断题

1．组合体左侧立面图反映了组合体各部分的上下、前后的位置关系，表达了组合体的长度和宽度。　　　　　　　　　　　　　　　　　　　　　　　　　　　　　　（　　　）

2．为了便于看图，减少画图工作量，在保证完整、清楚地表达物体形状、结构的前提下，尽量减少投影图的数量。　　　　　　　　　　　　　　　　　　　　　（　　　）

3．组合体尺寸标注时，首先标注定位尺寸，然后标注定形尺寸，最后标注总体尺寸。　　　　　　　　　　　　　　　　　　　　　　　　　　　　　　　　　　　（　　　）

4．尺寸一般应标注在图形外，以免影响图形清晰。 （　　）

5．两投影图相关的尺寸，应尽量标注在两图之间，以便对照识读。 （　　）

6．一般情况，由投影图中一线框找其另一投影图时，不积聚，必类似。 （　　）

7．投影图中的线框只能表示一个平面。 （　　）

8．当组合体或其某一局部构成比较复杂且又无法分解时，可以采用线面分析法。
（　　）

9．绘制组合体投影图时，应该根据形体的尺寸在图纸上均匀地布置各个视图。（　　）

10．叠加式组合体的投影图绘制一般采用线面分析法。 （　　）

三、绘图题

1．绘制组合体的三面投影图（图4-42）。

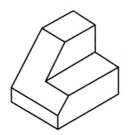

图4-42　绘图题1

2．补画组合体投影中所缺的图线（图4-43）。

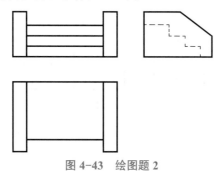

图4-43　绘图题2

3．补画组合体投影中的第三面投影（图4-44）。

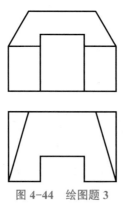

图4-44　绘图题3

习题库

项目五　工程辅助图样

正投影图是工程中的常用图，其制图简单方便、度量性好，但图形的直观性较差。轴测图作为工程中的辅助图样，具有直观性好的优点，但作图复杂，度量性较差，不作为工程正式图样。对于建筑内部构造的认知，需要结合剖面图和断面图进行辅助识读。本项目重点介绍轴测投影的形成、分类，正轴测图、斜轴测图的画法，剖面图和断面图的表达及简化画法。

》》知识框架

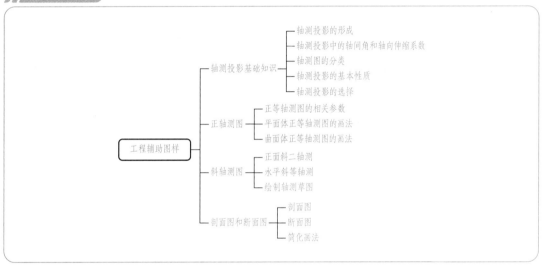

知识目标

1. 了解轴测投影的形成、分类及基本性质、简化画法；
2. 熟悉正轴测和斜轴测投影图的画法；
3. 掌握建筑构件剖面图、断面图的绘制。

能力目标

1. 能够判断建筑构件图样的类型；
2. 能够识读剖面图和断面图；
3. 能够完成建筑立体构件的正等轴测图绘制。

1. 培养认真负责、踏实敬业的工作态度和严谨求实、一丝不苟的工作作风；

2. 用唯物辩证法发展的观点来理解和掌握相关标准，养成严格遵守各种标准规定的习惯，培养良好的行为习惯，增强遵纪守法的意识。

任务一　轴测投影基础知识

任务单

任务名称	轴测投影基础知识
任务描述	轴测图起源于中国，历史可以追溯到乾祐三年（公元950年）五代十国时期的界画。界画，顾名思义，用界尺辅助作画，画中的建筑都用平行线推出，类似现代建筑轴测图。时至北宋时期，张择端的《清明上河图》中，建筑也如出一辙地使用了类似轴测图的画法，如图5-1所示。  图5-1　清明上河图局部图 结合图5-2所示的轴测投影和三面正投影，完成以下任务： （1）对比轴测投影图（以下简称轴测图）与三面正投影图的优缺点； （2）理解轴测投影的形成过程； （3）分析轴测投影的投影特性； （4）掌握如何选择合适的轴测投影。 水池轴测图 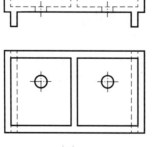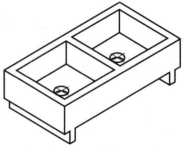 （a）　　　　　　　（b） 图5-2　形体图 (a) 正投影图；(b) 轴测投影图

成果展示				
评价	评价人员	评价标准	权重	分数
	自我评价	1. 轴测投影基本知识的掌握；	40%	
	小组互评	2. 任务实施中轴测投影选择能力；	30%	
	教师评价	3. 强化训练的完成能力； 4. 团队合作能力	30%	

相关知识

想一想：

图纸是建造的依据，建筑师离不开图纸，轴测图能够表现建筑空间关系，因此，工程设计中广泛使用轴测图来传达设计思想。那么轴测投影是属于中心投影还是平行投影？它是如何形成的？

一、轴测投影的形成

将物体和确定其空间位置的直角坐标系，沿不平行于任一坐标面的方向，用平行投影法将其投射在单一投影面上得到具有立体感的图形，即轴测投影的形成过程。

如图 5-3 所示，将物体放置在两面投影体系中，分别向水平面和正立面作投影，得到的图是之前所学的正投影图。若在物体上设置空间位置直角坐标系 OX、OY、OZ 坐标并设置 P 平面为单一投影面，在 S 光线下向 P 平面投射，得到带有坐标轴的物体直观图，即轴测图。

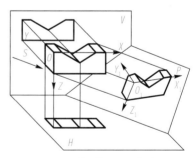

图 5-3 轴测投影形成过程

二、轴测投影中的轴间角和轴向伸缩系数

如图 5-4 所示，物体的三条坐标轴 OX、OY、OZ 在轴测投影面 P 上的投影 O_1X_1、O_1Y_1、O_1Z_1 称为轴测轴。轴测轴之间的夹角 $\angle X_1O_1Y_1$、$\angle Y_1O_1Z_1$、$\angle Z_1O_1X_1$ 称为轴间角。

轴测轴上的单位长度与相应坐标轴上的单位长度的比值分别称为 X、Y、Z 轴的轴向伸缩系数，分别用 p_1、q_1、r_1 表示，即

$$p_1 = \frac{O_1X_1}{OX},\ q_1 = \frac{O_1Y_1}{OY},\ r_1 = \frac{O_1Z_1}{OZ}。$$

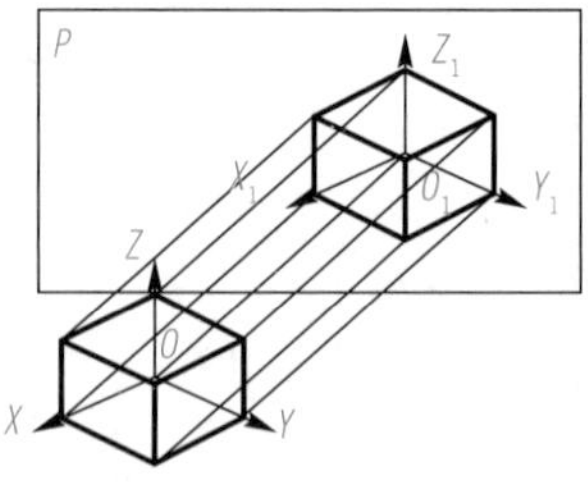

图 5-4　轴测投影

三、轴测图的分类

轴测图根据投射方向的不同可分为正轴测图和斜轴测图两类。

如图 5-5 所示，正轴测图的形成是为将物体放斜，使物体上的三个坐标面和 P 面都斜交，投射方向 S 与轴测投影面 P 垂直进行投射，这样所得的投影图称为正轴测图。

如图 5-6 所示，取平行于 XOZ 坐标面的平面为轴测投影面 P，投射方向 S 与轴测投影面 P 倾斜进行投射，这样所得的投影图称为斜轴测图。

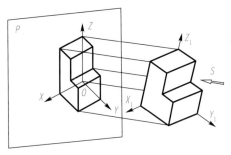

图 5-5　正轴测图

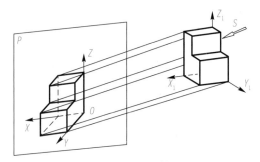

图 5-6　斜轴测图

由于确定空间物体位置的直角坐标轴对轴测投影面的倾角大小不同，轴向伸缩系数也随之不同，故上述两类轴测投影又各自分为三种。

（1）正轴测投影可分为以下三种：

1）正等轴测投影（图 5-7）。三个轴向伸缩系数均相等（$p = q = r$）的正轴测投影，称为正等轴测投影（简称正等测）。

2）正二等轴测投影。两个轴向伸缩系数相等（$p = q \neq r$ 或 $p = r \neq q$ 或 $q = r \neq p$）的正轴测投影，称为正二等轴测投影（简称正二测）。

3）正三轴测投影。三个轴向伸缩系数均不相等（$p \neq q \neq r$）的正轴测投影，称为正三轴测投影（简称正三测）。

（2）斜轴测投影可分为以下三种：

1）斜等轴测投影。三个轴向伸缩系数均相等（$p = q = r$）的斜轴测投影，称为斜等轴测投影（简称斜等测）。

2）斜二等轴测投影（图 5-8）。轴测投影面平行于一个坐标平面，且平行于坐标平面的两根轴的轴向伸缩系数相等（$p = q \neq r$ 或 $p = r \neq q$ 或 $q = r \neq p$）的斜轴测投影，称为斜二等轴测投影（简称斜二测）。

3）斜三轴测投影。三个轴向伸缩系数均不相等（$p \neq q \neq r$）的斜轴测投影，称为斜三轴测投影（简称斜三测）。

小提示：在实际工作中，正等测、斜二测用得较多，正（斜）三测的作图较烦琐，很少采用。

图 5-7　正等测

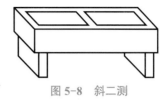

图 5-8　斜二测

四、轴测投影的基本性质

轴测投影是用平行的投影法画出的，因此，它具有平行投影的一切投影特性。

（1）平行性。空间平行的两直线，轴测投影后仍然平行；空间平行于坐标轴的直线，轴测投影后平行于相应的轴测轴。

（2）度量性。由于沿 OX、OY、OZ 轴方向或与其平行的方向，在轴测图中轴向变形系数是已知的，因此画轴测图时，形体上平行于坐标轴的直线段沿轴测轴或平行轴测轴的方向度量。不与坐标轴平行方向上的尺寸不可度量。

（3）定比性。形体上平行于坐标轴的线段的轴测投影与线段实长之比，等于相应的轴向伸缩率。

想一想：

轴测图在建筑业、机械或其他行业都得到了广泛的应用，并直接用来指导生产，因此选择合适的轴测图能更好地表达所有实体。思考如何选择合适的轴测投影。

五、轴测投影的选择

选择轴测投影的原则是应尽可能多地表达清楚物体的各部分的形状和结构特征，并确保作图方法简便。绘制轴测图时，应选择好轴测投影方向，尽可能多地看到物体各个部分的形状和特征，如尽可能看到全物体上的通孔、通槽等。另外，还应避免物体上某个或某些棱面积聚成一条直线，以及避免物体上转角处不同棱线在轴测图中共线。各类轴测图如图 5-9 所示。

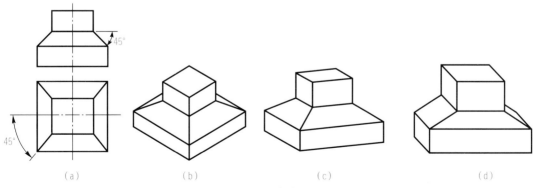

(a)　　　　　　(b)　　　　　　(c)　　　　　　(d)

图 5-9　各类轴测图

(a) 正投影图；(b) 正等测图；(c) 正二测图；(d) 正面斜轴测图

如在水平投影面中，物体表面的积聚投影与水平线成 45°，则该面在正等测图中积聚成一直线，影响了图形的立体感，使轴测投影变得不真实。

一、单选题

1．轴测投影是用（　　）法绘制的单面投影图。

    A．正投影   B．斜投影

    C．平行投影   D．中心投影

2．确定轴测图种类的要素有（　　）。

    A．轴间角   B．投影面数量

    C．坐标轴数量   D．轴测轴方向

3．由于轴测投影是根据平行投影原理形成的，因此轴测投影具有平行投影的特点，不包括（　　）。

    A．平行性   B．定比性

    C．积聚性   D．度量性

4．关于轴测投影特点的描述中，下列正确的是（　　）。

    A．轴测投影能够反映形体的实际形状和大小

    B．形体上相互平行的直线的轴测投影未必相互平行

    C．轴测投影真实性强，工程中常用来表达地形和道路

    D．形体上相互平行的直线的长度之比，等于它们的轴测投影长度之比

5．国家标准推荐的轴测投影为（　　）。

    A．正轴测投影和斜轴测投影   B．正等测和正二测

    C．正二测和斜二测   D．正等测和斜二测

6．用平行投影法沿物体不平行于直角坐标平面的方向，投影到轴测投影面上所得到的投影称为（　　）。

    A．多面投影   B．标高投影

    C．轴测投影   D．透视投影

7．相邻两轴测轴之间的夹角，称为（　　）。

    A．夹角   B．轴间角

    C．两面角   D．倾斜角

8．轴测投影的形成条件是（　　）。

    A．建立交叉光线、画面

    B．建立平行光线、坐标轴

    C．确定投射方向、建立轴测投影面和空间直角坐标轴

    D．建立投影光线、建立坐标平面

二、判断题

1．国家标准推荐的轴测投影是正等测、正二测、斜二测。   （　　）

2．凡物体上平行于坐标轴的直线，在轴测图中均可沿轴测轴方向度量。　　　（　　）

3．轴测图是用中心投影法绘制的。　　　　　　　　　　　　　　　　　　（　　）

4．轴间角和轴向伸缩系数是绘制轴测图时必须具备的要素，不同类型的轴测图有其不同的轴间角和轴向伸缩系数。　　　　　　　　　　　　　　　　　　　　　　（　　）

5．轴测投影具有平行投影的投影特性。　　　　　　　　　　　　　　　　（　　）

知识拓展

轴测的起源——界画

中国古建筑的艺术之美曾使无数人为之倾倒。诗人们赞美它"如鸟斯革，如翚斯飞"，哲学家感叹它"美轮美奂"，画家们则用绘画表达中国古建筑的流光溢彩。而界画用最为直观的艺术语言表现了建筑独有的严谨工丽、端庄雍容的魅力。

界画的创作宗旨就是工整写实、造型准确，它采用类似于等角轴测的正面平行法作画，能够准确表达空间秩序并清晰地描绘出建筑营造。据记载，后汉画家赵忠义曾受命画《关将军起玉泉寺图》，画中植柱构梁，叠拱下昂。完成后又经工匠反复校验画中的建筑结构，得证"以毫计寸，折算无亏"，由此可以确定画中建筑物比例精确，营造工匠据此进行尺寸换算以指导施工。

界画的表现对象主要是建筑，画家不仅要有深厚的绘画功底，同时还需要熟谙建筑结构知识。从界画上也可以看出，其类似于当时建筑的效果图，而且这种通过平行线表现出来的空间秩序，给人一种悠然自得的宏观体验。

任务二　正轴测图

<table>
<tr><td>任务名称</td><td colspan="5">绘制正轴测图</td></tr>
<tr><td rowspan="1">任务描述</td><td colspan="5">

　　室外台阶是建筑物出入口处室内外高差之间的交通联系部分，是一栋建筑的构成要素之一。结合图 5-10 所示的室外台阶三面投影图，完成室外台阶正轴测图的绘制。

（1）正轴测投影的参数设置。

（2）分析正轴测投影的绘制方法。

（3）选择合适的方法，绘制室外台阶。 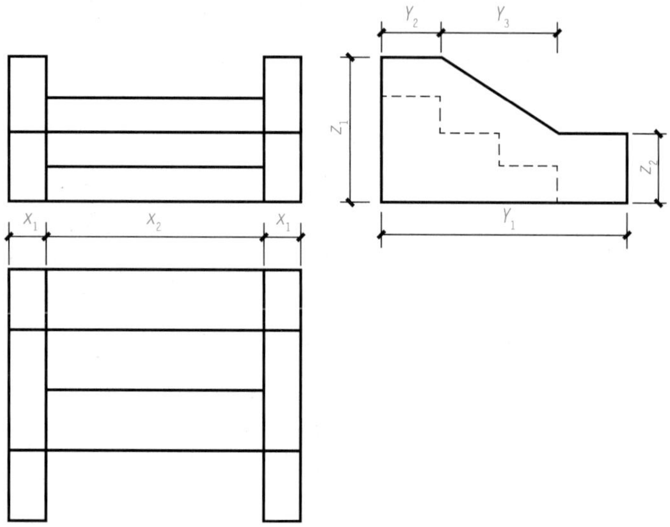

图 5-10　室外台阶三面投影图

</td></tr>
<tr><td rowspan="3">成果展示</td><td colspan="5"></td></tr>
<tr><td colspan="5"></td></tr>
<tr><td colspan="5"></td></tr>
<tr><td rowspan="3">评价</td><td>评价人员</td><td colspan="2">评价标准</td><td>权重</td><td>分数</td></tr>
<tr><td>自我评价</td><td colspan="2" rowspan="3">1. 正轴测投影基本知识的掌握；
2. 任务实施中正轴测图绘制能力；
3. 强化训练的完成能力；
4. 团队合作能力</td><td>40%</td><td></td></tr>
<tr><td>小组互评</td><td>30%</td><td></td></tr>
<tr><td>教师评价</td><td>30%</td><td></td></tr>
</table>

微课：正轴测图

一、正等轴测图的相关参数

使物体上的三个坐标面和投影面都斜交相同的角度，轴向伸缩系数 $p = q = r$ 所作出的正轴测投影，称为正等轴测图。

正等轴测图的轴间角 $\angle X_1 O_1 Z_1 = \angle X_1 O_1 Y_1 = \angle Y_1 O_1 Z_1 = 120°$，轴向伸缩系数 $p = q = r = 0.82$，如图 5-11（a）所示，将 $O_1 Z_1$ 轴绘制于垂直方向，$O_1 X_1$ 轴及 $O_1 Y_1$ 轴与水平线夹角成 30° 绘制，采用简化轴向伸缩系数，即 $p = q = r \approx 1$，在作图时可以直接按物体的实际尺寸截取，画出来的图形比实际的轴测投影放大了 1.22 倍。如图 5-11（c）、（d）所示，物体按照简化系数画出来的正等轴测图比用原伸缩系数画出来的图形看上去大了。

小提示：利用简化系数作物体正等轴测图虽有所"失真"，但方法比较简单，是最常用的正轴测图。

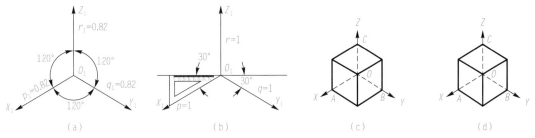

图 5-11　正等轴测图
（a）轴测轴；（b）画轴测轴；（c）$p = q = r = 0.82$；（d）$p = q = r = 1$

二、平面体正等轴测图的画法

在轴测图中，用粗实线画出物体的可见轮廓，为了使画出的图形明显，通常不画出物体的不可见轮廓，必要时用虚线画出。

根据形体的正投影图画其轴测图时，一般采用下面的基本作图步骤：

（1）根据形体特征选取一个合适的参考直角坐标系。

（2）根据轴间角画出轴测轴。

（3）按照与轴测轴平行且与轴测轴具有相等伸缩系数的原理确定空间形体各顶点的轴测投影。

（4）整理图形。连接相应棱线，擦去多余图线，加黑描深轮廓线，完成作图。

画轴测图的方法主要有坐标法、端面法、切割法、叠加法和混合法等。坐标法是最基本的方法。下面介绍前四种方法。

1. 坐标法

根据立体表面上各顶点的坐标分别画出它们的轴测投影，然后依次连接立体表面的轮廓线。它是画轴测图最基本的方法，也是其他各种画法的基础。

如图 5-12 所示，画三棱锥的正等轴测图。

（1）实例分析。利用立体表面上各顶点的坐标分别画出它们的轴测投影进行求解。

（2）绘图步骤。

1）如图 5-13 所示，设定三棱锥的坐标系为 O-XYZ，在三视图中确定出三棱锥各点 S、A、B、C 的投影，由此，可得出各点的坐标值；

2）画出正等轴测图的轴测轴，选取 O_1 点为 C 点；

3）在 H 面量取 A 点的 X 坐标值大小为 Oa，Y 坐标值大小为 0，在 V 面上坐标值大小为 0，沿 O_1X_1 方向测量，绘制出 A 点；

4）在 V 面上量取 B 点的 X 坐标值大小为 Ob'，在 W 面上量取 B 点的 Y 坐标值大小为 Ob''，分别沿 O_1X_1、O_1Y_1 方向进行量测，绘制出 B 点；

5）在 H 面上量取出 S 点的 X 坐标值大小为 Os_1，S 点的 Y 坐标值大小为 Os_1，分别沿 O_1X_1、O_1Y_1 方向进行量测，绘制出 S_0 点；

6）在 V 面上量取 S 点的 Z 坐标值大小为 $s's_1'$，从 S_0 点出发，沿平行于 O_1Z_1 方向测量，绘制出 S 点；

7）依次连接各棱线及底边，擦去不可见棱线的部分，整理图形轮廓。

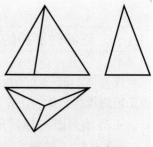

图 5-12　立体表面

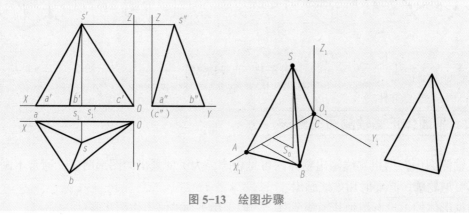

图 5-13　绘图步骤

2. 端面法

先画出能反映形体特征的一个端面或底面，然后以此为基础，画出可见的棱线和底边，完成形体的轴测图。

如图 5-14 所示，画出正六棱柱的正等轴测图。

（1）实例分析。先利用立体上表面各顶点的坐标，分别画出它们的轴测投影，再利用端面法绘制剩余投影。

（2）绘图步骤。

1）选定正六棱柱顶面中心点为坐标原点，画出正等轴测图的轴测轴。

2）根据底面各顶点的 X、Y 坐标，依次确定轴测图中各顶点位置，画出顶面的正等轴测图。

3）沿 Z 轴向下量取棱柱的高为 h。依次从顶面各顶点出发，沿轴方向绘制相互平行的棱线。

4）在可见棱线上截出棱柱的高，连接所得的各点，即底面上可见的边。

5）整理加粗可见轮廓线。

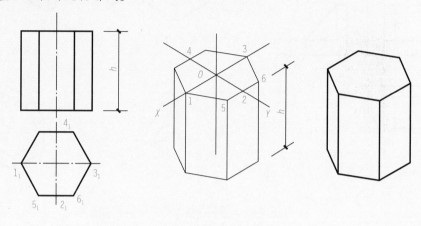

图 5-14　实例练习图

3. 切割法

用坐标法画出未被切割的平面立体的轴测图，然后用切割的方法逐一画出各个切割部分。

如图 5-15 所示，选定坐标原点和坐标轴。画出正等轴测轴，三个轴间角都为 $120°$。在三视图中量取长方体的长、宽、高尺寸，利用坐标法完成长方体轴测图的绘制。在水平投影图中量取被切割部分剩余的长和宽。在长方体的轴测图中，确定出被截切的位置，擦去被切割部分，对图形进行整理，加粗可见轮廓线。

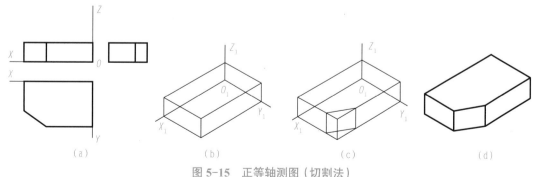

图 5-15　正等轴测图（切割法）

（a）正投影图；（b）画未切割整体轮廓；（c）绘制切割部分；（d）整理加粗

4. 叠加法

叠加法适用于由几个基本体叠加而成的形体。在形体分析的基础上，将各个基本体逐个画出，最后完成整个形体的轴测图。画图时要注意保持基本体的相对位置，画图的顺序一般是先大后小。如图 5-16 所示，绘制完轴测轴后，先绘制 A 部分，再绘制 B 部分、C 部分，最后整理加粗。

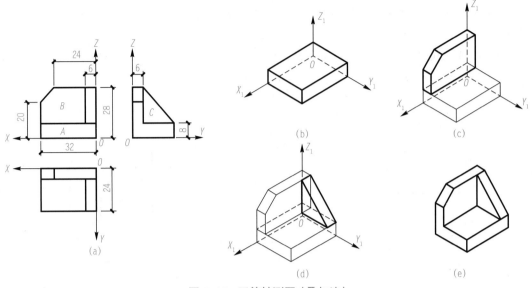

图 5-16 正等轴测图（叠加法）

⚙️实例练习

绘制室外台阶的正等轴测图。

（1）实例分析。室外台阶由左右栏板和中间踏步组成，绘制时可以采用叠加法和端面法完成。

（2）绘图步骤。

1）如图 5-17（a）所示，在三面投影图上选定原点 O 位置。

2）绘制正等轴测轴和左侧扶手端面图，具体尺寸在图 5-17（a）上量取，然后沿轴量测绘制。

3）利用端面法，绘制长度为 x_1 且平行于 O_1X_1 轴的栏板线条，如图 5-17（c）所示。

4）沿 O_1X_1 轴量测 x_2 长度确定右侧栏板位置，按上述方法绘制右侧栏板。然后在右侧平面上绘制踏步轮廓，具体尺寸在图 5-17（a）上量取。

5）利用平行性，绘制完成踏步线条，最后整理加粗。

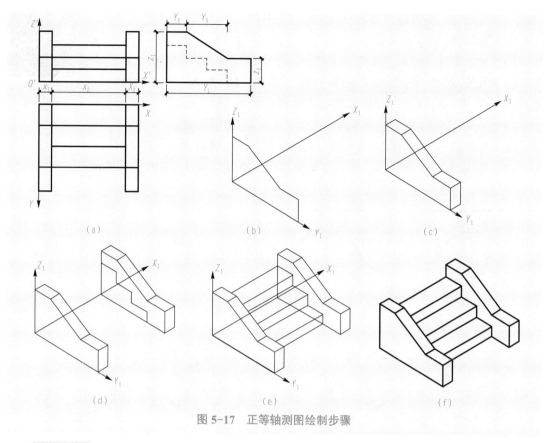

图 5-17　正等轴测图绘制步骤

想一想：

纵观我国建筑史的发展，各类建筑设计都应用到曲面立体元素，如日晷、祈年殿、苏州园林、上海博物馆及高新创合中心商业楼等，将曲面和平面体完美组合，展现建筑外柔内刚，曲直互补，更融入了中华民族"天圆地方"的哲学思想。那么如何绘制圆的轴测图？

三、曲面体正等轴测图的画法

1. 平行于坐标面的圆的正等轴测投影

以平行于坐标面的圆的正等轴测投影为例进行学习，由于坐标面倾斜于轴测投影面，因此三个坐标面上（或平行于坐标面）的圆的轴测投影均为椭圆。

在如图 5-18 所示的立方体轴测图中，绘制出椭圆的长轴和短轴，可发现平行于 H 面的椭圆长轴垂直于 O_1Z_1 轴，平行于 V 面的椭圆长轴垂直于 O_1Y_1 轴，平行于 W 面的椭圆长轴垂直于 O_1X_1 轴。

平行于H面的椭圆长轴垂直于O_1Z_1轴

平行于W面的椭圆长轴垂直于O_1X_1轴

平行于V面的椭圆长轴垂直于O_1Y_1轴

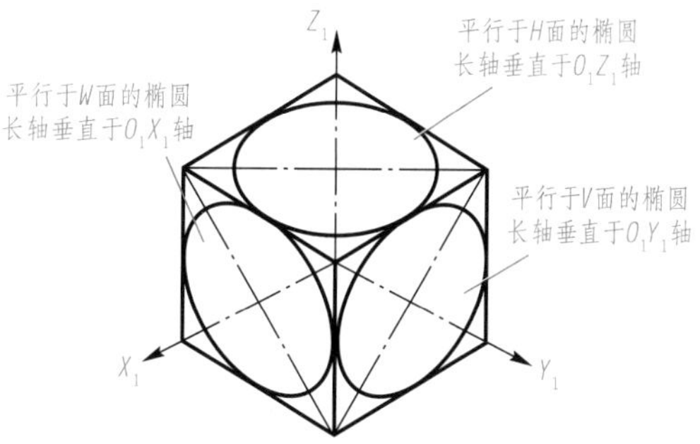

图 5-18　立方体轴测图

2. 菱形四心圆画法绘制椭圆

如图 5-19 所示，以平行于 XOY 投影面的圆为例，讲解轴测投影椭圆的画法。

微课：曲面体正等轴测图

（1）作圆外切四边形，得切点 A、B、C、D；

（2）画轴测轴 O_1X_1、O_1Y_1；

（3）量取 $O_1A_1 = OA$、$O_1C_1 = OC$、$O_1B_1 = OB$、$O_1D_1 = OD$；

（4）分别过 A_1、C_1 作 O_1Y_1 的平行线，过 B_1、D_1 作 O_1X_1 的平行线，四条线交于 1、2、3、4 点，得到四边形的轴测投影；

（5）分别连 $B_1$3、$C_1$1 交于 5 点，连接 $A_1$3、$D_1$1 交于 6 点；

（6）分别以 5、6 为圆心，以 $5B_1$、$6A_1$ 为半径，画圆弧 B_1C_1、D_1A_1；

（7）分别以 1、3 为圆心，$1C_1$、$3A_1$ 为半径，画圆弧 C_1D_1、A_1B_1，完成作图。

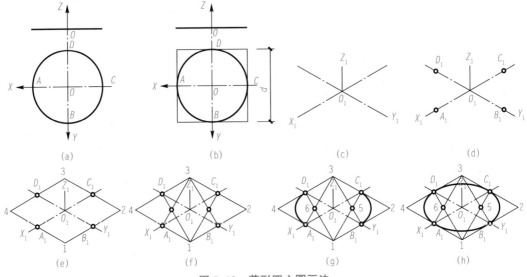

图 5-19　菱形四心圆画法

3. 圆柱体的正等轴测投影

圆柱体的两底面互相平行、大小相等，将平行于某一坐标面其放置，两者之间只是相差一高度，根据菱形四心圆弧近似画法可以先画出顶面圆的轴测投影椭圆，通过移动圆心画出下底面的轴测投影椭圆，然后作两椭圆公切线就得到圆柱体的正等轴测图。

如图 5-20 所示，圆柱底面直径为 ϕ，高度为 h。具体作图步骤如下：

（1）画轴测轴，作顶面和底面的外切菱形；

（2）用菱形四心图画法，画顶面的椭圆；

（3）向下移动圆心，画底面的椭圆；

（4）作两椭圆的公切线，整理、描深，完成作图。

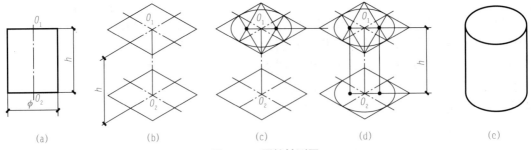

图 5-20　圆柱轴测图

求作图 5-21 所示切槽圆柱体的正等轴测图。

（1）实例分析。该图为圆柱体上部中间切槽后形成的立体，可用切割法绘制其轴测图。

（2）绘图步骤。

1）画出完整圆柱体的正等轴测图；

2）在上方切去宽为 b、深为 h 的槽，在此处同样用到移动圆心法；

3）整理、描深，完成作图。

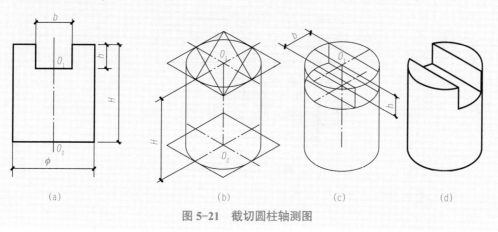

(a)　　　　　　(b)　　　　　　(c)　　　　　　(d)

图 5-21　截切圆柱轴测图

强化训练

一、单选题

1．空间三个坐标轴在轴测投影面上轴向变形系数一样的投影，称为（　　　）。

    A．正轴测投影　　　　　　　　　　B．斜轴测投影

    C．正等轴测投影　　　　　　　　　D．斜二轴测投影

2．正等轴测图轴向简化系数是从（　　　）开始测量的。

    A．X 轴　　　　　　　　　　　　B．Y 轴

    C．Z 轴　　　　　　　　　　　　D．O 点

3．在正等轴测图中，简化变形系数为（　　　）。

    A．0.82　　　　　B．1　　　　　C．1.22　　　　　D．1.5

4．在正轴测图中，其中两个轴的轴向变形系数（　　　）的轴测图称为正二等轴测图。

    A．相同　　　　　B．不同　　　　　C．相反　　　　　D．同向

5．绘制正等轴测图的步骤是，先在轴测图中画出物体的（　　　）。

    A．轴测轴　　　　B．直角坐标系　　　C．坐标点　　　　D．大致外形

二、判断题

1．绘制正等轴测图时，沿轴向的尺寸都可以在投影图上的相应轴按 1：2 的比例量取。 （　　）

2．正等轴测图的轴间角可以任意确定。 （　　）

3．正等轴测图的三个轴间角均为 120°，轴向伸缩系数为 $p = r \neq q$。 （　　）

4．正等轴测图中各轴间角之和约等于 720°。 （　　）

5．常用的轴测图作图方法有坐标法、叠加法、切割法、端面法。 （　　）

三、绘图题

1．绘制室外台阶正等轴测图（图 5-22）。

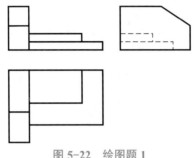

图 5-22　绘图题 1

2．绘制加肋柱脚轴测图（图 5-23）。

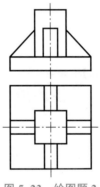

图 5-23　绘图题 2

知识拓展

敦煌壁画中的建筑

在古代的"丝绸之路"上，位于我国西北部的荒漠，坐落着举世闻名的文化艺术宝库——敦煌石窟。它是我国乃至世界上壁画最多的石窟群。石窟的壁画规模宏大，风格各异。对于建筑而言，敦煌壁画中绘制了佛寺、城垣、宫殿、阙、草庵、桥梁、穹庐、烽火台等成千上万座不同类型的建筑，这些建筑中有单体建筑，也有以院落布局的建筑群。另外，还保留了许多斗拱、柱枋、门窗的建筑构件和装饰图以及建筑施工图等。

敦煌壁画中的建筑画多为界画，界尺是敦煌壁画中运用最早、最广的绘制工具，大到石窟内壁画的构图布局、位置经营，小到边框窟顶的装饰图案，都需要界尺的辅助。西夏时期榆林窟第3窟的寺院建筑画与山水建筑画中，表现建筑使用工笔界画的画法，布局处理得更加细腻［图5-24（a）］。莫高窟盛唐时期洞窟第217窟壁画中分步展现了唐代建筑的营建过程［图5-24（b）］。

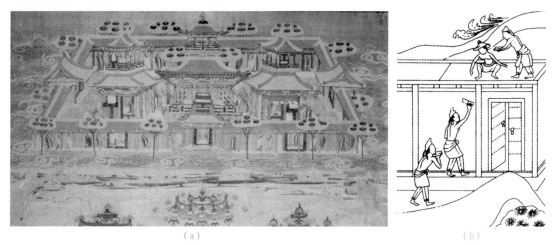

（a）　　　　　　　　　　　　　　　　　（b）

图 5-24　敦煌壁画

敦煌壁画是中华文化的瑰宝，它同长城、秦始皇陵及兵马俑坑等世界文化遗产一样，是中华民族古老文明的象征，也是人类创造精神文明的象征。

任务三 斜轴测图

任务名称	绘制斜轴测图				
任务描述	现在许多建筑外观设计会采用平面体和曲面体相结合的造型，同样窑洞也是建筑的经典之作，以延安革命旧址为例，在缅怀先烈的同时，不忘初心，学习知识。结合窑洞简化 BIM 模型和正投影图（图 5-25），完成以下任务。 （1）掌握斜轴测投影的参数设置。 （2）掌握如何选择合适的方法绘制正面斜二轴测图？ （3）掌握曲面体斜轴测投影的绘制方法。 （4）掌握正面斜二轴测投影特点。 （5）掌握水平斜等轴测图的适用范围和绘制方法。 窑洞 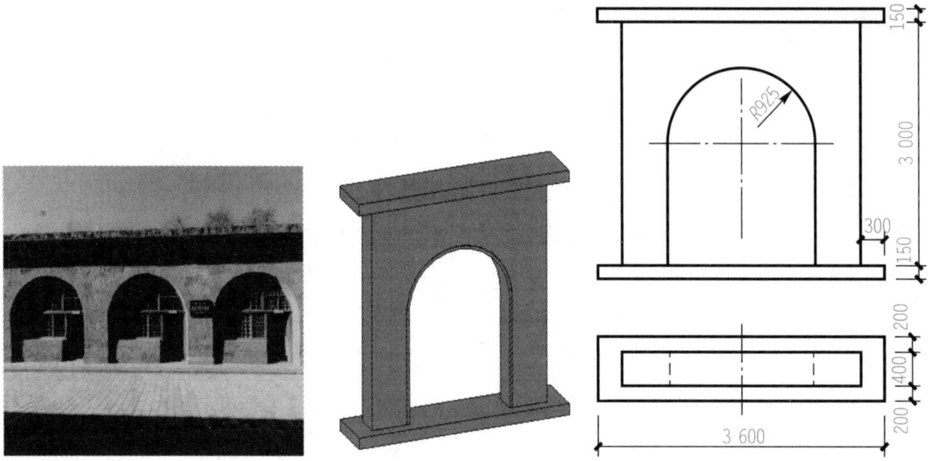 （a）　　　　　（b）　　　　　（c） 图 5-25　窑洞 （a）实物图；（b）BIM 模型图；（c）正投影图				
成果展示					
评价	评价人员	评价标准		权重	分数
	自我评价	1. 斜轴测投影基本知识的掌握； 2. 任务实施中斜轴测图绘制能力； 3. 强化训练的完成能力； 4. 团队合作能力		40%	
	小组互评			30%	
	教师评价			30%	

想一想：

斜轴测投影可分为斜等轴测投影、斜二轴测投影和斜三轴测投影，工程中常用的是斜等轴测图、斜二轴测图。那么它们的轴间角和轴向伸缩系数该如何设置，以及画图方法与正轴测图有什么相同点和不同点呢？

一、正面斜二轴测

1. 正面斜二轴测的形成及相关参数

将物体和坐标轴如图 5-26 所示放置，使坐标面 XOZ 平行于正立面。取轴测投影面 P 平行于正立面，且投影方向 S 倾斜于轴测投影面 P 进行投射，所得到的投影称为正面斜二轴测投影。

正面斜二轴测图的轴间角 $\angle X_1O_1Z_1 = 90°$，O_1Y_1 一般取与水平线夹角成 45°，O_1Y_1 也可画成与水平线成 30° 或 60° 角，轴向伸缩系数 $p = r = 1$，$q = 0.5$。根据形体的实际情况，可选择右俯视图、左俯视图、右仰视图及左仰视图（图 5-27）。

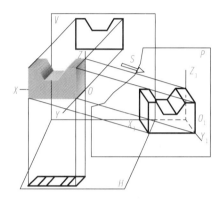

图 5-26　物体和坐标轴的放置

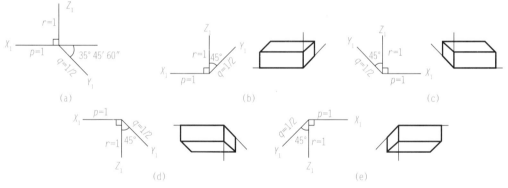

图 5-27　正面斜二轴测图

(a) 正面斜二轴测轴；(b) 右俯视图；(c) 左俯视图；(d) 右仰视图；(e) 左仰视图

2. 正面斜二轴测图的画法

正面斜二轴测图的画法与正等轴测图的画法基本相似，区别在于轴间角不同及沿 O_1Y_1 轴的尺寸值取实长的一半。在正面斜二轴测图中，物体上平行于 XOZ 坐标面的直线和平面图形均反映实长和实形，因此，当物体上有较多的圆或曲线平行于 XOZ 坐标面时，采用正面斜二轴测图比较方便。

根据台阶的两面投影，完成台阶的斜二轴测图。

（1）实例分析。在斜二轴测图中，立体上平行于V面的平面仍反映实形，可先完成正立面图抄绘，再参考端面法，利用平行形体，绘制台阶踏步的投影。

（2）绘图步骤。

1）在水平和正面投影图中设置坐标系OXYZ，如图5-28（a）所示，并画出斜二轴测轴，如图5-28（b）所示，O_1Y_1轴与水平方向成45°。

2）在$X_1O_1Z_1$内画出台阶前端面的实形，如图5-28（c）所示，从顶点出发，沿平行于O_1Y_1轴方向，量取踏步实长的一半，即Y/2，向后侧绘制。

3）从其余各顶点出发分别作O_1Y_1轴平行线，连接各点得形体的外形轮廓。

4）加深图线（虚线可省略不画），完成全图，如图5-28（d）所示。

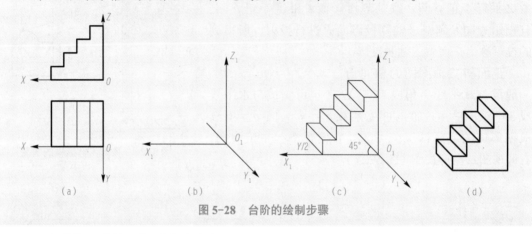

图5-28　台阶的绘制步骤

3. 曲面体正面斜二轴测图的画法

根据斜二轴测图的特点，平行于坐标面XOZ的圆的轴测反映实形，其投影图仍然是圆，平行于H面的圆为椭圆，长轴对O_1X_1轴偏转7°，长轴≈1.06d，短轴≈0.33d。平行于W面的圆与平行于H面的圆的椭圆形状相同，长轴对O_1Z_1轴偏转7°，如图5-29所示。

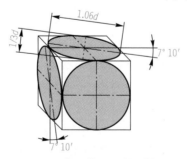

图5-29　曲面体正面斜二轴测图

已知图5-30（a）所示的正面投影和水平面投影，完成斜二轴测投影图绘制。

（1）实例分析。该模型由底板、墙身、门洞及顶板四部分组成。由于整体模型涉及曲线，采用正面斜二轴测方法绘制轴测图比较简便。

（2）绘图步骤。

1）在正投影图上定原点和坐标轴；

2）绘制正面斜二轴测轴，根据尺寸标注，沿轴量测，绘制底板；

3）绘制墙体斜二轴测图，根据定位和定形尺寸，绘制墙体前侧门洞，再按 Y 轴的轴向伸缩系数沿 Y 轴，用平移圆心方法，画出后侧圆拱、门洞的斜二轴测图；

4）将轴测轴向上移动至顶板，采用与底板相同的方法，绘制顶板斜二轴测图；

5）擦掉被遮挡的不可见轮廓线及辅助线，加深图线，完成作图。

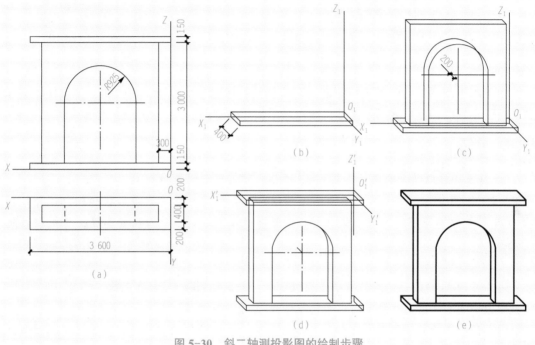

图 5-30　斜二轴测投影图的绘制步骤

想一想：

水平斜等轴测图属于斜轴测图中的一种，在工程上也经常采用，一般适用于哪些图纸作为辅助图样呢？

二、水平斜等轴测

1. 水平斜等轴测形成及相关参数

将物体和坐标轴如图 5-31 所示放置，使坐标面 XOY 平行于水平面。取轴测投影面 P 平行于水平面，且投影方向 S 倾斜于轴测投影面 P 时，所得到的投影称为水平斜轴测投影。

画图时，使 O_1Z_1 轴竖直，如图 5-32（a）所示，O_1X_1 与 O_1Y_1 保持直角，O_1Y_1 与水平成 $30°$、$45°$ 或 $60°$，一般取 $60°$，当 $p = q = r = 1$ 时，称为水平斜等轴测图。也可使 O_1X_1 轴保持水平，O_1Z_1 轴倾斜，如图 5-32（b）所示。

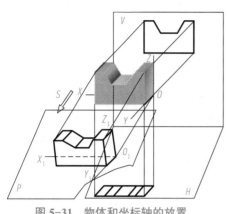

图 5-31　物体和坐标轴的放置

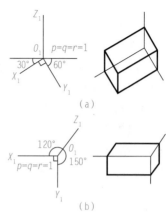

图 5-32　水平斜等轴测图

2. 水平斜等轴测图的画法

由于水平投影平行于轴测投影面，可先抄绘物体的水平投影，再由相应各点作 O_1Z_1 轴的平行线，量取各点高度后相连即得所求水平斜等轴测图。

实例练习

已知一小区的总平面图，如图 5-33 所示，作其水平斜等轴测图。

（1）实例分析。在小区总平面图上可以看出各栋建筑物的平面形状和相对位置，利用水平斜等轴测图可以反映平面实形，按照同一比例绘制各栋房屋的高度，作图相对简单容易。

（2）绘图步骤。

1）将 O_1X_1 轴旋转，使其与水平线成 30°，画出轴测轴 $O_1 - X_1Y_1Z_1$。

2）按比例画出总平面图的水平斜等轴测图。

3）在水平斜等轴测图的基础上，根据已知的各栋房屋的设计高度，按同一比例画出各栋房屋。

4）擦去多余线，加深图线。

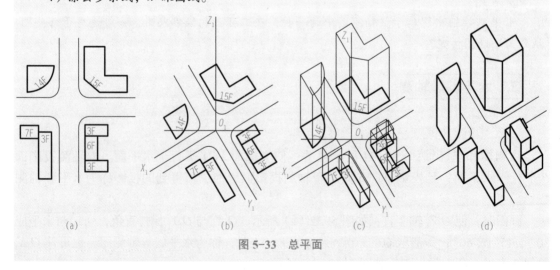

图 5-33　总平面

三、绘制轴测草图

1. 草图

草图也称徒手图，是用目测来估计物体的形状和大小，不借助绘图工具徒手绘制的图样。工程技术人员需要用徒手图迅速、准确地表达自己的设计意图。当采用绘图软件绘制图形时，尝试先徒手画出图形，再直接输入计算机，因此，掌握好徒手绘图的画图技巧也是非常必要的。

开始练习画徒手图时，可先在方格纸上进行。这样容易控制图形的大小比例，尽量使图形中的直线和分隔线重合，以保证所画的图线平直。一般选用 HB 或 B 铅笔，笔芯磨成圆锥形，总之，画徒手图的基本要求是画图速度尽量要快，目测比例尽量要准，画图质量尽量要高。

为了保证绘图质量，提高绘图速度，必须熟悉和遵守制图标准，正确地使用绘图工具，掌握几何作图的方法，如直线、圆、椭圆的画法，线段的等分，常见角度的画法，正多边形的画法。

直线绘制的要点为标记好起始点和终止点，铅笔放在起点，眼睛看着终点，绘制出直线，如图 5-34（a）所示。一般水平线从左向右绘，铅垂线从上向下绘，向右斜的线从左下向右上绘，向左斜的线从左上向右下绘。如图 5-34（b）所示，画圆时先定出圆心位置，通过圆心画出两条相互垂直的中心线，按半径大小目测定出四个点，在 45° 方向的两中心线上再目测增加四个点，分段逐步完成圆的绘制。如图 5-34（c）所示，画椭圆是先在中心线上按长短的标记，做好四个点，并画好菱形，分别作菱形边长的中心线，增加四个点用以绘制椭圆。

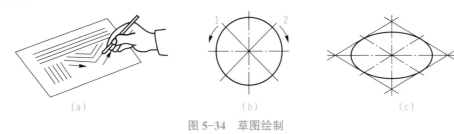

（a）　　　　　　（b）　　　　　　（c）

图 5-34　草图绘制

2. 轴测草图

（1）叠加的物体轴测草图。某些形体可以看成由若干个几何体叠砌而成，如图 5-35 所示可将其看作由两个长方体叠成。画草图时，可先徒手画出底下的一个长方体，使其高度方向竖直，长度和宽度方向与水平成 30° 角，并估计其大小，定出其长、宽、高。然后在其顶面上另加一个长方体。

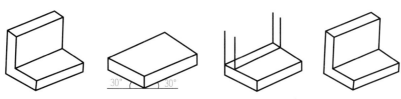

图 5-35　叠加形体轴测图

（2）切割的物体轴测草图。某些形体可以看成一个形体由若干个几何体切割而成，如图 5-36 所示的房屋轴测图，则可以看成从 L 形棱柱体中切割去一部分而成，这时可以先徒手画出一个 L 形棱柱体，然后在其顶面画出墙体的厚度，最后在墙面上切割出窗户和门。

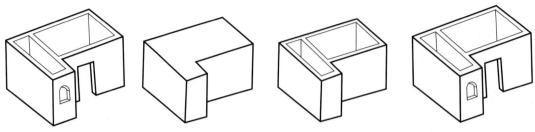

图 5-36　房屋轴测图

（3）圆锥、圆柱的轴测草图。画圆锥和圆柱的草图，如图 5-37 所示，可先画一椭圆表示圆锥或圆柱的下底面，然后通过椭圆中心画一竖直轴线，定出圆锥或圆柱的高度。对于圆锥则从锥顶作两直线与椭圆相切，对于圆柱则画一个与底面同样大小的上底面，并作两直线与上下椭圆相切。

图 5-37　圆锥、圆柱轴测图

强化训练

一、单选题

1．由总平面图绘制建筑群的轴测图，应采用（　　　）。

  A．正二测   B．正等测

  C．斜二测   D．水平斜等测

2．下列叙述错误的是（　　　）。

  A．斜投影的投射线是相互平行的   B．斜投影的投射线与投影面相倾斜

  C．斜投影是中心投影   D．斜投影是平行投影

3．采用正面斜二轴测图时，轴向伸缩系数为（　　　）。

  A．$p = q = r = 1$ B．$p = q = 1$，$r = 0.5$

  C．$p = r = 1$，$q = 0.5$ D．$p = q = r = 0.5$

4．在水平斜二轴测图中，轴间角 $\angle X_1 O_1 Y_1$ 为（　　　）。

  A．$120°$ B．$90°$

  C．$45°$ D．$135°$

5．在正面斜二轴测图中，轴间角 $\angle X_1 O_1 Z_1$ 为（　　　）。

  A．$120°$ B．$90°$ C．$45°$ D．$135°$

二、判断题

1．斜二轴测图的画法与正等轴测图的画法基本相同，只是轴间角和轴向伸缩系数不同。（　　）

2．在斜二轴测图坐标系中 OX、OY、OZ 轴的轴向伸缩系数之比为 $1:1:1$。（　　）

3．斜轴测投影可分为正面斜投影、侧面斜投影及水平斜投影。（　　）

4．在正面斜二轴测图中，轴间角 $\angle X_1O_1Y_1$ 一般取 $45°$。（　　）

5．作斜轴测图时，不需要考虑形体的空间位置。（　　）

三、绘图题

1．绘制挡土墙的正面斜二轴测图（图 5-38）。

图 5-38　绘图题 1

2．绘制石膏线脚的正面斜二轴测图（图 5-39）。

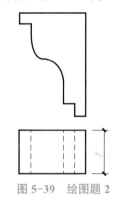

图 5-39　绘图题 2

知识拓展

窑洞建筑

窑洞是黄土高原人民主要的民居方式，其造型简洁，上部拱圆，下部端直，隐喻着"天圆地方"的中国传统文化思想。由于黄土高原的气候干燥少雨，冬季寒冷且当地木材较少，窑洞建筑的出现既节省土地，又经济省工，且防火防噪，冬暖夏凉，是因地制宜的较完美的建筑形式。

窑洞利用拱形原理，其顶部压力可一分为二，分别传至两侧，确保重心稳定，分力平衡。这样就能承受较大的上覆压力，以提供足够的活动空间。窑洞主要分为靠崖窑洞、下沉式窑洞和独立式窑洞等。靠崖窑洞是在黄土垂直面上开凿的小窑，常见的有数洞相连或上下数层［图 5-40（a）］；下沉式窑洞为人工，成一个地域下沉地面的窑院和窑洞，俗称天井（地坑）窑院［图 5-40（b）］；独立式窑洞建筑造价高于靠崖窑洞，但比一般房屋低很多，有在平地形成的院落，也有独立的锢窑（如山西阳泉狮脑山之百团大战指挥部)［图 5-40（c）］。

（a）

（b）

（c）

图 5-40　窑洞建筑

回望杨家岭延安窑洞，它不单纯是一座座建筑，更是著名"窑洞对"的发生地、历史革命的见证地、革命精神的象征地。这些看似普通的土窑洞已经紧紧与中国共产党的峥嵘岁月联系在一起，从而被赋予一种神奇的魅力。

任务四　剖面图和断面图

任务单

任务名称	绘制剖面图和断面图			
任务描述	双杯口独立基础是建筑物众多基础类型中的一种，常用于大型商业建筑、体育馆、工业厂房等场所，以满足其大跨度、高承载的需求，如图 5-41(a) 所示为双杯口独立基础简化图。从图 5-41(b) 所示的双杯口独立基础三视图上可以看出有虚线和实线，线条很多，容易混淆，为观察清楚其内部形状，需要进行剖切，如图 5-41(c) 所示。 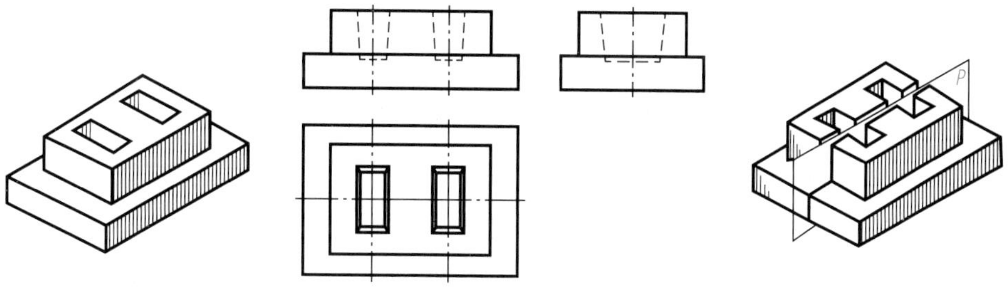 (a)　　　　　　　　　　(b)　　　　　　　　　　(c) 图 5-41　双杯口独立基础 结合图 5-41 所示双杯口独立基础图，完成以下任务： (1) 绘制剖面图的图示表达。 (2) 绘制如何选择剖切位置。 (3) 绘制剖面图常用的建筑材料图例。 (4) 绘制断面图与剖面图的区别。 (5) 绘制双杯口独立基础的剖面图和断面图。			
成果展示				
评价	评价人员	评价标准	权重	分数
	自我评价	1. 剖面图与断面图基本知识的掌握； 2. 任务实施中剖面图与断面图的绘制能力； 3. 强化训练的完成能力； 4. 团队合作能力	40%	
	小组互评		30%	
	教师评价		30%	

153

相关知识

想一想：

建筑形体内部构造复杂多样，想观察清楚其内部结构，需要将其剖切，使形体中不可见的部分变成可见部分，图样上才能使虚线变成实线，方便技术人员依据剖面图形及尺寸标注进行施工，那么剖面图如何剖切？剖面图图样怎样具体表达呢？

一、剖面图

微课：剖面图的
形成、标注、
画法

1. 剖面图的形成

如图 5-42 所示，假想用剖切面剖开物体，将处在观察者和剖切面之间的部分移去，而将其余部分向投影面投射所得的图形称为剖面图。

2. 剖面图的画法及标注

（1）确定剖切平面的位置。画剖面图时，应选择适当的剖切位置，使剖切后作出的剖面图能清楚地反映出所要表达部分的真实形状。选用的剖切面尽量通过形体上的孔、洞、槽等隐蔽结构的中心线或对称面且平行于基本投影面。

（2）画剖面剖切符号并进行标注，如图 5-43 所示，在双杯口独立基础水平投影图上的相应位置画上剖切符号并进行编号。

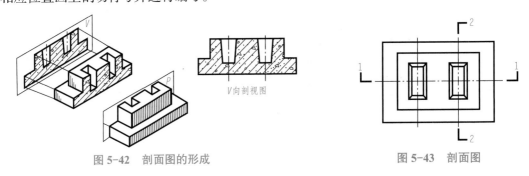

图 5-42　剖面图的形成　　　　　　　　图 5-43　剖面图

1）剖切位置线。剖切位置线用两小段粗实线（长度为 6 ~ 10 mm）表示，且不宜与图上的图线相接触。

2）剖视方向线。用垂直于剖切位置线的短粗实线（长度为 4 ~ 6 mm）表示。

3）编号。用阿拉伯数字编号，按顺序由左至右、由上至下连续编排，并注写在投射方向线的端部。

（3）画断面、剖开后剩余部分的轮廓线。

（4）填绘建筑材料图例。

（5）标注剖面图名称。在剖面图的下方或一侧，写上与该图相对应的剖切符号编号，作为该图的图名，如图 5-44 所示，如"1—1 剖视图"或"1—1 剖面图"，并应在图名下方画上一等长的粗实线。

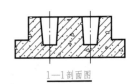

1—1 剖面图

图 5-44　标注剖面图名称

3. 材料图例

在剖切时，剖切平面将形体切开，从剖切开的截面上能反映形体所采用的材料。因此，在截面上应表示该形体所用的材料。《房屋建筑制图统一标准》（GB/T 50001—2017）中将常用建筑材料做了规定画法，见表 5-1。

表 5-1　常用建筑材料图例

图例、名称、说明	图例、名称、说明
自然土壤（包括各种自然土壤）	多孔材料 （包括水泥珍珠岩、沥青珍珠岩、泡沫混凝土、软木、蛭石制品等）
夯实土壤	纤维材料 （包括矿棉、岩棉、玻璃棉、麻丝、木丝板、纤维板等）
砂、灰土	泡沫塑料材料 （包括聚苯乙烯、聚乙烯、聚氨酯等多聚合物类材料）
石材	木材
毛石	胶合板 （应注明 × 层胶合板）
实心砖、多孔砖 （包括普通砖、多孔砖、混凝土砖等砌体）	石膏板 （包括圆孔或方孔石膏板、防水石膏板、硅钙板、防火石膏板等）
耐火砖 （包括耐酸砖等砌体）	金属 （包括各种金属）
空心砖、空心砌块 （包括空心砖、普通或轻骨料混凝土小型空心砌块等砌体）	网状材料 （包括金属、塑料网状材料，应注明具体材料名称）

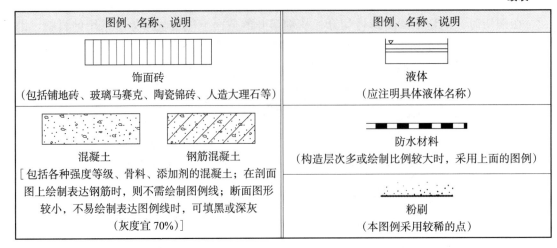

图例、名称、说明	图例、名称、说明
饰面砖 （包括铺地砖、玻璃马赛克、陶瓷锦砖、人造大理石等）	液体 （应注明具体液体名称）
混凝土　　　　钢筋混凝土 〔包括各种强度等级、骨料、添加剂的混凝土；在剖面图上绘制表达钢筋时，则不需绘制图例线；断面图形较小，不易绘制表达图例线时，可填黑或深灰（灰度宜70%）〕	防水材料 （构造层次多或绘制比例较大时，采用上面的图例） 粉刷 （本图例采用较稀的点）

小提示：剖面图中在断面上必须画上表示材料类型的图例。如果没有指明材料，要用45°方向的平行线表示，其线型为0.35b的细实线。

🔵 实例练习

绘制双杯口独立基础2—2剖面图。

（1）实例分析。根据图5-45（a）中编号为2剖切符号的位置和方向，可以假想由Q平面对独立基础进行剖切，如图5-45（b）所示经过杯口，并平行于W平面。移走前侧部分，绘制其剩余部分的W面投影即所求剖面图。

（2）绘制步骤。如图5-45（c）所示，先绘制剖切得到的轮廓线，再绘制未剖切到的部分轮廓的投影线条，然后填充钢筋混凝土图例，最后标注2—2剖面图并加粗下画线。

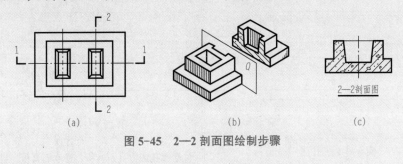

图 5-45　2—2剖面图绘制步骤

小提示：在剖面图中，断面的轮廓线一律用0.7b线宽的实线绘制，断面材料图例线用细实线绘制；其余投影方向可见的部分，一律用0.5b线宽的实线绘制，一般不画不可见的虚线。

4. 剖面图的类型

常用的剖切方法：第一种是用一个剖切平面剖切，主要可分为全剖面、半剖面及局部剖面；第二种是用两个或两个以上的平行的剖面剖切，也称为阶梯剖面；第三种是用两个相交的剖切面剖切，称为旋转剖面。

（1）全剖面图。假想用一个剖切平面将形体完整地剖切开得到的剖面图，称为全剖面图（简称全剖）。

微课：剖面图的种类

全剖面图一般常应用于不对称的形体（如图 5-46 所示房屋全剖面图），或虽然对称，但外形比较简单的形体，或在另一投影中已将它的外形表达清楚的形体。

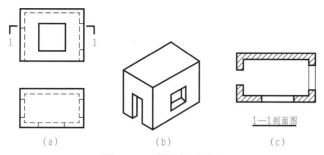

图 5-46 房屋全剖面图
(a) 房屋两面投影；(b) 直观图；(c) 剖面图

（2）半剖面图。当建筑形体对某一投影面的平行面对称，同时又需要表达它的内外部形状时，能够画出由半个外形正投影图和半个剖面拼成的图形，以同时表示形体的外形和内部构造，称为半剖面图（图 5-47）。

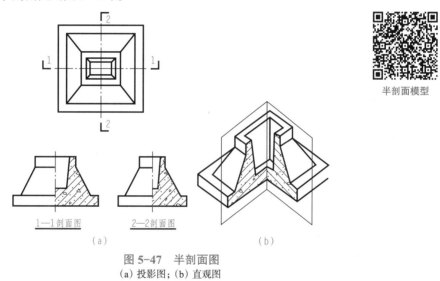

半剖面模型

图 5-47 半剖面图
(a) 投影图；(b) 直观图

分界：在半剖面图中，剖面图的投影图之间，规定用形体的对称中心线（细点画线）为分界线。

对称符号画法：在对称线（细点画线）两端，分别画两条垂直于对称线的平行线，平行线用细实线绘制，长度宜为 6 ~ 10 mm，间距宜为 2 ~ 3 mm，平行线在对称线两侧的长度应相等。

小提示：当对称中心线是竖直线时，半个剖面在投影图的右半边；当对称中心线是水平线时，半剖面可画在投影图的下边。

（3）局部剖面图。当建筑形体的外形比较复杂，完全剖开后无法表示清楚它的外形时，能够保留原投影的大部分，而只将局部地方画成剖面图，称之为局部剖面图。

局部剖面图常用于外部形状比较复杂，仅仅需要表达局部内的建筑形体投影图和原局部剖面图的建筑，用徒手画的波浪线分界，如图 5-48（a）所示。

建筑中楼地面的做法常用分层局部剖面来反映所用材料和构造的做法，如图5-48（b）所示。分层剖切剖面图对一些具有不同构造层次的工程建筑物，可按实际需要，用分层剖切的方法剖切，从而获得分层剖切剖面图。

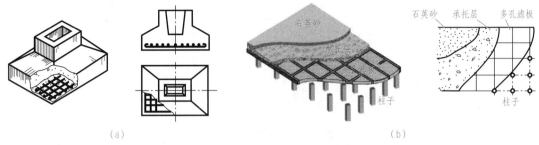

图5-48　局部剖面图
(a) 独立基础局部剖面图；(b) 楼层分层剖面图

（4）阶梯剖面图。用两个或两个以上平行的剖切平面剖开物体后所得到的剖面图称为阶梯剖面图（图5-49）。其适用于用一个剖切平面不能同时切到需表达的几处内部构造的建筑形体。

小提示：画阶梯剖面图时，由于剖切是假想的，所以在剖面图中，不能画出剖切平面所剖到的两个断面在转折处的分界线，如图5-49（c）所示为错误图示，同时，在标注阶梯剖面的剖切符号时，应在两剖切平面转角的外侧加注和剖视剖切符号相同的编号。

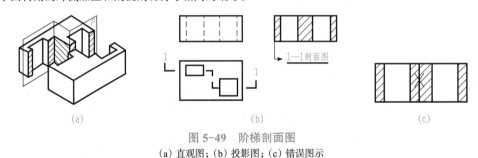

图5-49　阶梯剖面图
(a) 直观图；(b) 投影图；(c) 错误图示

（5）旋转剖面图。用两个相交的垂直剖切平面，将物体切开，然后将两个剖切平面切得的形体图形旋转到与投影面平行后再进行投影，所得到的投影图为旋转剖面图。

旋转剖面图常用于建筑形体的内部结构形状用一个剖切平面剖切不能表达完全，建筑形体在整体上又具有回转轴的场合。如图5-50所示为旋转楼梯的剖面图的表达。

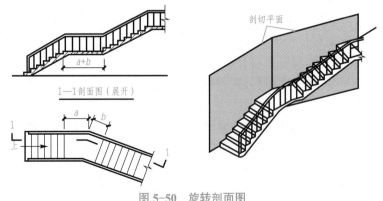

图5-50　旋转剖面图

想一想：

既然已经学习过剖面图，为什么还要学习绘制断面图？断面图在建筑图中主要应用哪些部分构件图示表达呢？

二、断面图

假想用剖切面将物体的某处切断，仅画出该剖切面与物体接触部分的图形称为断面图。对于某些单一构件或结构或需要表达构件某一部位的截面形状时，可以用断面图表示，如建筑或装饰工程中的梁、板、柱及装饰造型等某一部位的断面实形。

微课：断面图

1. 断面图的标注

如图 5-51 所示为牛腿柱的断面图。牛腿柱一般在工业建筑的厂房中常见，其主要作为结构柱使用。从该图中的剖切符号可以看出，剖切符号只有剖切位置线，用长度为 6 ～ 10 mm 的粗实线来进行绘制，编号用阿拉伯数字表示，阿拉伯数字注写的位置表示了剖视方向，向下剖视时，则断面的符号应注写在剖切位置线的下方。绘图时，只画出剖切平面与形体的断面部分，最后在书写图名时，要与编号相对应。

图 5-51　断面图

2. 断面图与剖面图的区别

如图 5-52 所示，双杯口独立基础的 2—2 剖面图与 3—3 断面图相对比，可以总结出以下几点：

（1）剖面图存在没有被剖切到部分形体的投影线。

（2）断面图是一个截交面的实形，而剖面图是剖切后剩余部分形体的投影。

（3）断面图用粗短线表示剖切位置，用编号所在的一侧表示投射方向，而剖面图用投射线表示投影方向。

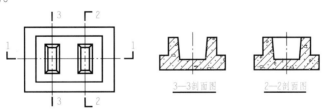

图 5-52　剖面图与断面图

3. 断面图的分类

断面图可分为移出断面图、中断断面图、重合断面图

（1）移出断面图。将断面画在形体的投影图之外的断面图，称为移出断面图。如图 5-53 所示，悬挑板断面图的轮廓线用粗实线绘制，并画出材料图例。一般适用于断面变化较多时，并往往需要用较大的比例绘制。

（2）中断断面图。中断断面图是指在画长构件时，常将视图断开，并将剖面图画在中间断开处。中断断面是直接画在视图内的中段位置处，因此可以省略任何标注、图名。

厂房屋顶一般多采用钢屋架，其包含较多杆件，如图 5-54 所示，钢屋架的大样图常采用中断断面的形式表达杆件的形状。

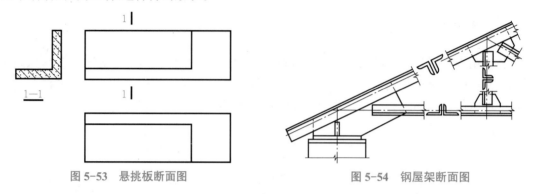

图 5-53　悬挑板断面图　　　　　　　　　　图 5-54　钢屋架断面图

（3）重合断面图。重合断面图是指将断面图画在形体的投影图以内的断面图。

为了与视图的图线进行区别，当重合断面的轮廓线用粗实线表示时，视图的图线应为细实线；反之则用粗实线。重合断面图不画剖切位置线，也不编号，图名沿用原图名，重合断面图通常在整个构件的形状一致时使用，断面图形的比例与原投影图比例应一致。

重合断面常用来表示型钢，墙面的花饰，屋面的形状、坡度及局部的杆件等。如图 5-55 中的角钢重合断面、墙面的花饰装修重合断面、屋面板重合断面所示。

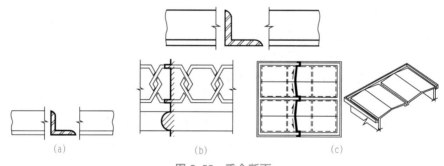

(a)　　　　　　　　　(b)　　　　　　　　　(c)

图 5-55　重合断面
(a) 角钢；(b) 墙面花饰；(c) 屋面板

🔵 **实例练习**

中国高速铁路建设在国内外取得了举世瞩目的成就。它的建设大大缩短了城市之间、人与人之间的距离，提高了人们的生活质量。如图 5-56 (a) 所示，高吨位的高铁箱梁无论是设计还是施工，都是工程师们一一攻克解决的技术难点。结合图 5-56 (b) 所示的箱梁 BIM 三维模型和图 5-56 (c) 所示的正投影影，完成箱梁中断断面图和重合断面图的绘制。

（1）实例分析。高铁箱梁的中断断面图和重合断面图的绘制相对简单，根据各自的绘制要求进行画图，如中断断面只需将正立面中间一部分断开，将断面图居中绘制即可，而重合断面则在正立面投影图上绘制断面图即可。

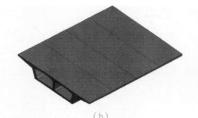

图 5-56 高铁箱梁

(a) 高铁桥面箱梁施工；(b) 高铁箱梁 BIM 模型；(c) 高铁箱梁正立面投影与侧立面投影

（2）绘图步骤。

1）抄绘高铁正立面投影图，将其中间部位两侧各用一根折断符号进行断开，擦除中间断开部分；

2）在断开部位居中的位置，用相同比例绘制断面轮廓，由于图形比例过小，材料图例可以涂黑表示，绘图结果如图 5-57（a）所示。

3）同样方法，先画出正立面图样，再在正立面上居中位置，画出箱梁的断面轮廓，最后填充材料图例，绘图结果如图 5-57（b）所示。

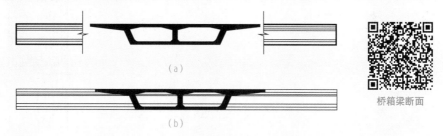

桥箱梁断面

图 5-57 高铁箱梁重合断面

(a) 中断断面；(b) 重合断面

想一想：

简化画法是在保证不引起误解和歧义的前提下，力求制图简便，其简化的基本要求是避免不必要的视图和剖视图，并避免使用虚线表示不可见结构。那么，它又是如何绘制的呢？

三、简化画法

1. 对称图形的画法

（1）对称符号表示。当构配件具有对称的投影时，如图 5-58（a）、（b）所示，可以以对称中心线为界只画出该图形的二分之一或四分之一，并画出对称符号。对称符号用两平行细实线绘制，其长度以 2 ~ 3 mm 为宜，平行线在对称线两侧的长度应相等。

（2）不对称符号表示。当物体对称时，对称图形也可稍超出对称线。此时，可不画对称符号，而在超出对称线部分画上折断线，如图 5-58（c）所示。

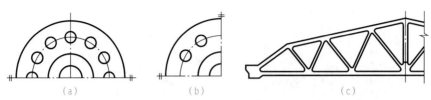

图 5-58　对称图

(a) 二分之一画法；(b) 四分之一画法；(c) 不对称符号表示

2. 相同构造要素的画法

如图 5-59 所示，当构配件内有多个完全相同而且连续排列的构造要素时，可仅在两端或适当位置画出其完整形状，其余部分以中心线或中心线的交点表示。如相同构造要素少于中心线交点，则其余部分应在相同构造要素位置的中心线交点处用小圆点表示。

3. 较长构件的画法

如图 5-60 所示，较长的构件，沿长度方向的形状相同，或按一定规律变化，可断开省略绘制，断开处应以折断线表示。

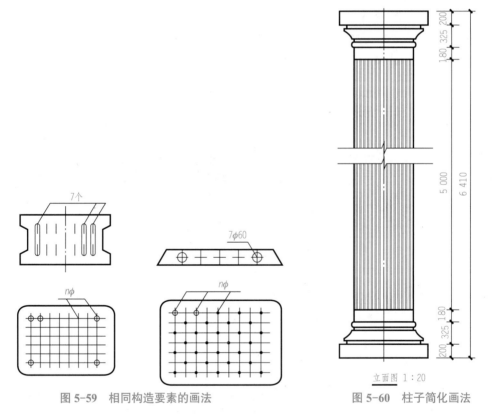

图 5-59　相同构造要素的画法

图 5-60　柱子简化画法

小提示：用折线省略画法所画出的较长构件，在图形上标注尺寸时，其长度尺寸数值应标注构件的全长。

4. 构件局部不同的画法

如图 5-61 所示，当两个构件仅部分不相同时，则可在完整地画出一个后，另一个只画出不同部分；但应在两个构件的相同

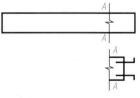

图 5-61　局部不同画法

部分与不同部分的分界线处，分别绘制连接符号，且保证两个连接符号对准在同一条线上。

一、单选题

1. 在土建图中，金属的材料剖面图例表示为（　　　）。

A. ▨　　　　B. ▤　　　　C. ▨　　　　D. ▨

2. 关于剖面图的标注，下列说法不正确的是（　　　）。

A. 一般应在剖面图的上方标注剖面图的名称"×—×"

B. 剖切线用粗实线画出

C. 在相应的视图上用剖切符号表示剖切位置和投射方向，并标注相同的字母

D. 投射方向用箭头表示

3. 能够表达物体内部结构的图形是（　　　）。

A. 基本视图　　　　　　　　B. 向视图

C. 全剖面图　　　　　　　　D. 斜视图

4. 剖面图中常用的剖切面没有的方式为（　　　）。

A. 单一的剖切平面　　　　　B. 几个平行的剖切平面

C. 几个相交的剖切平面　　　D. 单一的剖曲面

5. 由剖面图已表达清楚内部结构，视图中的（　　　）即可省略。

A. 剖面线　　　B. 轮廓线　　　C. 中心线　　　D. 虚线

6. 关于断面图，下列说法错误的是（　　　）。

A. 断面图通常用来表达物体上某一局部的断面形状

B. 断面图只画出物体被切处的断面形状

C. 断面图可分为移出断面图、中断断面图及重合断面图

D. 断面图就是剖面图

7. （　　　）断面图的轮廓线用粗实线绘制。

A. 剖开　　　B. 剖切　　　C. 移出　　　D. 重合

8. 采用波浪线作为剖开部分与未剖开部分的分界线时，适用于（　　　）。

A. 全剖面图　　　B. 局部剖面图　　　C. 半剖面图　　　D. 局部视图

9. 一般应在剖面图的上方用（　　　）标出剖面图的名称"×—×"，在相应视图上用剖切符号表示剖切位置，用箭头表示投影方向，并注上相同的字母。

A. 小写字母　　　B. 大写字母　　　C. 阿拉伯数字　　　D. 罗马数字

10. 在剖面图中不可见轮廓线一般（　　　）。

A. 不画　　　B. 要画　　　C. 可画可不画　　　D. 视情况而定

二、绘图题

1. 绘制室外台阶 1—1 剖面图（图 5-62）。

2．绘制形体点的阶梯剖面图（图 5-63）。

3．绘制构件 3—3 断面图（图 5-64）。

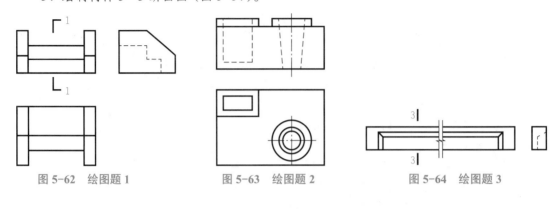

图 5-62　绘图题 1　　　　　图 5-63　绘图题 2　　　　　图 5-64　绘图题 3

知识拓展

中国高铁站的建设

　　自 2008 年中国第一条高速铁路建成运营以来，中国高铁技术迅速发展。截至 2022 年，中国的高铁路线已达到了 4.2 万千米，占到全球总高铁运营里程数的一半以上，成为世界铁路运营里程最长的国家。另外，中国高铁列车的最高时速和运行稳定性在国际上赢得了广泛赞誉。

　　雄安高铁站将是世界第一大的高铁站，其建设面积达到了 47.52 万平方米，相当于 66 个足球场，共耗资 300 亿元。这一重大基础设施项目从设计到施工无不彰显中国工匠们的智慧与勤劳。雄安高铁站属于桥式车站，分为线上式、线下式、线侧式和组合式站房，整体结构为五层，地上三层，地下两层，工程庞大且复杂。

　　雄安高铁站站房设计理念以雄安水文化为灵感。外观造型呈水滴椭圆状，屋盖轮廓如清泉源头，似一瓣青莲上的露珠，寓意为"青莲滴露 润泽雄安"。它也是国内首个大面积使用清水混凝土直接浇筑的铁路站房，特别是使用了 192 根清水混凝土开花柱进行承托，在施工中创下了多个首个突破。经过工程师们的探索研究、反复试验，并逐一攻克各个难题，使中国高铁技术处于国际领先地位。雄安高铁站如图 5-65 所示。

图 5-65　雄安高铁站

一、单选题

1．在正等轴测图上，一般用（   ）轴方向表示物体的长度。

　　A．Y 　　　　　　　　　　　　　B．Z

　　C．垂直于 X 　　　　　　　　　　D．X

2．剖切后将断面图形绕剖切位置线旋转，使它重叠在视图上，这样得到的（   ）称为重合断面图。

　　A．剖面图 　　　　　　　　　　　B．移出断面图

　　C．截面图 　　　　　　　　　　　D．断面图

3．正等轴测图中，实际变形系数为（   ）。

　　A．0.82 　　　　B．1 　　　　C．1.22 　　　　D．1.5

4．采用侧面斜二轴测图时，轴向伸缩系数为（   ）。

　　A．$p=q=r=1$ 　　　　　　　　　B．$p=q=1$，$r=0.5$

　　C．$p=r=1$，$q=0.5$ 　　　　　　D．$p=q=r=0.5$

5．在下图中正确的剖视图为（   ）。

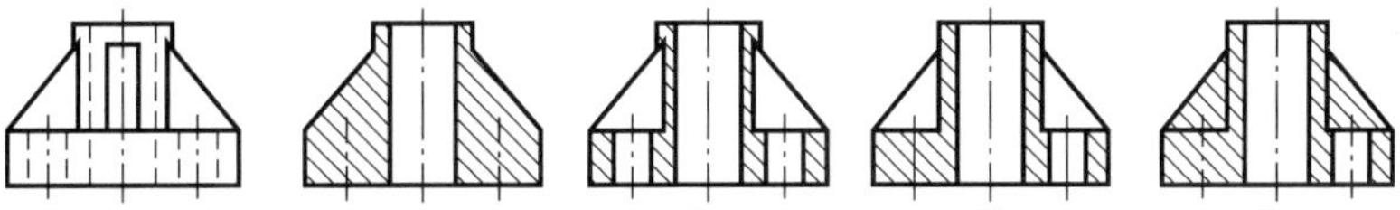

　　A. 　　　　B. 　　　　C. 　　　　D.

6．（   ）一般适用于外形较简单的形体。

　　A．局部剖面图 　　　　　　　　　B．半剖面图

　　C．全剖面图 　　　　　　　　　　D．阶梯剖面图

7．图中，1—1剖面正确的投影图是（   ）。

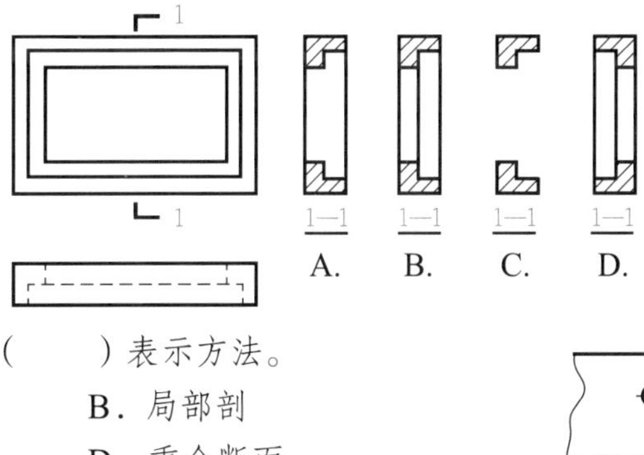

　　1—1　　1—1　　1—1　　1—1

　　A. 　　　B. 　　　C. 　　　D.

8．图 5-66 用的是（   ）表示方法。

　　A．全剖 　　　　　　　B．局部剖

　　C．移出断面 　　　　　D．重合断面

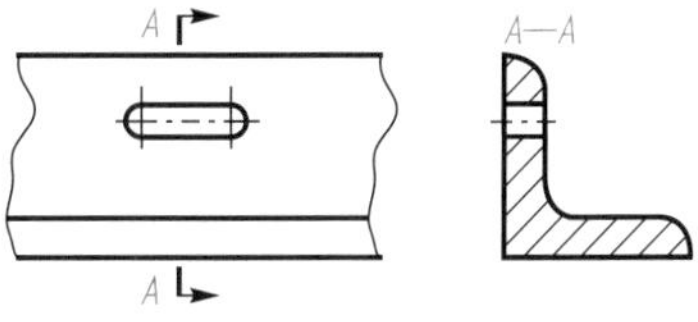

图 5-66　单选题8

二、判断题

1．绘制正等轴测图时，沿轴向的尺寸都可以在投影图上的相应轴按 1：2 的比例量取。　　　　　　　　　　　（　　）

2．正等轴测图中各轴间角之和约等于720°。　　　　　（　　）

3．断面图是用一假想面剖切形体，画出剖切面切到部分的图形和未剖切到面可见部分的图形。　　　　　　　　　　　　　　　　　　　　　　　　　　　　　　　（　　）

4．由总平面图绘制建筑群的轴测图，应采用正二测。　　　　　　　　　　（　　）

5．在斜二测图坐标系中，OX、OY、OZ轴的轴向伸缩系数之比为$1:1:1$。　（　　）

6．在正面斜二测图中，轴间角$\angle X_1O_1Y_1$一般取$45°$。　　　　　　　（　　）

7．作斜轴测图时，不需要考虑形体的空间位置。　　　　　　　　　　　　（　　）

8．形体上相互平行的直线的长度之比，等于它们的轴测投影长度之比。　（　　）

9．正等轴测图轴向简化系数是从原点开始测量的。　　　　　　　　　　　（　　）

三、绘图题

1．根据形体的三面投影图，作出其正等轴测图（图5-67）。

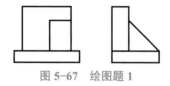

图 5-67　绘图题 1

2．根据梁（图5-68）的移出断面，画出其重合断面和中断断面。

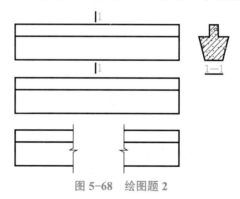

图 5-68　绘图题 2

项目六　建筑施工图

建筑施工图是根据正投影原理和相关的专业知识绘制的工程图样，其主要任务为表示房屋的内外形状、平面布置、楼层层高及建筑构造、装饰做法等，简称"建施"。它是其他各类施工图的基础和先导，是指导土建工程施工的主要依据之一，因此，本项目主要对建筑施工图的内容进行重点介绍。

知识框架

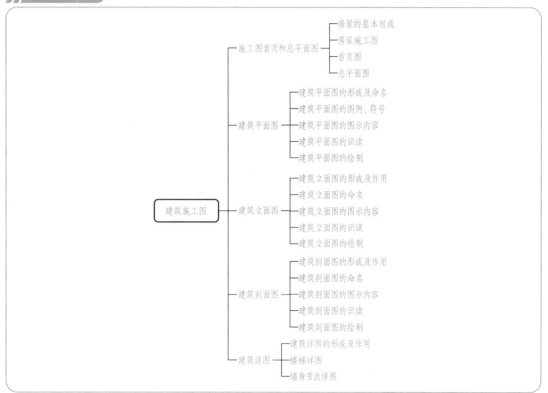

建筑施工图
- 施工图首页和总平面图
  - 房屋的基本组成
  - 房屋施工图
  - 首页图
  - 总平面图
- 建筑平面图
  - 建筑平面图的形成及命名
  - 建筑平面图的图例、符号
  - 建筑平面图的图示内容
  - 建筑平面图的识读
  - 建筑平面图的绘制
- 建筑立面图
  - 建筑立面图的形成及作用
  - 建筑立面图的命名
  - 建筑立面图的图示内容
  - 建筑立面图的识读
  - 建筑立面图的绘制
- 建筑剖面图
  - 建筑剖面图的形成及作用
  - 建筑剖面图的命名
  - 建筑剖面图的图示内容
  - 建筑剖面图的识读
  - 建筑剖面图的绘制
- 建筑详图
  - 建筑详图的形成及作用
  - 楼梯详图
  - 墙身节点详图

知识目标

1. 了解房屋的组成及房屋建筑图的分类；
2. 了解首页图的组成、总平面图的用途，掌握首页图、总平面图的识图要点；
3. 了解建筑平面图、立面图、剖面图及详图的用途、形成和内容，掌握识图要点和绘图步骤。

能力目标

1. 能正确识读首页图和总平面图；
2. 能正确识读和绘制建筑平面图、立面图、剖面图及详图；
3. 具备分析问题和解决问题的能力。

育人目标

用唯物辩证法发展的观点来理解和掌握相关标准，养成严格遵守各种标准规定的习惯，培养良好的行为习惯，增强遵纪守法的意识，具备求真务实的学习态度、不断创新的意识和能力。

任务一　施工图首页和总平面图

任务单

<table>
<tr><td>任务名称</td><td>识读总平面图</td></tr>
<tr><td>任务描述</td><td>
中国建筑以“间”为基本单位，进而拓展“院落”为单元，从纵、横两个轴线上形成组群建筑关系，再以街巷为界，组成里坊、厢坊或街坊，进而聚合形成城市，多个城市组构形成国家。家国同构，体现了“家庭、家族、国家”从血缘到地缘、礼制建筑与礼制社会的结构特征。现代城乡建筑的平面规划融入以人为本的理念，注重区域文化特色和生活品质。对于新建建筑物，在满足实际使用需要的同时，还应满足建筑美学、环保及社区规划要求。
结合某小区总平面图纸（图 6-1），完成以下问题的讨论分析。
（1）总平面图的比例如何选择？
（2）风向频率玫瑰图表达的含义是什么？
（3）房屋的基本组成有哪些？
（4）阐述新建建筑的平面形状、朝向、层数等内容。
（5）阐述新建建筑的周围道路、房屋及绿化环境等信息。
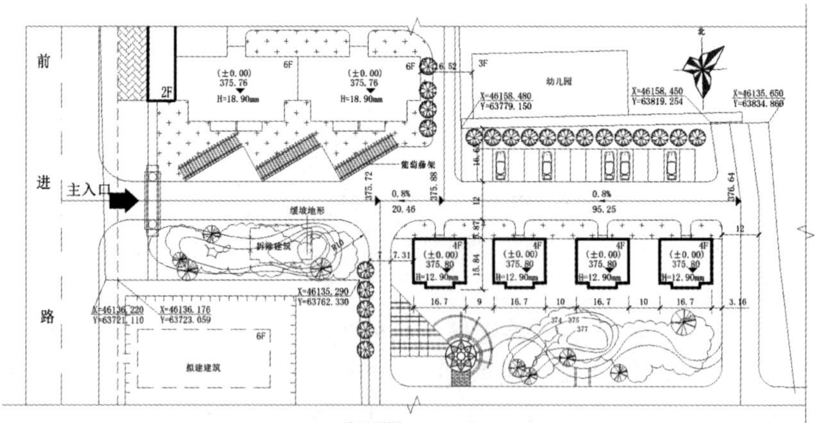

总平面图　1:500
图 6-1　小区总平面图
</td></tr>
</table>

	评价人员	评价标准	权重	分数
成果展示				
评价	自我评价	1. 建筑施工图基本知识的掌握；	40%	
	小组互评	2. 任务实施中总平面图的识读能力； 3. 强化训练的完成能力；	30%	
	教师评价	4. 团队合作能力	30%	

相关知识

想一想：

建筑是为了满足社会的需要，利用所掌握的物质技术手段，在科学规律和美学法则的支配下，通过对空间的限定、组织而创造的人为的社会生活环境。建筑分为建筑物和构筑物，建筑物是指人们经常在内生活和工作的建筑；构筑物是指不直接供人们在内进行生产和生活的建筑。那么，在生活中常见的建筑物有哪些呢？建造一座房屋需要哪些组成部分和施工依据？

微课：房屋的组成、分类及施工图组成

一、房屋的基本组成

一幢房屋，一般是由基础、墙或柱、楼面及地面、屋顶、楼梯和门窗六大部分组成的，如图 6-2 所示。其中，起承重作用的部分称为构件，如基础、墙、柱、梁和板等；起围护及装饰作用的部分称为配件，如门、窗和隔墙等。因此，房屋是由许多构件、配件和装修构造组成的。

图 6-2　房屋的组成

169

二、房屋施工图

1. 房屋施工图设计

民用建筑工程一般可分为方案设计、初步设计和施工图设计三个阶段。大型复杂工程还有技术设计阶段，即各专业根据报批的初步设计图对工程技术进行协调后设计绘制基本图纸。

方案设计阶段的主要任务是提出设计方案，即根据设计任务书的要求和收集到的必要基础资料，结合基地环境，综合考虑技术经济条件和建筑艺术的要求，对建筑总体布置、空间组合进行可能与合理的安排，提出两个或多个方案供建设单位选择。

初步设计阶段的初步设计图或扩大初步设计图，由建筑设计者考虑到包括结构、设备等一系列基本相关因素后独立设计完成，一般包括设计说明书、设计图纸、主要设备材料表和工程概算四部分。

施工图设计的主要任务是满足施工要求，即在初步设计或技术设计的基础上，综合建筑、结构、设备各工种，相互交底、核实核对，深入了解材料供应、施工技术、设备等条件，将满足工程施工的各项具体要求反映在图纸中，做到整套图纸齐全统一、准确无误。

2. 房屋施工图的分类

施工图因专业不同，一般可分为建筑施工图、结构施工图和设备施工图等。

（1）建筑施工图（简称建施图）。建筑施工图主要用来表示建筑物的规划位置、外部造型、内部各房间的布置、内外装修、构造及施工要求等。其内容主要包括施工图首页、总平面图、各层平面图、立面图、剖面图及详图。

（2）结构施工图（简称结施图）。结构施工图主要表示建筑物承重结构的结构类型，结构布置，构件种类、数量、大小及做法。其内容包括结构设计说明、结构平面布置图及构件详图。

（3）设备施工图（简称设施图）。设备施工图主要表达建筑物的给水排水、暖气通风、供电照明、燃气等设备的布置和施工要求等。其主要包括各种设备的平面布置图、系统图和详图等内容。

3. 房屋施工图编排顺序

一套房屋施工图一般有图纸目录、设计总说明、建筑施工图、结构施工图、设备施工图等。

施工图的编制顺序应做到全局性的图纸在前，局部性的图纸在后；先施工的在前，后施工的在后；主要的在前，次要的在后；图纸目录和总说明附于施工图之前。

4. 读图方法

（1）阅读施工图时应先根据图纸目录，检查和了解这套图纸有多少类别，每类有多少张。如有缺损或需用标准图和重复利用旧图纸时，要及时配齐。

（2）按目录顺序（按建施图、结施图、设施图的顺序）通读一遍，对工程对象的建设地点、周围环境、建筑物的大小及形状、结构形式和建筑关键部位等情况先有一个概括的了解。

（3）负责不同专业（或工种）的技术人员，根据不同要求，重点深入地看不同类别的图纸。阅读时，应按先整体后局部、先文字说明后图样、先图形后尺寸等的顺序依次仔细阅读。

（4）阅读时还应深入施工现场，观察实物，特别注意各类图纸之间的联系，以避免发生矛盾而造成质量事故和经济损失。

三、首页图

施工首页图由施工图总封面、图纸目录、设计说明、工程做法表、门窗统计表、说明等组成。

1. 施工图总封面

如图6-3所示，施工图总封面应标明工程项目名称，编制单位名称，设计编号，设计阶段，编制单位，法定代表人、技术总负责人和项目总负责人的姓名及其签字和授权盖章，编制年月。

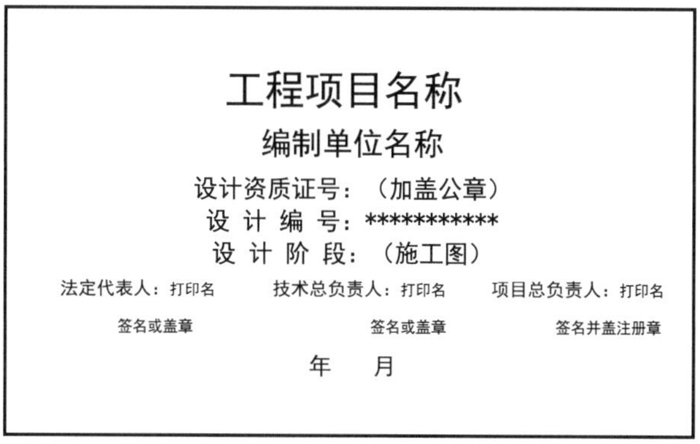

工程项目名称

编制单位名称

设计资质证号：（加盖公章）

设 计 编 号：***********

设 计 阶 段：（施工图）

法定代表人：打印名	技术总负责人：打印名	项目总负责人：打印名
签名或盖章	签名或盖章	签名并盖注册章

年　　月

图6-3　施工图总封面

2. 图纸目录

图纸目录的主要作用是便于查找图纸，常置于全套图的首页，一般以表格形式编写，说明该套施工图类型，图纸张数，图纸的图名、图号、图幅大小等。

3. 建筑设计说明

建筑设计说明主要介绍设计依据、项目概况、设计标高、装修做法及施工图未用图形表达的内容等。

（1）施工图设计的依据性文件、批文和相关规范。

（2）项目概况一般应包括建筑名称、建设地点、建设单位、建筑面积、建筑基底面积、建筑工程等级、设计使用年限、建筑层数和建筑高度、防火设计建筑分类和耐火等级、屋面防水等级、地下室防水等级、抗震设防烈度、设计标高等。

（3）用料说明和室内外装修。墙体、墙身防潮层、地下室防水、屋面、外墙面、勒脚、散水、台阶、坡道、油漆、涂料等材料和做法。

（4）幕墙工程及特殊的屋面工程，电梯（自动扶梯）选择及性能说明。

（5）其他需要说明的问题。

4. 工程做法表

对房屋的屋面、楼地面、顶棚、内外墙面、踢脚、墙裙、散水、台阶等建筑细部，根据其构造做法可以绘制出详图对局部进行图示，也可以用列成表格的方法集中加以说明，这种表称为工程做法表。

5. 门窗统计表

门窗统计表表达门窗类别及门窗性能（防火、隔声、防护、抗风压、保温、空气渗透、雨水渗透等）、用料、颜色、玻璃、五金件等的设计要求。

⚙ **实例练习**

（1）识读表6-1中图纸目录的信息。

表6-1　图纸目录

某建筑设计研究院		图纸目录	工程编号	
			图别	建施
工程名称	某住宅楼		设计日期	
序号	图号	图纸名称	图幅	备注
1	建施-01	建筑施工图设计总说明	A1	
2	建施-02	工程构造做法表	A1	
3	建施-03	建筑总平面图	A1	
4	建施-04	底层平面图	A2	
5	建施-05	二层平面图	A2	
6	建施-06	标准层平面图	A2	
7	建施-07	顶层平面图	A2	
8	建施-08	屋顶平面图	A2	
9	建施-09	建筑立面图	A2	
10	建施-10	建筑剖面图	A2	
11	建施-11	建筑详图	A2	

实例识读：该图纸目录中显示了工程名称为某住宅楼，图别为建施，共计11项图纸，图纸名称主要有建筑施工图设计总说明、工程构造做法表、总平面图、建筑各层平面图、建筑立面图、建筑剖面图、建筑详图。

（2）识读某住宅楼的建筑设计总说明（摘录）。

建筑设计总说明

1. 设计依据

甲方签订的设计委托书及设计合同书；有关工程资料；甲方研究批复后设计签字方案；现行的国家有关建筑设计规范、规程和规定，如《房屋建筑制图统一标准》（GB/T 50001—2017）、《民用建筑设计统一标准》（GB 50352—2019）、《建筑设计防火规范（2018年版）》（GB 50016—2014）等。

2. 项目概况

工程名称：某住宅楼。建设地点：本工程位于某市新区。该工程总建筑面积为849.24 m²，建筑基底面积为221.76 m²；该工程为地上四层，层高为3.6 m，室内外高差为0.9 m。

本工程建筑结构形式为框架结构，民用建筑工程设计等级为三级，耐火等级为二级，本地区抗震设防烈度为 7 度，建筑耐久年限为 50 年。

本工程标高采用绝对标高（以 m 为单位），±0.000 绝对标高为 375.80，详见总平面定位图；图中标高及"总平面定位图"以 m 为单位，其余尺寸均以 mm 为单位。

3．用料说明和室内外装修

（1）墙体。外墙厚度为 370 mm，内墙厚度为 240 mm，内外墙均采用非黏土烧结普通砖；所有混凝土柱子、墙体定位及厚度以结施图为准。

（2）楼地面层。底层地面及楼面采用 120 mm 厚的现浇钢筋混凝土板，各楼层的厨房和卫生间地面采用 100 mm 厚的现浇钢筋混凝土板。

（3）屋面工程。防水等级为 I 级，平屋面为两道 3 mm 厚 SBS 改性沥青防水卷材；采取有组织排水，屋面柔性防水层在女儿墙交接处，以及基层的转角处均应做成圆弧，泛水上翻高度 ≥ 250 mm。

（4）门窗工程。门窗立面均表示洞口尺寸，双向平开门立樘居墙中，单向平开门立樘与开启方向墙面平；防火门按有关规定安装；窗立樘普通窗居墙中；木作工程安装均预埋燕尾型木砖，塑钢门窗及木门与墙体接触处应严格按规范填充密实，塑钢门窗周边增涂玻璃胶一道。

（5）内外墙装修。本工程内部只做一般装修，外装修设计和做法索引见立面图及工程构造做法表。

（6）油漆工程。所有木作面油漆均刷栗色调和漆，室内外除不锈钢栏杆外所有金属件的油漆工程的做法为：刷防锈漆两道后，再刷同室内外部位相同颜色的油漆。

4．其他说明

图纸中有遗漏或不详或其他原因要求更改设计，施工单位可与建设单位联系，共同妥善解决。

实例识读：该住宅楼建筑设计说明主要包括设计依据、工程概况、施工的用料及注意事项等几部分。主要了解该工程的结构类型、建筑面积、楼层层数、使用年限，还包括房屋的墙体、楼地层、屋面工程、门窗工程、内外墙的装修说明、油漆工程等内容。

（3）识读表 6-2 某工程的工程做法表及表 6-3 门窗表。

表 6-2　工程做法表

类别	名称	材料做法	厚度 /mm	备注
楼面二	防滑地砖地暖楼面	1. 8～10 mm 厚地砖铺实拍平，稀水泥浆擦缝； 2. 20 mm 厚 1：3 干硬性水泥砂浆； 3. 素水泥浆一道； 4. 50 mm 厚 C15 细石混凝土（上下配 ϕ3 mm 双向 @50 mm 钢丝网片，中间敷散热管）； 5. 0.2 mm 厚聚氯乙烯塑料薄膜； 6. 20 mm 厚挤塑聚苯乙烯泡沫塑料板（首层 50 mm 厚）； 7. 现浇钢筋混凝土楼板，随打随抹灰	100	用于各层户内其他部位
内墙面一	水泥砂浆	1. 刷专用界面剂一遍； 2. 9 mm 厚 1：3 水泥砂浆； 3. 6 mm 厚 1：2 水泥砂浆抹平压光； 4. 面层为仿瓷涂料	18	套内无水空间

表6-3 门窗表

类别	设计编号	洞口尺寸 宽×高/(mm×mm)	数量 1层	数量 2~4层	备注
门	M1	1 000×2 100	2	2	节能防盗门甲方自定K≤2.7
	M2	1 500×2 100	2	2	推拉门
	M3	900×2 100	2	2	平开门
	M4	800×2 100	2	2	节能防盗门甲方自定K≤2.7
	M5	3 000×2 400	2	2	推拉门
	M6	1 500×2 100	1	0	平开门
	M7	600×2 100	2	2	配水、配电间小门
窗	C1	1 800×1 500	2	2	飘窗
	C2	2 100×1 500	2	2	塑钢推拉窗
	C3	1 500×1 500	2	2	塑钢推拉窗
	C4	900×1 500	2	2	塑钢窗
	C5	1 500×1 100	0	1	塑钢推拉高窗

实例识读：

1）表6-2工程做法表中，清晰地表达了楼面二和墙面一从上到下结构层次的具体构造做法、厚度及应用位置。

2）表6-3门窗表中，体现了门窗的种类、尺寸，每层应用同一类型门窗的个数，以及装修要求。

想一想：

自古以来，中国匠人就有顽强深厚的空间意识和文化观念，十分注重建筑组群的中轴对称，小到住宅，大到宫殿及整个城市规划。现代工程上，建筑总平面图表示了整个建筑基地的总体布局。它的图示内容是否能反映出新建房屋的位置、朝向、与原有建筑物的关系及周围环境的情况？

四、总平面图

1. 总平面图的形成

在画有等高线或坐标方格网的地形图加画上新设计的及将来拟建的房屋、道路、绿化并标明建筑基地方位及风向的图样，称为总平面图。如任务单中图6-1所示为某小区建筑总平面图实例。

微课：总平面图

2. 总平面图的比例

由于总平面图包括地区较大，《总图制图标准》(GB/T 50103—2010)规定：总平面图的比例应用1∶500、1∶1 000、1∶2 000来绘制。在实际工程中，由于自然资源和规划局及有关单位提供的地形图常为1∶500的比例，故总平面图常用1∶500的比例绘制。

3. 总平面图的图例及符号

由于绘图比例较小，总平面图上的房屋、道路、桥梁、绿化等都用图例表示。表 6-4 列出的为中华人民共和国国家标准《总图制图标准》(GB/T 50103—2010) 规定的总图图例。

表 6-4　总平面图图例

图例名称说明	图例名称说明
 新建建筑物 1. 新建建筑物以粗实线表示与室外地坪相接处 ±0.00 外墙定位轮廓线； 2. 建筑物一般以 ±0.00 高度处的外墙定位轴线交叉点坐标定位。轴线用细实线表示，并标明轴线号； 3. 根据不同设计阶段标注建筑编号，地上、地下层数，建筑高度，建筑出入口位置 (两种表示方法均可，但同一图纸采用一种表示方法)； 4. 地下建筑物以粗虚线表示其轮廓； 5. 建筑上部 (±0.00 以上) 外挑建筑用细实线表示； 6. 建筑物上部连廊用细虚线表示并标注位置	 新建的道路 "R=6.00" 表示道路转弯半径；"107.50" 为道路中心线交叉点设计标高，两种表示方式均可，同一图纸采用一种方式表示；"100.00" 为变坡点之间距离，"0.30%" 表示道路坡度，━━━▶ 表示坡向
 原有建筑物 用细实线表示	 原有道路
 计划扩建的预留地或建筑物 用中粗虚线表示	 计划扩建的道路
 拆除的建筑物 用细实线表示	 室内地坪标高 数字平行于建筑物书写

图例名称说明	图例名称说明
<div align="center">5.00 ▼ 1.50 **挡土墙** 挡土墙根据不同设计阶段的需要标注 <u>墙顶标高</u> 墙底标高</div>	<div align="center">▼ 143.00 **室外地坪标高** 室外地坪标高也可采用等高线</div>
<div align="center">**围墙及大门**</div>	<div align="center">$X=105.00$ $X=425.00$ $A=105.00$ $B=425.00$ **坐标** 1. 表示地形测量坐标系； 2. 表示自设坐标系； 坐标数字平行于建筑标注</div>
<div align="center">**填挖边坡**</div>	<div align="center">1 40.00 **截水沟** "1"表示1%的沟底纵向坡度，"40.00"表示变坡 点间距离，箭头表示水流方向</div>

（1）风向频率玫瑰图。建筑总平面图的方位，一般在图纸的适当位置绘制风向频率玫瑰图（简称风玫瑰）或指北针来表示。如图6-4所示，风向频率玫瑰图在8个或16个方位线上用端点与中心的距离，代表当地这一风向在一年中发生的频率，粗实线表示全年风向，细虚线范围表示夏季风向。风向由各方位吹向中心，风向线最长者为主导风向。

（2）指北针。如图6-5所示，指针方向为北向，圆用细实线，直径为24 mm，指针尾部宽度为3 mm。如需用较大直径绘制指北针时，指针尾部宽度宜为直径的1/8。

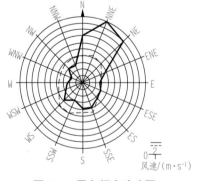

图6-4 风向频率玫瑰图

图6-5 指北针

（3）标高符号和等高线。标高按零点位置不同，可分为绝对标高和相对标高。绝对标高是以我国青岛黄海平均海平面作为零点测量的地点标高，相对标高是以新建建筑物首层室内地坪作为零点确定的建筑物各部位标高。

建筑标高为包括粉饰层在内的装修完成面的标高，结构标高是不包括构件粉饰层厚度的标高。

如图 6-6 所示，标高符号为等腰直角三角形，高为 3 mm，标高值以 m 为单位，总平面图精确到小数点后两位，其余标高符号精确到小数点后三位，零点应注写 ±0.000，负数应写负号"－"。图 6-6 中构件详图上"2.890"为结构标高值，"3.000"为建筑标高值。

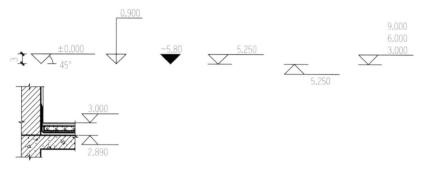

图 6-6　标高符号

另外，在建筑总平面图中通常用一组高层相等的封闭等高线，表示地形高低起伏，如图 6-7 所示。等高线上标注的数字是绝对标高，单位为 m。

（4）坐标网。一般建筑总平面图中使用的坐标有建筑坐标系和测量坐标系两种，都属于平面坐标系，均以方格网络（50 m×50 m 或 100 m×100 m）的形式表示。施工坐标系一般是由设计者自行制定的坐标系，它的原点由制定者确定，两轴分别以 A、B 表示；测量坐标系是与国家或地方的测量坐标系相关联的，两轴分别以 X、Y 表示。测量坐标系的 X 轴方向是南北向并指向北，Y 轴方向是东西向并指向东。一般房屋的定位应标注其三个角的坐标，如建筑物、构筑物的外墙与坐标轴线平行，可标注其对角坐标，如图 6-8 所示。

图 6-7　等高线

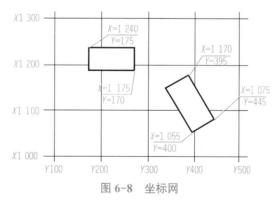

图 6-8　坐标网

4. 总平面图的基本内容

（1）保留的地形和地物。

（2）场地四界的测量坐标（或定位尺寸）、道路红线和建筑红线或用地界线的位置。

（3）场地四邻原有及规划道路的位置（主要坐标值或定位尺寸），以及主要建筑物和构筑物的位置、名称、编号、层数或相互关系尺寸。

（4）广场、停车场、运动场地、道路、无障碍设施、排水沟、挡土墙、护坡的定位（坐标或相互关系）尺寸。

（5）指北针或风玫瑰图。

（6）注明施工图设计的依据、尺寸单位、比例、坐标及高程系统补充图例等。

5. 总平面图的标注及识读

（1）总平面图的标注。总平面图上的尺寸应标注新建房屋的总长、总宽及与周围房屋或道路的间距，尺寸以 m 为单位，标注到小数点后两位。

新建房屋的层数在房屋图形右上角上用点数或数字表示。一般低层、多层用点数表示层数，高层用数字表示；如果为群体建筑，也可统一用点数或数字表示。

（2）建筑总平面图识读。

1）了解图名、比例及有关的文字说明。

2）了解工程的用地范围、地形地貌和周围环境情况。

3）掌握新建建筑的朝向和风向。

4）掌握新建建筑的平面形状和准确位置。

5）掌握新建房屋四周的道路、绿化情况。

6）了解建筑物周围的给水、排水、供暖和供电的位置及管线布置走向。

⊙ 实例练习

识读图 6-1 所示小区总平面图的图示信息。

实例识读：从任务单中的总平面图中可以看出，该总平面图的绘制比例为 1：500。除此之外，还可以看出以下内容：

（1）小区的风向、方位和范围。图 6-1 的右上角画出了该地区的风玫瑰图，按风玫瑰图中所指的方向，可确定小区的常年主导风向为东北，西南为最小风频，新建住宅楼为坐北朝南，某幼儿园从北向南延伸，位于前进路的东边。

（2）新建房屋的平面轮廓形状、大小、层数、位置和室内外地面标高。以粗实线画出的新建住宅楼，显示了它的平面形状为左右对称，东西方向共四栋楼，每栋东南长 16.7 m，南北宽 15.84 m，每栋四层。它的底层室内主要地面的绝对标高为 375.80 m。

（3）新建房屋周围的环境以及附近的建筑物、道路、绿化等布置。在新建住宅的西边，有道路、草地和常绿阔叶灌木的绿化；北侧为停车场；南侧为绿化区域。新建住宅西南方向有拟建建筑，西侧有拆除建筑，西北方向为 6 层办公楼，办公楼的东侧设有修剪过的树篱，南侧设有葡萄藤架，西侧为城市道路。

一、单选题

1. 绘制建筑总平面图时，绝对标高符号的图例和保留有效数字的位数分别为（   ）。

　　A. 黑色三角；三位　　　　　　　　B. 空心三角；三位

　　C. 黑色三角；两位　　　　　　　　D. 空心三角；两位

2. 指北针绘制时采用的直径为 24 mm，箭头尾部宽为（   ）mm。

　　A. 3　　　　　　B. 6　　　　　　C. 10　　　　　　D. 12

3. 在建筑总平面图的常用图例中，新建建筑物的外形用（   ）绘制。

　　A. 细实线　　　　B. 中虚线　　　　C. 点画线　　　　D. 粗实线

4. 房屋施工图中所注的尺寸是（   ）。

　　A. 以米为单位

　　B. 以毫米为单位

　　C. 除标高及总平面图上以米为单位外，其余一律以毫米为单位

　　D. 除标高以米为单位外，其余一律以毫米为单位

5. 一套完整的施工图纸不包括（   ）。

　　A. 施工平面图　　　　　　　　　B. 建筑施工图

　　C. 结构施工图　　　　　　　　　D. 设备施工图

二、识图题

识读图 6-9 总平面图，完成下列问题。

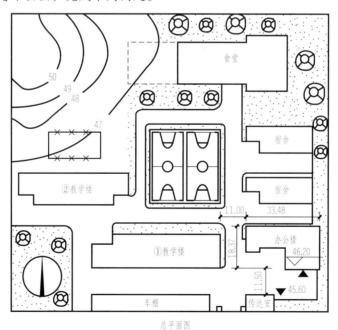

图 6-9　总平面图

1．图 6-9 的名称为_____，比例为_____；图右下角用粗实线画出的一栋楼是_____建筑，用细实线画出的是_____建筑，食堂扩建部分用_____线画出。

2．从图中可知，新建办公楼楼层为_____层，长_____，宽_____，室内标高为_____，室内外的高差为_____m；它的西墙与原有道路平行，与教学楼的距离为_____。

3．由等高线可以看出该学校的地形是_____，两栋教学楼为_____层。

4．该教学楼的大门在_____方位，拆除建筑在②号教学楼_____方位。

5．办公楼的室内绝对标高为_____，保留_____位有效数字。

山西群居建筑——乔家大院

乔家大院是一座雄伟壮观的建筑群体，其设计之精巧，工艺之精细，体现出了我国清代民居建筑的独特风格，具有相当高的观赏、科研和历史价值。乔家大院被称为"北方民居建筑的一颗明珠"，素有"皇家有故宫，民宅看乔家"之说，名扬三晋，誉满海内外。

从空中俯瞰乔家大院，院落布局正好构成吉祥如意的双"喜"字（图 6-10）。而"喜"字的结构本身凸显出紧密性和对称性，这正与中国建筑所追求的紧凑性、左右对称、前后呼应的布局相吻合。房屋的这种布局构建方式，寄托着一种理想和追求，人们希望借此可以在生活中充满幸福欢乐，这也透露出一种传统喜乐的文化思想。

图 6-10　乔家大院

任务二　建筑平面图

任务名称	识读与绘制建筑平面图
任务描述	建筑平面图用来表达房屋的平面布置情况，它标定了主要构配件的水平位置、形状和大小，在施工过程中是进行放线、砌筑、设备安装、装修及编制概预算、备料等工作的重要依据，它是建筑施工图的主要图样之一。因此，应该秉持严谨、认真的学习态度掌握建筑平面图的识读与绘制。结合图6-11及住宅楼的BIM三维模型，学习并回答以下问题： 　　（1）建筑平面图是如何形成的？正投影原理在平面图上是如何应用的？ 　　（2）建筑平面图的图示内容是什么？图示方法是怎样规定的？ 　　（3）如何识读建筑平面图？ 　　（4）怎样绘制建筑平面图？总结步骤及方法。  图6-11　底层平面图

	成果展示				
成果 展示					
评价	评价人员	评价标准		权重	分数
	自我评价	1. 建筑平面图基本知识的掌握；		40%	
	小组互评	2. 任务实施中建筑平面图的识读与绘制能力； 3. 强化训练的完成能力；		30%	
	教师评价	4. 团队合作能力		30%	

相关知识

想一想：

中国古代建筑主要分为两种平面布局：一是整齐、对称；二是曲折、变化多样。整齐、对称多用于比较庄严雄伟的京都、坛庙、王府、宅邸、寺庙等，布局上讲究主次分明、左右对称。请同学们结合自己家乡的住宅建筑，想一想建筑平面内部是如何布置的。

一、建筑平面图的形成及命名

微课：建筑平面 项目一便民
图形成、作用、 服务站
内容、尺寸

建筑平面图是用一个假想水平面在窗台略高的位置剖切整个建筑，移去剖切面上方的房屋，将留下的部分作正投影所得到的图样，如图 6-12 所示，简称平面图。

当建筑物为多层时，应每层剖切，得到的平面图以所在楼层命名，称为"×层平面图"（"×"为楼层号），如一（首）层平面图、二层平面图、三层平面图等。一般情况下，当多层建筑的中间层的布局及尺寸完全相同时，可用一个平面图表示，称为标准层平面图。

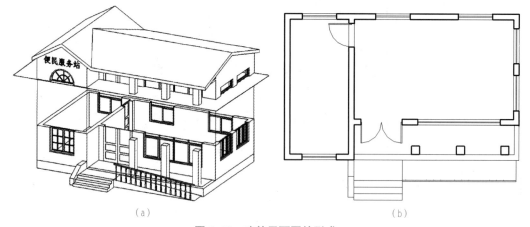

   （a）   （b）

图 6-12 建筑平面图的形成

二、建筑平面图的图例、符号

1. 常用图例

建筑平面图的图例见表6-5。

表6-5 常用图例

名称	图例	名称	图例
墙体	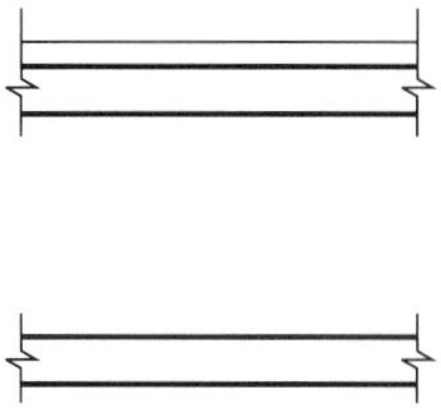 1. 上图为外墙，下图为内墙； 2. 外墙细线表示有保温层或有幕墙； 3. 应加注文字或涂色或用图案填充表示各种材料的墙体； 4. 在各层平面图中防火墙宜着重以特殊图案填充表示	平面高差	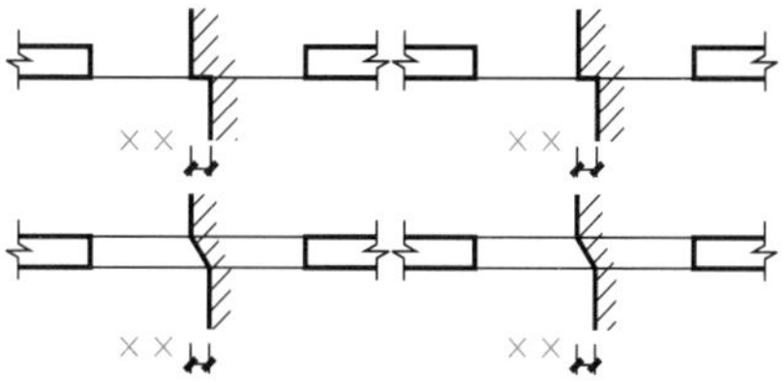 用于高差小的地面或楼面相接处，并应与门的开启方向协调
隔断	 1. 加注文字或涂色或用图案填充表示各种材料的轻质隔断； 2. 适用于到顶与不到顶隔断	检查口	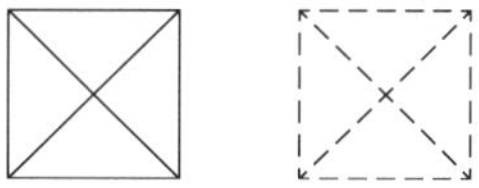 左图为可见检查口，右图为不可见检查口
栏杆		孔洞	
底层楼梯	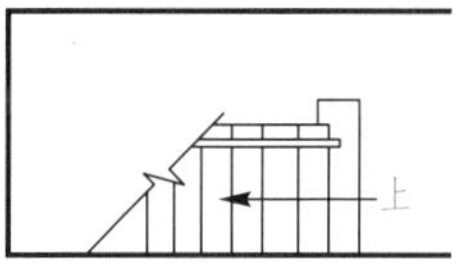	坑槽	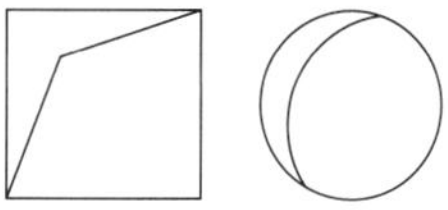
中间层楼梯	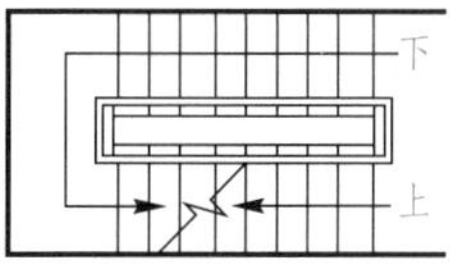	墙上留洞、槽	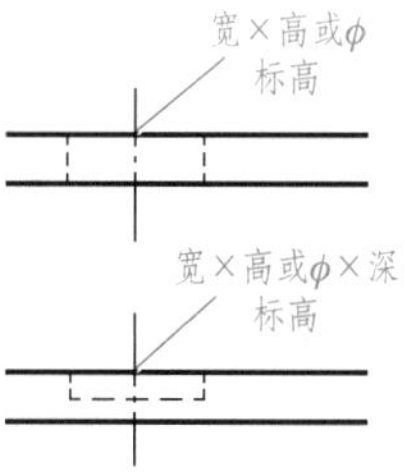 宽×高或φ 标高 宽×高或φ×深 标高 1. 上图为顶留洞，下图为顶留槽； 2. 平面以洞（槽）中心定位； 3. 标高以洞（槽）底或中心定位； 4. 宜以深色区别墙体和预留洞（槽）
顶层楼梯	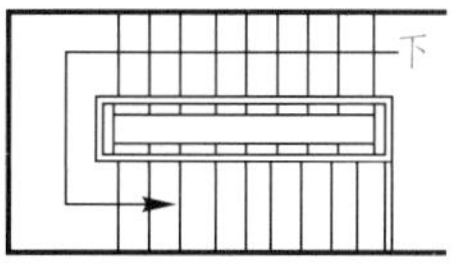		

名称	图例	名称	图例
长坡道	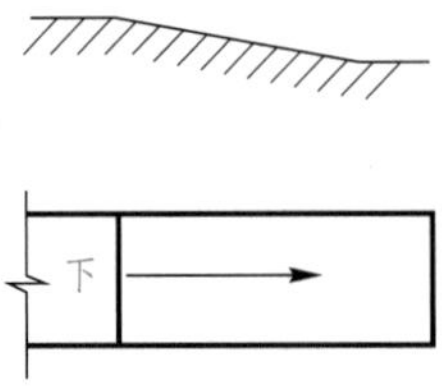	烟道	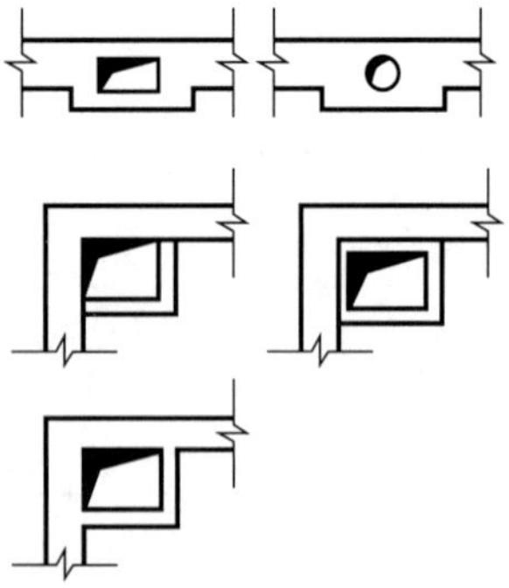 烟道与墙体为同一材料，其相接处墙身线应连通
门口坡道	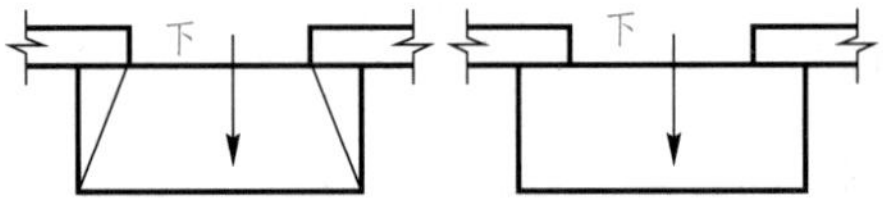	风道	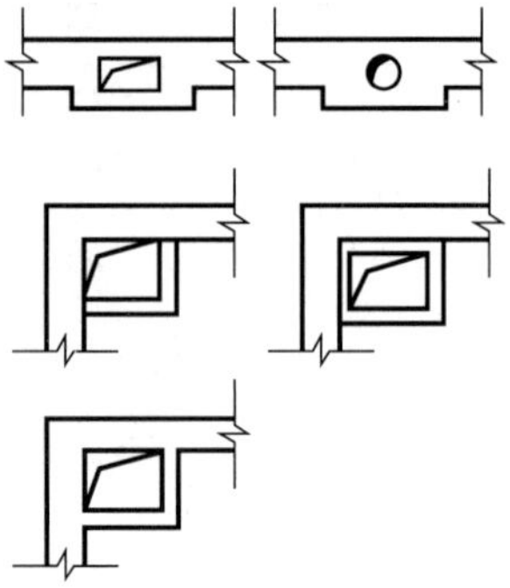
单面开启单扇门（包括平开或单面弹簧）	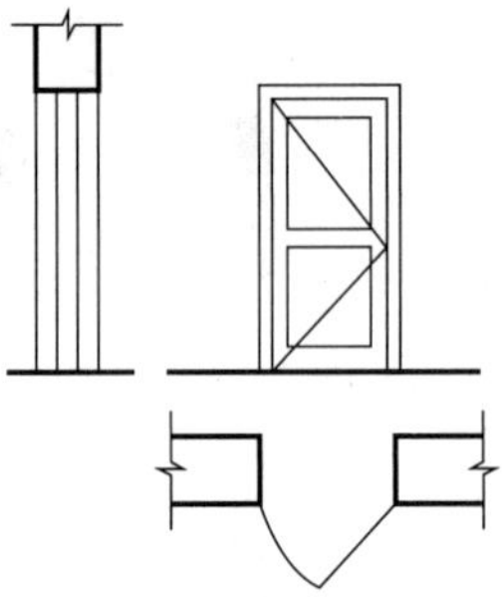 1. 门的名称代号用 M 表示； 2. 平面图中，下为外，上为内。门开启线为90°、60°或45°，开启弧线宜绘出； 3. 立面图中，开启线实线为外开，虚线为内开。开启线交角的一侧为安装合页一侧。开启线在建筑立面图中可不表示，在立面大样图中可根据需要绘出； 4. 剖面图中，左为外，右为内； 5. 附加纱扇应以文字说明，在平、立、剖面图中均不表示； 6. 立面形式应按实际情况绘制	固定窗	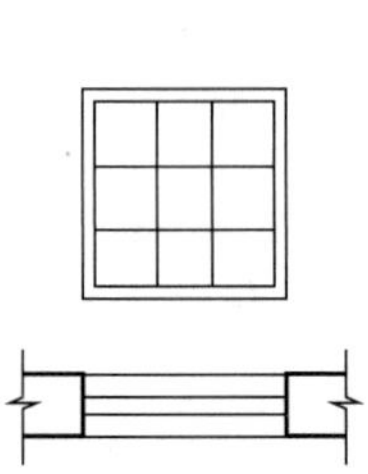 1. 窗的名称代号用 C 表示，图例中剖面图左为外，右为内；平面图下为外，上为内； 2. 窗的立面形式应按实际情况绘制小比例，绘图时平面图、剖面图的窗线可用单粗实线表示

名称	图例	名称	图例
单面开启双扇门（包括平开或单面弹簧）		上悬窗	
			立面图中的斜线表示窗的开启方向，实线为外开，虚线为内开；开启方向线交角的一侧为安装合页的一侧，一般设计图中可不表示
折叠门	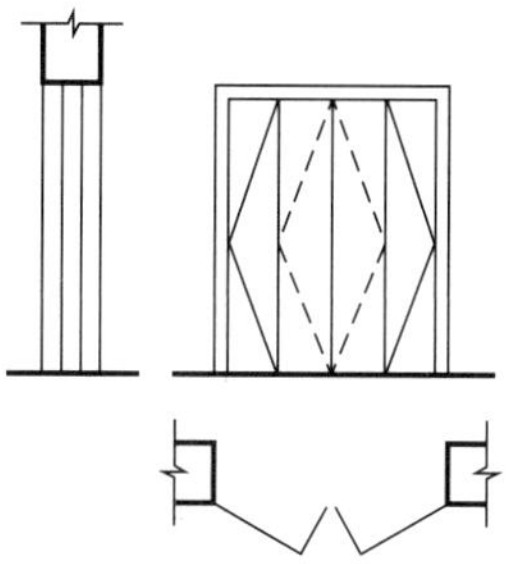	中悬窗	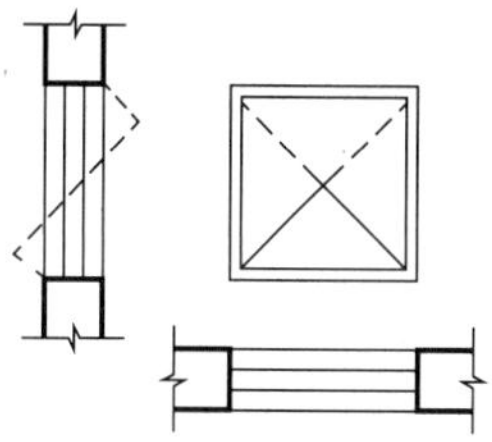
推拉门	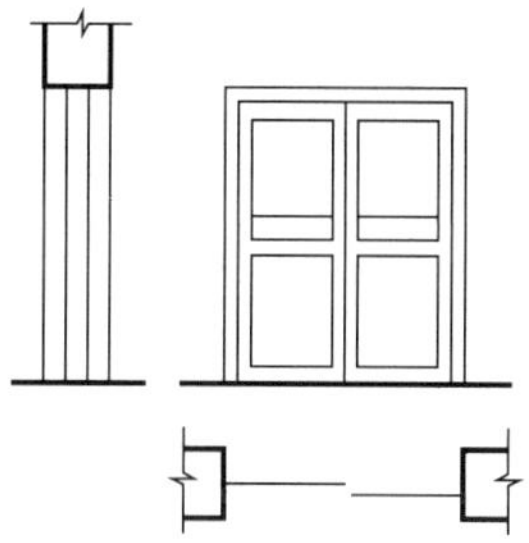	下悬窗	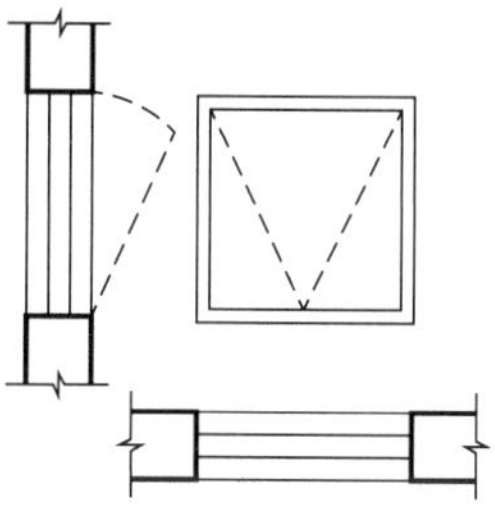
旋转门	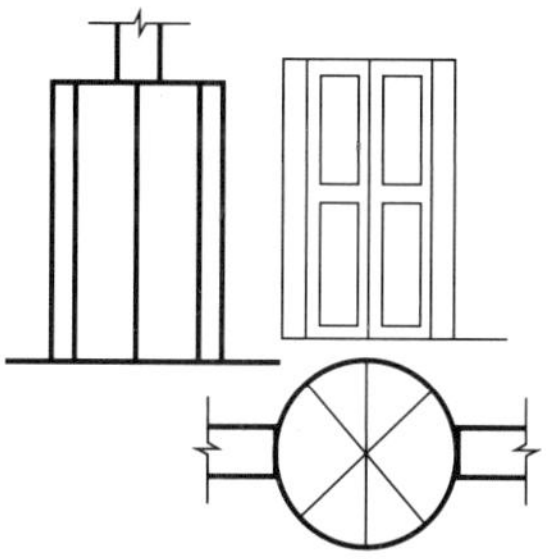	推拉窗	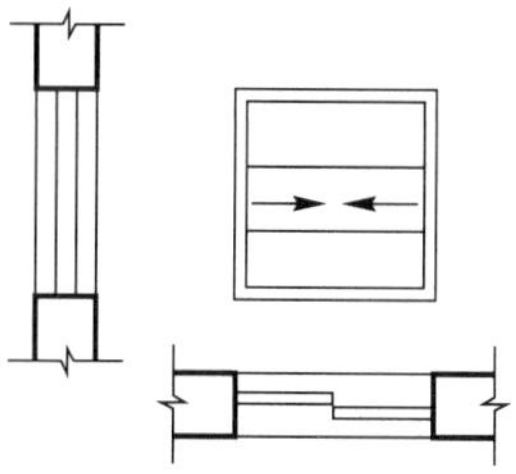
竖向卷帘门		高窗	
			h 为窗底距本层楼地面的高度

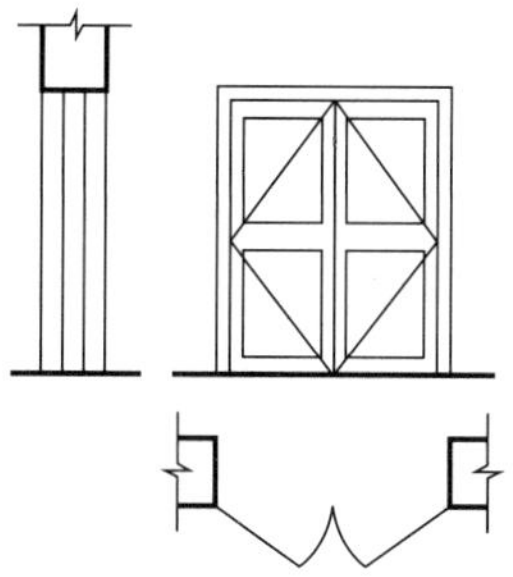

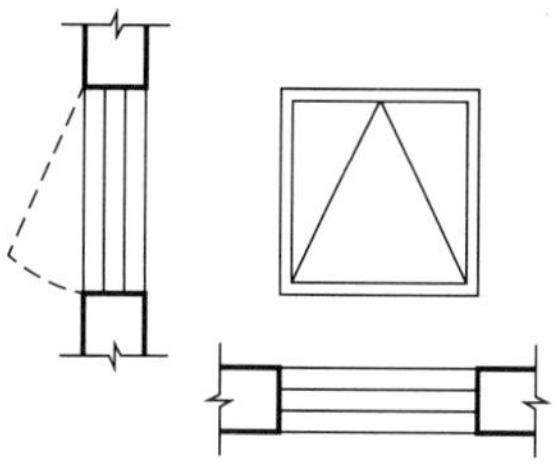

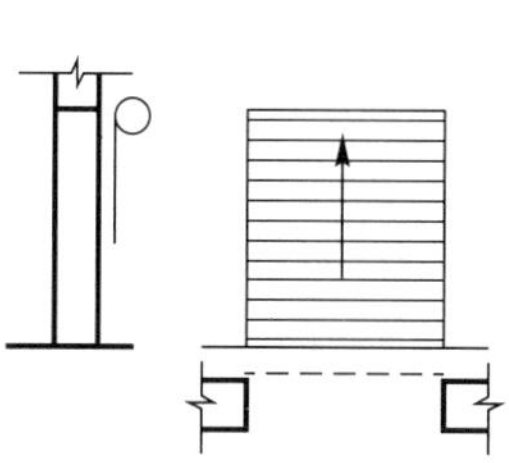

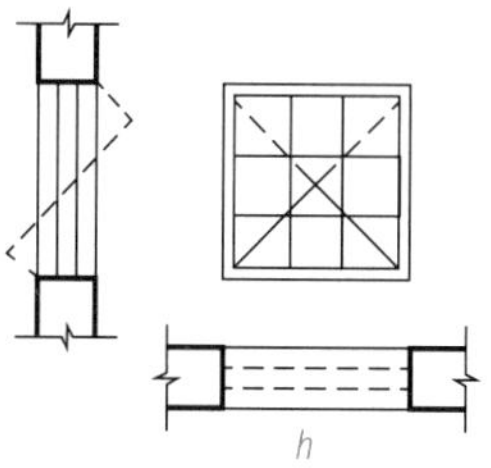

2. 符号

（1）定位轴线及编号。定位轴线确定房屋主要承重构件（墙、柱、梁）位置及标注尺寸的基线，对于一些与主要构件相联系的非承重的次要构件，一般采用附加定位轴线来定位。

定位轴线用细单点长画线表示，定位轴线的编号注写在轴线端部的直径为 8～10 mm 的细线圆内。如图 6-13 所示，横向轴线顺序是从左至右，用阿拉伯数字进行标注；纵向轴线顺序是从下向上，用拉丁字母进行编号，拉丁字母的 I、O、Z 不得用作轴线编号，以免与数字 1、0、2 混淆，当字母数量不够时可增用双字母加数字注脚。附加定位轴线用分数表示，如图 6-14 所示，分母表示前一主轴线的编号，分子表示附加轴线的编号，且用阿拉伯数字依次编号。

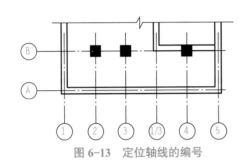

图 6-13 定位轴线的编号

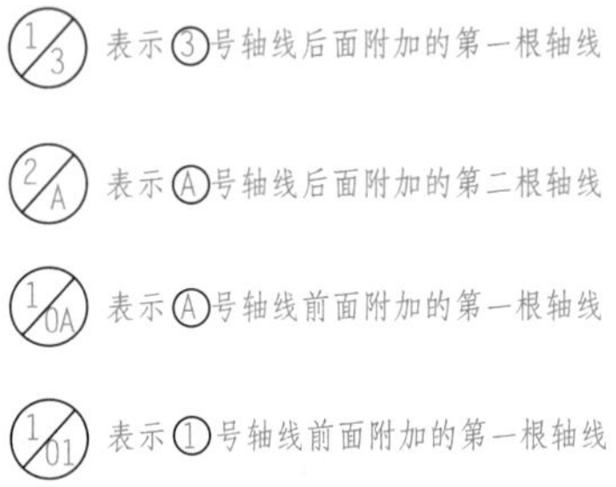

表示③号轴线后面附加的第一根轴线

表示Ⓐ号轴线后面附加的第二根轴线

表示Ⓐ号轴线前面附加的第一根轴线

表示①号轴线前面附加的第一根轴线

图 6-14 附加定位轴线的编号

（2）索引符号及详图符号。图样中的某一局部或构件如需要另见详图，应以索引符号索引，索引符号的圆及直径均以细实线绘制，圆的直径为 10 mm。如图 6-15（a）所示，索引符号如用于索引剖面详图，应在被剖切的部位绘制剖切位置线，并应以引出线所在的一侧为剖视方向。

索引出的详图如采用标准图，应在索引符号水平直径的延长线上加注该标准图册的编号，如图 6-15（b）所示。

详图的位置和编号应以详图符号表示，如图 6-15（c）所示，详图符号应用粗实线绘制，直径应为 14 mm。

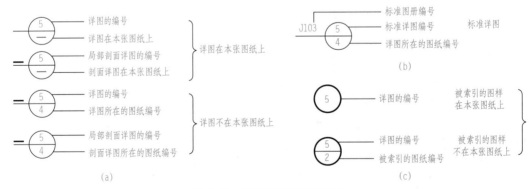

图 6-15 索引符号及详图符号

（3）引出线。引出线应以细实线绘制，宜采用水平方向的直线，或与水平方向成 30°、45°、60°、90° 的直线，或经上述角度再折为水平线。文字说明宜注写在水平线的上方；也可注写在水平线的端部。索引详图的引出线应与水平直径线相连接。同时引出几个相同部分的引出线，宜互相平行，也可画成集中于一点的放射线（图 6-16）。

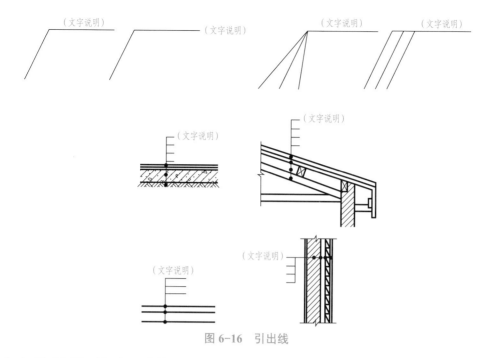

图 6-16　引出线

（4）尺寸标注及标高。建筑平面图中标柱的尺寸可分为外部尺寸和内部尺寸，主要确定各建筑物构配件的大小和定位。

1）外部尺寸：在水平方向和竖直方向各标注三道。

第一道尺寸：标注房屋外墙的墙段、门窗洞口等尺寸，称为细部尺寸。

第二道尺寸：标注房屋的开间、进深尺寸，称为轴线尺寸。

第三道尺寸：标注房屋的总长、总宽尺寸，称为总尺寸。

2）内部尺寸：标出各房间长、宽方向的净空尺寸，墙厚及与轴线之间的关系，柱子截面、房内部门窗洞口、门垛等细部尺寸。

3）标高：平面图中应标注不同楼地面标高及室外地坪等标高，且以 m 为单位，精确到小数点后三位。

三、建筑平面图的图示内容

1. 底层平面图的图示内容

底层平面图应表达出房屋本层相应的水平投影，包括：轴线及其编号；各房间的布置和分隔，墙、柱断面形状和大小；门窗位置及其编号；楼梯梯段的走向及级数；其他建筑构配件，如台阶、花坛、散水等的位置，盥洗间、卫生间、厨房等固定设施的布置及雨水管、明沟等的布置；尺寸标注、标高、坡度、文字说明、索引符号、指北针和剖切符号（仅在底层平面图中表示）及其他符号。

微课：建筑平面图识读

2. 二层平面图的图示内容

除表达出房屋二层范围的投影内容外，还应表达出底层平面图无法表达的雨篷、阳台、窗户等内容，而对于底层平面图上已表达清楚的台阶、花池、散水等内容就不再画出。

3．标准层平面图的图示内容

多层建筑往往存在许多有相同或相近平面布置形式的楼层，因此在实际绘图中，可将这些楼层合用一张平面图来表示，称为标准层平面图。其图示内容去掉雨篷后，与二层平面图类似。

4．屋顶平面图的图示内容

屋顶平面图主要表达屋顶相应的水平投影，包括轴线及其编号、屋面构配件、排水方向和坡度、分水线位置、尺寸标注、文字说明及索引符号。

四、建筑平面图的识读

1．识读要点

（1）看清楚图名和绘图比例，了解该平面图属于哪一层。

（2）应该由底向高逐层阅读建筑平面图，首先从定位轴线开始，根据所注尺寸看房间的开间和进深，再看墙的厚度或柱的尺寸，看清楚定位轴线是处于墙体的中央还是偏心位置，看清楚门窗的位置和尺寸，尤其应该注意各层平面图变化之处。

（3）在平面图中，被剖切到的墙断面上按规定应绘制墙体材料图例，若绘图比例不超出 1∶50，则可不绘制材料图例。

（4）建筑平面图中的剖切位置与详图索引标志也需要注意，它涉及朝向与细节构造等详细内容。

（5）通过底层平面图中的指北针来了解房屋的朝向。

2．底层平面图的识读

从识读任务单中图 6-11 所示的底层平面图及 BIM 建筑模型图（图 6-17）可以看出：

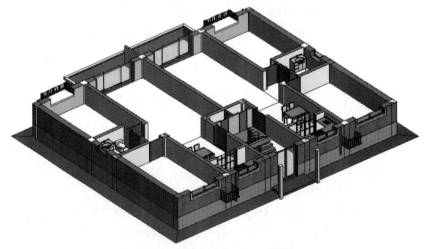

图 6-17　一层剖切 BIM 模型

（1）图名、比例和朝向。该图图名是"底层平面图"，比例是 1∶100，图中指北针符号说明房屋朝向为坐北朝南。

（2）定位轴线及编号。从图中定位轴线的编号及其间距，可以了解到各承重构件的位置及房间的大小。图中横向轴线为①～⑦，竖向轴线为Ⓐ～Ⓔ。其中Ⓐ轴线后有一根附加轴线。

（3）墙、柱的断面，门窗的图例，各房间的名称。内墙将每层空间分隔成若干房间，每间都注明了房间名称，如这幢住宅楼分东、西两户，每户户型布置为两室一厅、一厨一卫及阳台。

（4）其他构配件和固定设施的图例或轮廓形状。在建筑平面图中，还应画出其他构配件和固定设施的图样。如在这幢住宅底层平面图中，楼梯间画出了底层楼梯和室内台阶的图例；每户的厨房和卫生间内，都画出了水池、灶具、洁具图例。另外，还画出室外的一些构配件和固定设施，如房屋四周的散水和雨水管的位置；北面的门出口处台阶。

（5）必要的尺寸，地面、平台的标高，室内踏步及楼梯的上下方向和级数。

1）必要的尺寸。必要的尺寸包括房屋总长、总宽，各房间的开间、进深，门窗洞的宽度和位置，墙厚，以及其他一些主要构配件与固定设施的定形和定位尺寸等。

从图中就可以看出这些尺寸，例如，西户的北侧主卧室 C1 的窗洞宽度为 1 800 mm，窗左右两侧墙垛距离⑥、⑦轴线各为 900 mm；该卧室的开间为相邻⑥、⑦轴线的间距，即 3 600 mm，进深是Ⓐ和Ⓒ轴线的间距，即 5 700 mm。该幢住宅的总长和总宽尺寸分别为 16.700 m 和 13.700 m，外墙的厚度为 370 mm，内墙厚度为 240 mm，卫生间东西方向墙体厚度为 120 mm。

2）标高、室内踏步。在底层平面图中，还应标注出地面的相对标高，在地面有起伏处，应画出分界线；在建筑平面图中，宜标注室内外地面、楼地面、阳台、平台等处的完成面标高，即包括面层（粉刷层厚度）在内的建筑标高。住宅楼室外地面标高为 −0.900 m，台阶平台与楼梯间室内地面的标高同为 −0.750 m；经室内 5 级台阶，至标高 ±0.000 的地面，就可看见东、西两户的进户门 M1。

另外，从底层平面图中还可以看出，从楼层平台开始向上 18 级，可达二层楼。由于底层平面图的水平剖切平面是在底层至二层的楼梯平台的下方，因此底层楼梯的图例只画上行第一梯段在剖切平面以下的一段，一般用与踢面倾斜 30° 的折断线断开。

（6）底层平面图中的图例和编号。从底层平面图中门窗的图例及其编号，可了解到门窗的类型、数量及其位置、国标所规定的各种常用门窗图例。同一编号表示同一类型的门窗，它们的构造和尺寸都一样。东户中 M1、M3 及 M4 为单扇平开，M2 和 M5 为推拉门，C1 为凸窗，C2、C3 及 C4 为普通推拉窗。

（7）剖切位置。在底层平面图中应画出剖切符号，用它来标定剖切位置，且只在底层平面中出现的内容有剖切符号，如图中 1—1、2—2 剖切符号，主要剖到了墙体、门窗、楼梯间等构件。

3. 其他平面图的识读

（1）楼层平面图的识读。如图 6-18～图 6-20 所示是住宅楼二、三层平面图，楼层平面图的表达内容和绘制要求基本上与底层平面图相同。在绘制楼层平面图时，在二层上需要表达出雨篷的水平投影图例。还应特别注意楼梯间各层楼梯图例的画法，按实际情况绘制，对常见的双跑楼梯（即一个楼层至相邻楼层间的楼梯由两个梯段和一个中间平台组成）而言，除顶层楼梯的围护栏杆、扶手、两段下行梯段和一个中间平台应全部画出外，其他各楼层则分别画出上行梯段的几级踏步、下行梯段的一整段、中间平台及其下面的下行梯段的几级踏步，上行梯段与下行梯段的折断处，共用一条倾斜的折断线。对于住宅中相同的建筑构造或配件，详图索引可仅在一处画出。其余各处都省略不画。

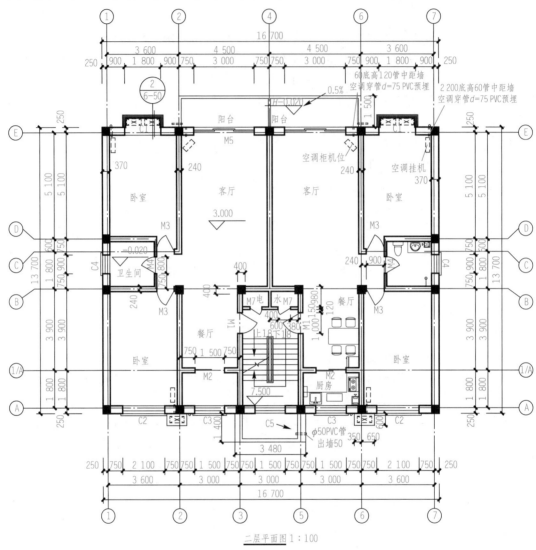

二层平面图1:100

图 6-18 二层平面图

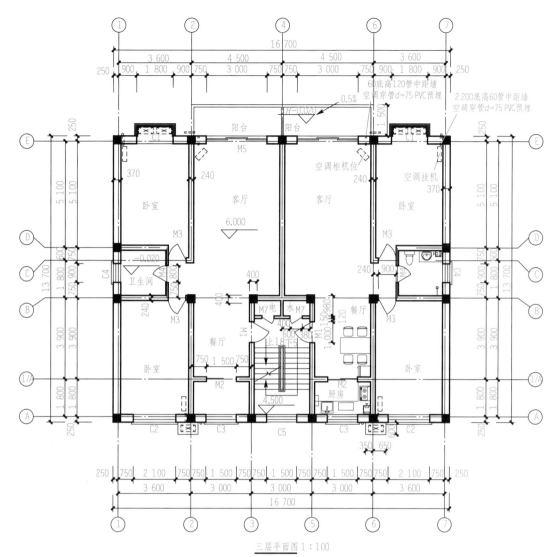

图 6-19 三层平面图

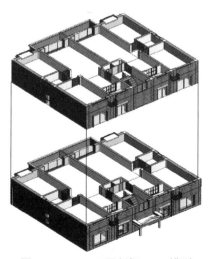

图 6-20 二、三层剖切 BIM 模型

（2）顶层平面图的识读。图6-21是上述同一住宅楼的顶层平面图。与底层平面图相比，它少了指北针与室外散水等附属设施；顶层平面图因为不再有上行的梯段，所以只有指明下行方向的细实线与箭头；因为没有被剖切的梯段，所以没有折断线。其他部分与底层平面图基本相同。顶层剖切 BIM 模型如图6-22所示。

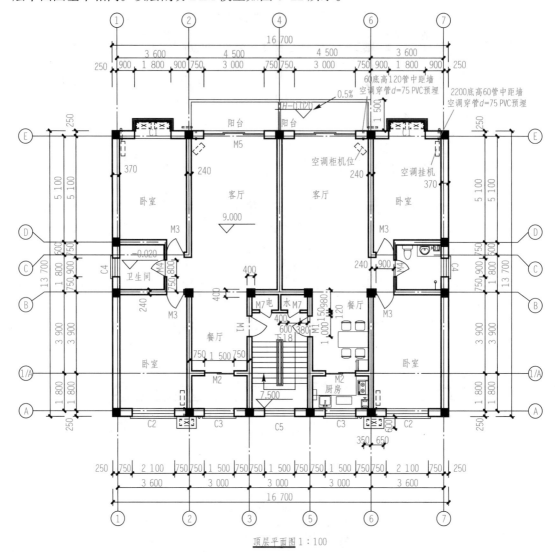

顶层平面图1:100

图 6-21　顶层平面图

（3）屋顶平面图的识读。如图6-23所示，屋顶平面图是用1 : 100的比例画出的俯视屋顶的平面图。由于屋顶平面图比较简单，因此通常用更小一些的比例绘制。在这个屋顶平面图中，画出了有关的定位轴线、屋顶的形状、女儿墙、分水线、屋面的排水方向及坡度、天沟及其雨水口的位置等。至于屋面的构造及其具体做法，将在后面的建筑剖面图、檐

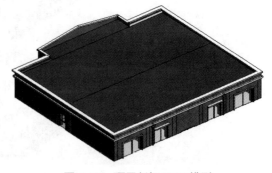

图 6-22　顶层剖切 BIM 模型

口节点详图和屋面结构平面图内容中,作进一步介绍;而屋面的坡度不仅可以用图中的百分数来表示,也常用"泛水"和坡面的高差值来表示。例如,"泛水 110"表示两端的高差为 110 mm 的坡面所形成的坡度。

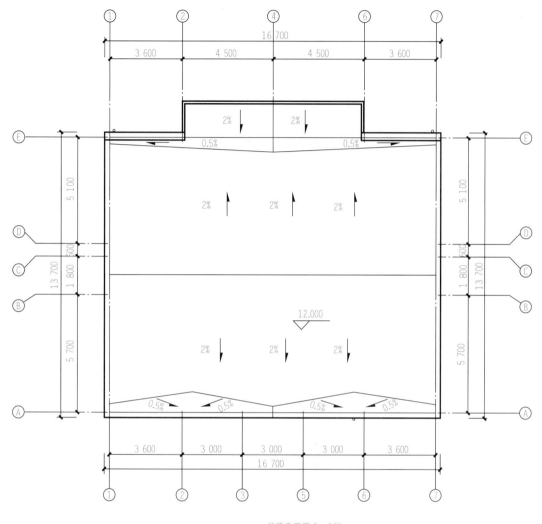

屋顶平面图 1:100

图 6-23　屋顶平面图

五、建筑平面图的绘制

1. 比例与图线

（1）比例。建筑平面图用 1 : 50、1 : 100、1 : 200 的比例绘制,实际工程中常用 1 : 100 的比例绘制。

（2）线型。剖切符号用粗实线（b）,被剖切到的墙柱轮廓线用粗实线（b）,没有剖切到的可见轮廓线如窗台、台阶、楼梯等凸出部分用中实线（$0.5b$）,标高符号等用细实线（$0.25b$）画出。如需反映高窗、墙体上方洞口等不可见部位,可用中虚线（$0.5b$）画出。

2. 具体绘制步骤

（1）画出定位轴线、柱，如图 6-24（a）、（b）所示。横向轴线编号从左至右，用阿拉伯数字进行标注；纵向轴线编号从下向上，用拉丁字母进行标注。

（2）画出墙身线及门窗洞口位置，墙用粗实线绘制，按照所需尺寸确定门窗洞口，如图 6-24（c）所示。

（3）画出门窗及散水、阳台、室外台阶等附属构件，门用中实线绘制，其余可见轮廓线、尺寸线等用细实线绘制，如图 6-24（d）所示。

（4）画出楼梯间梯段、平台投影线，如图 6-24（e）所示。

（5）标注建筑平面图中的标高、外部尺寸和内部尺寸，如图 6-24（e）所示。

（6）按线型要求描粗描深各图线，对轴线编号，填写各尺寸数字、门窗代号、房间名称等，完成全图，如图 6-24（f）所示。

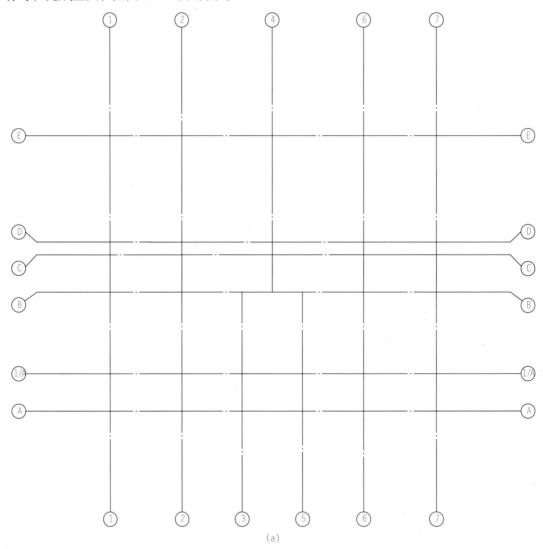

(a)

图 6-24　建筑平面图的绘制步骤

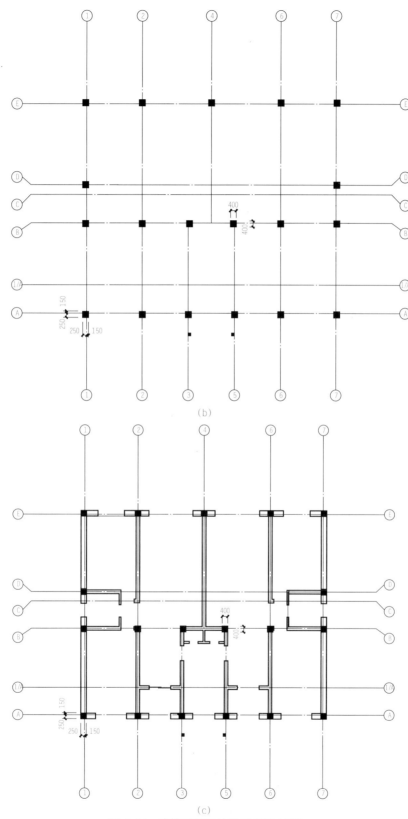

(b)

(c)

图 6-24　建筑平面图的绘制步骤（续）

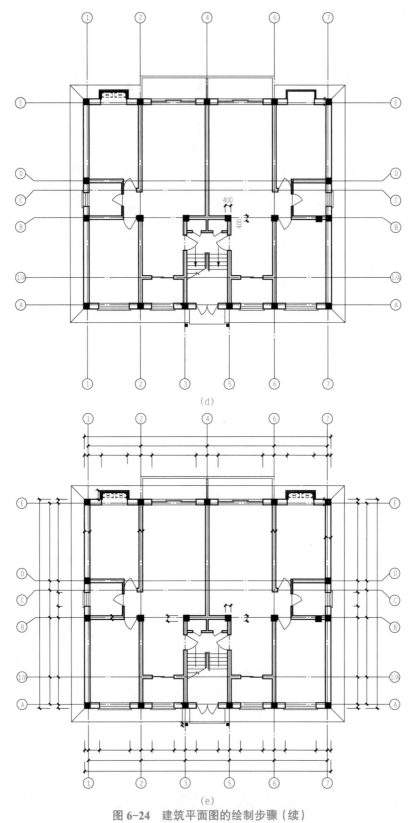

(d)

(e)

图 6-24　建筑平面图的绘制步骤（续）

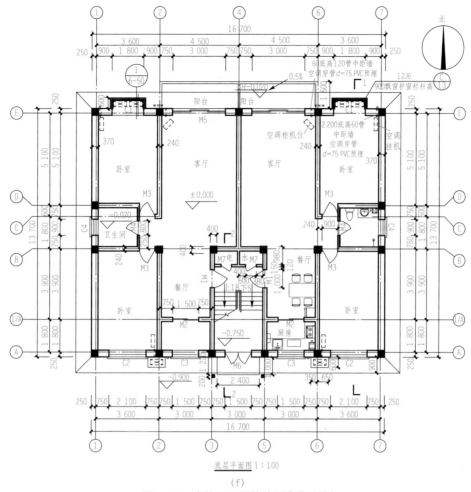

底层平面图 1:100

(f)

图 6-24　建筑平面图的绘制步骤（续）

强化训练

一、单选题

1. 定位轴线的位置是指（　　）。

    A．墙的中心线　　　　　　　　　　B．墙的轮廓线

    C．不一定在墙的中心线上　　　　　　D．墙的偏心线

2. 建筑平面图尺寸标注时选用（　　）线型。

    A．中实线　　　　　B．细实线　　　　　C．粗实线　　　　　D．细点画线

3. 附加定位轴线②/④是指（　　）。

    A．④号轴线之前附加的第 2 根定位轴线

    B．④号轴线之后附加的第 2 根定位轴线

    C．②号轴线之后附加的第 4 根定位轴线

    D．②号轴线之前附加的第 4 根定位轴线

4．与建筑物长度方向一致的墙，叫作（　　　）。

　　A．纵墙　　　　　　　B．横墙　　　　　　　C．山墙　　　　　　　D．内墙

5．建筑平面图上被剖切到的墙体用的线型是（　　　）。

　　A．中实线　　　　　　B．细实线　　　　　　C．粗实线　　　　　　D．虚线

二、识图题

识读图 6-25 所示一层平面图，填写下列问题。

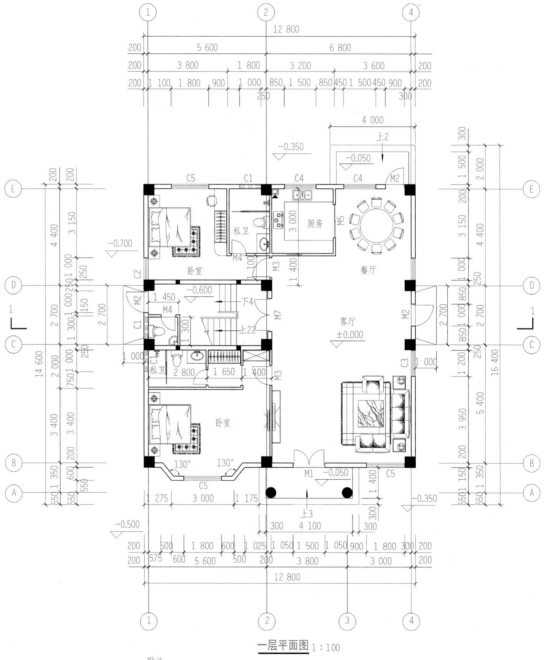

一层平面图 1∶100

附注：

1．未注明门垛均为100，构造柱 b=墙厚，h=200，均配筋4Φ12，Φ6@200；

2．卫生间比楼面标高降低30，阳台降低50，并向地漏找坡1%；

3．厨房排烟道留洞尺寸为330×280。

图 6-25　一层平面图

1．建筑物外墙厚度为_____mm，内墙厚度为_____mm。

2．建筑物的长度为_____m，宽度为_____m，建筑物主出入口的朝向为_____。

3．由剖切符号可知，剖切平面1—1在_____到_____轴线，剖到_____、墙体、室外台阶等基本构造，投射方向是向_____。

4．进户门M1的室外平台标高为_____mm，平台宽度为_____mm，此处室内外地面的高差是_____mm。

5．C4窗的宽度为_____mm，一层平面上有_____处设置C5窗。

6．M2的类型是_____门，门的宽度是_____mm。

7．楼梯间室内台阶踏步的高度为_____mm。

8．卫生间比楼面层高度降低_____mm，阳台比楼面层高度降低_____mm。

体育建筑——"鸟巢"

建筑是人类物质文明和精神文明的产物，它是一种特殊的文化话语，是一个社会的重要组成部分，有着鲜明的时间记忆和地域印记，不断影响着生活在城市里的人们。由奥运场馆聚集而成的体育文化空间催生了城市体育文化，而体育建筑会对城市和民众产生深远的影响。

鸟巢（图6-26）是中国国家体育场的"昵称"，是2008年第29届奥林匹克

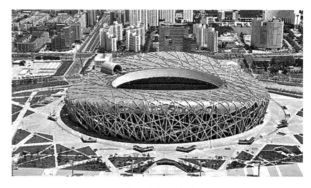

图6-26 鸟巢

运动会的主体育场，场内观众座席约为91 000个，占地面积20 hm²，总建筑面积258 000 m²，高度为69 m。建筑造型呈椭圆的马鞍形，南北向长333 m，东西向宽280 m，外壳由42 000 t钢结构有序编织成"鸟巢"状独特的建筑造型。钢结构屋顶上层为ETFE膜，下层为PTFE膜，声学吊顶。内部为三层预制混凝土碗状看台，看台下侧为地下2层、地上7层的混凝土框架－剪力墙结构，采用桩基基础。

该工程采用国内首次试制、批量生产的Q460高强特厚板，并在国际上首次提出了此类钢材110 mm厚板的焊接技术；研究了国家体育场钢结构工程箱形弯扭构件及多向微扭节点制作及应用技术，在建筑钢结构制作领域填补了国内空白，达到了国内外同类研究项目的先进水平；"国家体育场大跨度马鞍型钢结构支撑卸载技术"填补了国内外大跨度、复杂空间钢结构工程支撑卸载技术的空白，达到了国际先进水平。

任务三 建筑立面图

任务名称	识读绘制建筑立面图
任务描述	随着现代经济的高速发展和人们思想观念的进步，在经济和实用的基础上，人们逐渐对建筑物的文化内涵和美学价值有了更高的要求。我国各地新建建筑的外观更加新颖、独特，且富有当地的文化特色。建筑立面图是从四个方位展现出建筑外观的投影图，它的投影符合正投影的基本原理，请结合图 6-27①～⑦立面图、图 6-28 雨篷局部详图和文中涉及的 BIM 模型图（图 6-31 和图 6-32），完成以下任务： 　（1）建筑立面图是如何形成的？正投影原理在立面图上是如何应用的？ 　（2）建筑立面图的图示内容是什么？图示方法是怎样规定的？ 　（3）如何将建筑立面图与建筑平面图对照识读？ 　（4）怎样绘制建筑立面图？总结步骤及方法。 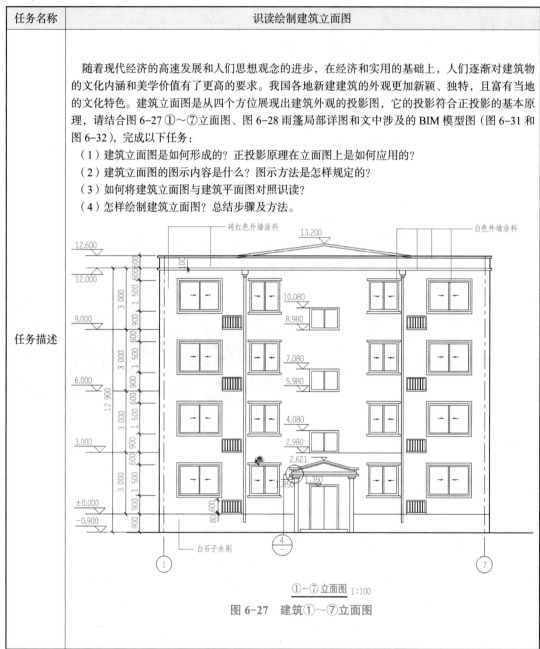 ①～⑦立面图 1:100 图 6-27　建筑①～⑦立面图

任务描述	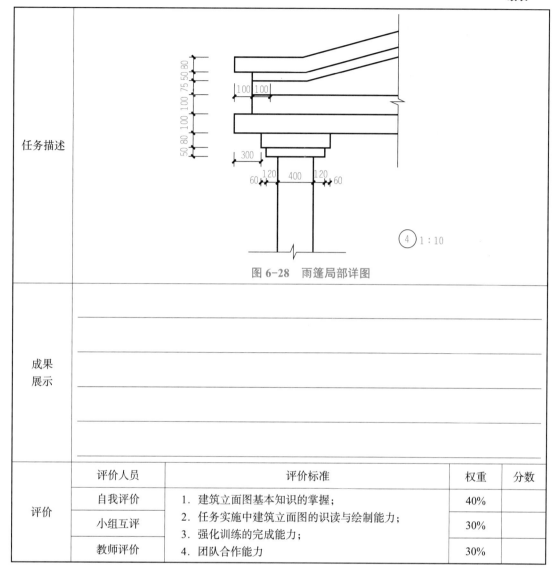

图 6-28 雨篷局部详图

成果展示	

评价	评价人员	评价标准	权重	分数
	自我评价	1. 建筑立面图基本知识的掌握；	40%	
	小组互评	2. 任务实施中建筑立面图的识读与绘制能力； 3. 强化训练的完成能力；	30%	
	教师评价	4. 团队合作能力	30%	

相关知识

想一想：

用作建筑立面的投影面与建筑外立面处于什么样的位置关系得到的正投影图才能反映立面轮廓、造型及其上门窗等构件的真实尺寸？

一、建筑立面图的形成及作用

建筑物在与建筑立面平行的铅直投影面上所作的正投影图称为建筑立面图，简称立面图。如图 6-29 所示为便民服务站正立面图的形成过程。

微课：建筑立面
图形成、用途、
命名、规定

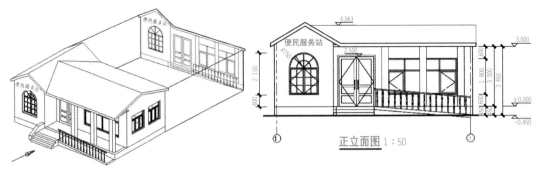

图 6-29　立面图形成过程

　　一幢建筑物美与否、是否与周围环境协调，很大程度上取决于立面上的艺术处理，包括建筑造型与尺度、装饰材料的选用、色彩的选用等内容。在施工图中立面图是主要表明建筑物的造型和外立面的装修及相应可见的各构件的形状、位置、做法的图样，是建筑外立面装修的主要依据。

二、建筑立面图的命名

　　立面图的数量与建筑物的平面形式及外墙的复杂程度有关，原则上需要画出建筑物每个面的立面图。绘制的立面图是彼此分离的，不同方向的立面图必须独立绘制。立面图的命名方式有三种，分别为朝向命名、建筑物主出入口命名及首尾轴线编号命名。

　　1. 朝向命名

　　通常一幢建筑有 4 个朝向，立面图可以用朝向来命名，如东立面图、西立面图等。

　　2. 建筑物主出入口命名

　　根据建筑物立面的主次，将建筑物主要入口面或反映建筑物外貌主要特征的立面称为正立面图，从而确定背立面图、左侧立面图和右侧立面图等。

　　3. 首尾轴线编号命名

　　用建筑平面图中的首尾轴线命名，如①～⑦立面图或Ⓐ～Ⓕ立面图等（图 6-30）。施工图中这三种命名方式都可使用，但每套施工图必须采用其中的一种方式命名。无论采用何种命名方式，每个立面图都应反映建筑的外貌特征。

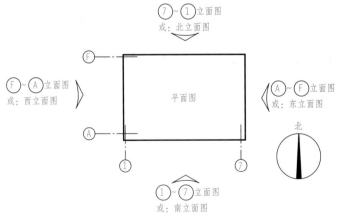

图 6-30　建筑立面图的投影方向和名称

三、建筑立面图的图示内容

（1）图名、比例。

（2）建筑物立面的造型、外轮廓线形状和大小。

（3）建筑物两端的定位轴线及其编号，便于平面图对照识读。

（4）外墙上建筑构配件，如门窗、阳台、台阶、雨篷、雨水管、檐口等的位置和尺寸。

（5）标注标高、尺寸、索引符号。

1）标高：立面图上一般应在室内外地坪、各层楼面、门窗洞口上下口、阳台、雨篷、檐口、屋面、墙顶等处注写标高。

2）尺寸：宜沿高度方向标注三道尺寸。里边一道尺寸标注出室内外地坪高差，门窗洞口的高度，窗间墙、檐口的高度；中间一道尺寸标注层高尺寸；外边一道尺寸标注总尺寸。

3）在需要绘制详图的部位，应画出索引符号。

（6）外墙面装修的材料及其做法用文字说明或列表说明。

微课：建筑立面
图识读与绘制

四、建筑立面图的识读

1. 了解图名和比例

从图 6-27 中的图名可知，此立面图绘制的是本工程的①～⑦轴立面图，对照底层平面图，此立面表达的是建筑物朝南的立面，也可称为南立面图。该图比例为 1 ∶ 100。

2. 了解建筑物的立面造型、轮廓

从图 6-31 和图 6-32 中可看到，该住宅楼共四层，主要入口在立面的正中间，且设置了造型独特的雨篷，立面上部中间的屋顶女儿墙有一个三角形的凸起，是该楼立面的主要外貌特征。

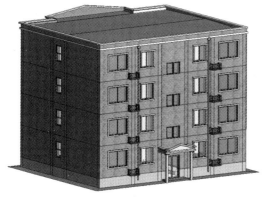

图 6-31　建筑物 BIM 模型

图 6-32　正立面 BIM 模型

3. 了解外墙面门窗的位置、种类、形式

与平面图对照可知，该楼为一梯两户，以楼梯间作为对称中心布置，图中所示窗户为该楼北面的卧室、厨房、楼梯间的窗户，由图例可知，均为矩形推拉窗。以立面左下角卧室的窗户为例，窗台高度为 900 mm，窗洞口的高度为 1 500 mm，且设置了窗套。

4. 外墙面的装饰情况

从图 6-27 中文字说明可知，外墙面主体采用砖红色外墙涂料，窗套、凸出屋面的装饰线均为白色外墙涂料，外墙面的墙角处设置了 900 mm 高的勒脚，为白石子水刷面层。

5. 立面的细部

为丰富立面造型，单元楼门处设置了造型独特的雨篷及立柱。标高 12 m 处设置了截面尺寸为 100 mm×100 mm 的凸出立面的装饰线条。

6. 详图索引符号

为清楚表达雨篷的造型尺寸，通过详图索引符号可在本张图纸上找到编号为④的详图查看具体尺寸，如图 6-28 所示。

小提示：快速将立面图与平面图对照起来识读的两种方法：一是根据立面图上的首尾轴线编号去平面图上找相应的轴线及编号；二是根据底层平面图上的指北针符号，通过辨别方向来对照识读。

五、建筑立面图的绘制

建筑立面图的绘制步骤如图 6-33 所示。

（1）选定比例和图幅。建筑立面图绘制时比例和图幅的选定与建筑平面图相同。

（2）画底稿线。

1）绘制定位轴线、室外地坪线、各层的楼面线、建筑外轮廓线、屋顶线。

2）根据平面图中门窗洞口距轴线的尺寸，确定门窗宽度方向的位置，结合门窗的底标高和门窗的高度，绘制立面门窗洞口线。

3）绘制墙面细部，如雨篷、室外台阶、装饰线条、空调搁板及其他的可见构配件。

（3）加深图线。加深图线的目的是使立面图更清楚地表达房屋整体轮廓和细部构造，产生整体凸出、主次分明的立体效果。

1）雨水管、勒脚尺寸线、尺寸界线和标高符号、有关说明的引出线、门窗扇及分隔线、阳台栏杆、装饰线脚、墙面分隔线等用细线（0.25b）表示。

2）立面建筑构配件的轮廓线，如门窗洞口、阳台、雨篷、窗台、窗套、台阶、花台等用中粗实线（0.5b）表示。

3）建筑立面图的外轮廓线用粗实线（b）表示，室外地坪线宜画成线宽为 1.4b 的加粗实线。

（4）标注尺寸与标高，书写图名、比例、轴线编号及外墙装饰材料说明等。

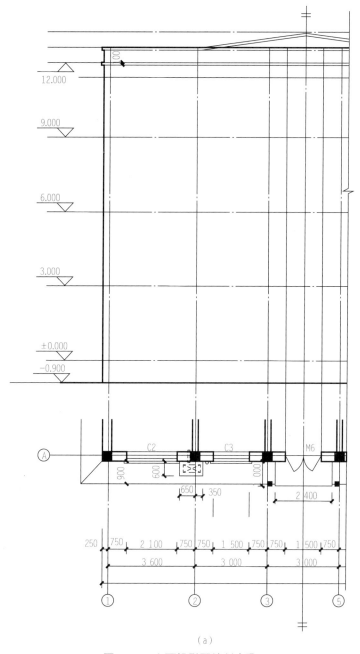

（a）

图 6-33　立面投影图绘制步骤

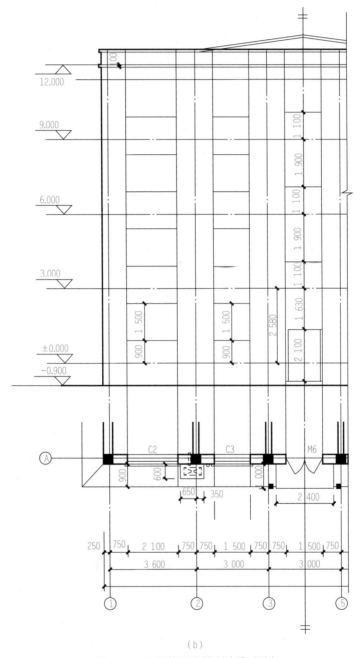

（b）

图 6-33　立面投影图绘制步骤（续）

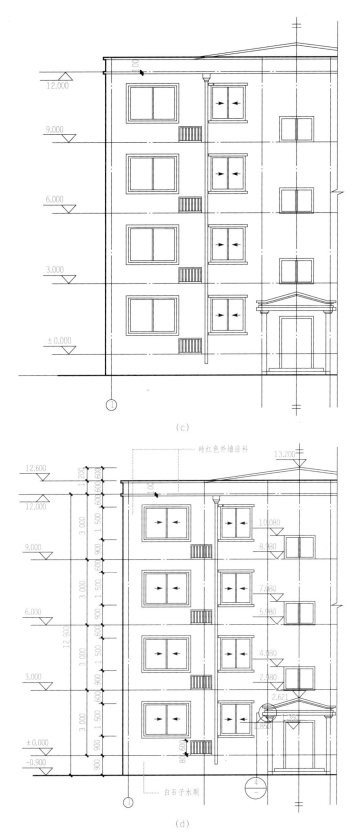

图 6-33 立面投影图绘制步骤（续）

一、单选题

1. 建筑立面图墙面装修做法用引线引出，其角度不可以为（　　）。

    A. 90°　　　　　　　　B. 45°　　　　　　　　C. 30°　　　　　　　　D. 15°

2. 建筑立面图中用特粗线 1.4b 画的图例是（　　）。

    A. 门窗洞口　　　　　　　　　　　　B. 室内地坪线

    C. 墙体外轮廓　　　　　　　　　　　D. 室外地坪线

3. 高度为 30 m 的建筑，按照 1∶100 作立面图，图纸上应标注的高度尺寸为（　　）。

    A. 30　　　　　　B. 300　　　　　　C. 3 000　　　　　　D. 30 000

4. 在房屋的立面图中，房屋的外轮廓线用（　　）。

    A. 粗实线　　　　　　　　　　　　　B. 中实线

    C. 细实线　　　　　　　　　　　　　D. 加粗线

5. 能反映建筑物的高度、层数及外貌的施工图为（　　）。

    A. 建筑平面图　　　　　　　　　　　B. 建筑立面图

    C. 建筑剖面图　　　　　　　　　　　D. 建筑详图

二、识图题

识读图 6-34 ①～④轴立面图，完成下列问题。

①～④轴立面图 1∶100

外墙为清水砖贴面，线条为白色涂料

图 6-34　①～④轴立面图

1．一层外墙面采用＿＿＿＿＿＿＿＿材料装饰，二层窗下墙高度为＿＿＿＿＿＿＿＿mm，二层窗户的高度为＿＿＿＿＿＿＿＿mm。

2．该建筑物立面图采用＿＿＿＿＿＿＿＿方式命名，室外地坪线用＿＿＿＿＿＿＿＿线绘制，立面上存在＿＿＿＿＿＿＿＿索引符号。

3．从图中可看出，该楼三层的层高为＿＿＿＿＿＿＿＿m，建筑总高度为＿＿＿＿＿＿＿＿m。

4．室外标高是＿＿＿＿＿＿＿＿，是＿＿＿＿＿＿＿＿标高（相对、绝对）。

5．女儿墙高度为＿＿＿＿＿＿＿＿m，二层阳台上栏杆顶标高为＿＿＿＿＿＿＿＿。

知识拓展

体育建筑——水立方

水立方（图6-35）建筑为膜结构建筑，其独特外观与精致合理的内部体现了中国古典文化与现代文化的统一。中国古代城市建筑最基本的形态为方形，它体现的是中国文化中纲常伦理为代表的社会生活规则。水立方外观设计上采用酷似水分子结构的几何形状进行布满，表面覆盖上 ETFE 薄膜，使建筑轮廓和外观变得柔和，具有现代感的独特视觉效果和感受。

图 6-35 水立方

2022 年冬奥会，曾以独特的外观造型出彩的水立方，又一次以丰富的科技元素惊艳世人，如今"焕"新出发，成为奥运历史上首个"冬夏两用"的场馆。"水立方"变"冰立方"，为世界上第一个拥有智能化泳池转换冰场技术的场馆，其建筑功能高度灵活，且其智能控制提升了室内环境、设备自动化监控的能力，实现了北京冬奥会"碳中和"的目标，为冬奥会可持续发展提供了"中国方案"和"中国智慧"。

任务四 建筑剖面图

任务名称	识读绘制建筑剖面图
任务描述	建筑物的内部空间格局的表达，是需要将其剖切开，进而展现出建筑物具体的内部构造、分层情况、材料类型等内容。在前面项目五中的任务四已经学习了形体剖面图的画法。我们要利用已经掌握的有关剖面图的知识和技能来学习建筑剖面图的识读绘制。结合图 6-36 所示的剖面图和图 6-37 建筑剖切 BIM 模型图，完成以下任务： （1）建筑剖面图是如何形成的？正投影原理在剖面图上是如何应用的？ （2）建筑剖面图的图示内容是什么？图示方法是怎样规定的？ （3）如何将建筑剖面图与建筑平面图、立面图对照识读？ （4）怎样绘制建筑剖面图？总结步骤及方法。 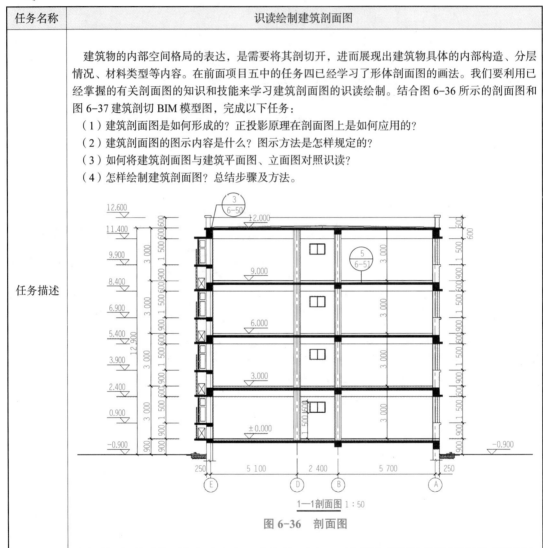 1—1剖面图 1:50 图 6-36　剖面图

任务名称	识读绘制建筑剖面图			
任务描述	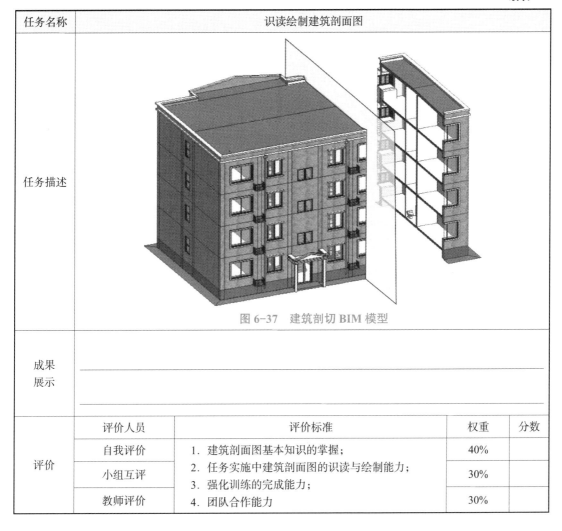 图 6-37 建筑剖切 BIM 模型			
成果 展示				
评价	评价人员	评价标准	权重	分数
	自我评价	1. 建筑剖面图基本知识的掌握；	40%	
	小组互评	2. 任务实施中建筑剖面图的识读与绘制能力； 3. 强化训练的完成能力；	30%	
	教师评价	4. 团队合作能力	30%	

相关知识

想一想：

要想知道建筑物内部的竖向分层情况及构造，应该用竖直还是水平的假想剖切平面剖开建筑物？这个剖切平面的位置怎么选择才能将建筑物复杂的内部构造表达出来？

一、建筑剖面图的形成及作用

为了显示出建筑的内部结构，可以假想一个竖直剖切平面，将房屋剖开，移去剖切平面与观察者之间的部分，并作出剩余部分的正投影图，此时得到的图样称为建筑剖面图。建筑剖面图应包括被剖切到的断面和按投射方向可见的构配件及必要的尺寸、标高等（图 6-38）。

微课：建筑剖面图的形成、用途、图示内容

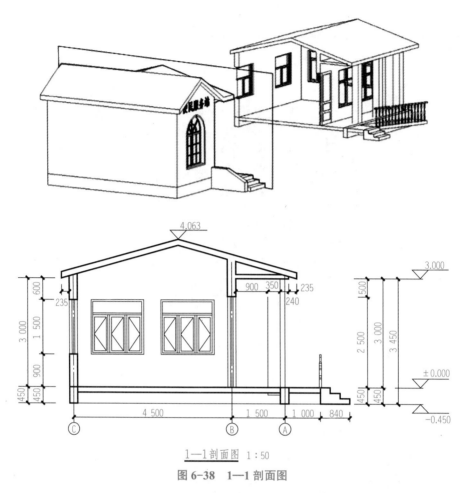

1—1剖面图 1:50

图 6-38　1—1 剖面图

建筑剖面图的作用是表示建筑内部的结构构造、垂直方向的分层情况、各层楼地面和屋顶的构造及相关尺寸、标高。建筑剖面图、建筑平面图、建筑立面图是相互配套的，都是表达建筑物整体概况的基本样图。

二、建筑剖面图的命名

1. 建筑剖面图的剖切位置及剖视方向

剖面图的剖切位置应标注在同一建筑物的底层平面图上，并且应根据图纸的用途或设计深度，在平面图上选择能反映建筑物全貌、构造特征，以及有代表性的部位进行剖切。在实际工程中，剖切位置常选择在楼梯间并通过需要剖切的门、窗洞口位置。一般来说，剖切平面应该平行于建筑物长度或宽度方向，投影方向向左或向上。

2. 建筑剖面图的命名

一栋房屋需要画几个剖面图，应按房屋的复杂程度和施工中的实际需要而定。结构简单的建筑物，可能绘制一两个剖切面就能表达内部构造，但有的建筑物结构复杂，其内部功能又没有什么规律性，此时，需要绘制从多个位置剖切的剖面图才能表达清楚内部构造情况。建筑剖面图以剖切符号的编号命名，如编号为1，则所得的剖面图称为1—1剖面图或1—1剖面。

三、建筑剖面图的图示内容

1. 表示被剖切到的建筑构配件

被剖切到的建筑构配件主要包括被剖切到的墙、室内外地面、各层楼面、屋顶、门窗、楼梯等主要构件，以及被剖切到的阳台、雨篷、台阶、散水等配件。

2. 表示未被剖切到可见构配件

未被剖切到可见构配件包括未剖切到的梁、柱子轮廓线，墙体上门、窗立面图例，栏杆扶手轮廓等。

3. 标注尺寸和标高、索引符号

（1）标高标注。应标注被剖切到的外墙门窗口的标高、室内外地面的标高、各层楼面的标高，以及檐口、女儿墙顶的标高。

（2）尺寸标注。竖向由里到外应标注门窗洞口高度、层间高度和建筑总高度三道尺寸。水平方向常标注剖切到的墙、柱及剖面图两端的轴线编号与间距，并在图的下方注写图名和比例。室内还应标注出内墙体上门窗洞口的高度及内部设施的定位和定形尺寸。

（3）在需要绘制详图的部位，应画出索引符号。

4. 表示楼地面、屋顶各层的构造

一般在建筑设计说明中工程做法表内体现或可以用引出线按照多层构造的层次顺序逐层用文字说明楼地面、屋顶的构造做法。

四、建筑剖面图的识读

微课：建筑剖面
图识读与绘制

1. 了解剖面图的总体情况

结合图 6-37 建筑剖切 BIM 模型图，阅读图 6-36 1—1 剖面图。根据图名，在该住宅的底层平面图中查找编号为 1 的剖切符号，可明确剖面图的剖切位置和投射方向，大致了解建筑被剖切的情况。

总体来看，该住宅楼共四层，与平面图、立面图一致，该建筑物各层的层高均为 3 m。框架结构的主要承重构件梁、楼板、屋面板等均为钢筋混凝土材料。Ⓐ轴至Ⓑ轴为该住宅楼东户的北面卧室的进深，Ⓓ轴至Ⓔ轴为南面卧室的进深，Ⓑ轴至Ⓓ轴为卫生间区域。

2. 识读被剖切到的建筑构配件

对照住宅楼的平面图，剖切到了南北卧室Ⓐ、Ⓑ、Ⓒ、Ⓓ号轴线定位的墙和各层的梁板。南面卧室Ⓐ轴处外墙设置的窗户高度为 1 500 mm，北面卧室Ⓔ轴处外墙上设置了飘窗，高度为 1 500 mm。屋顶处表达了凸出屋面的女儿墙。

3. 识读建筑物投影方向上可见的构造

向西剖视，可看到卫生间的窗户，窗户的底标高为 1 500 mm，窗户高度为 600 mm。Ⓑ、Ⓓ轴墙两侧的两条线为柱子的轮廓线。

4. 识读标高、尺寸、索引符号

在施工过程中，可以通过查阅剖面图各部位的标高及尺寸标注清楚地定出窗户、门、女儿墙等建筑构配件的具体位置及尺寸。

五、建筑剖面图的绘制

（1）选定比例和图幅。绘制建筑剖面图时，比例和图幅的选定一般与平面图、立面图相同。

（2）画底稿线。

1）如图 6-39 所示，绘制竖向定位轴线、室外地坪线、各层的楼面线、屋顶线。

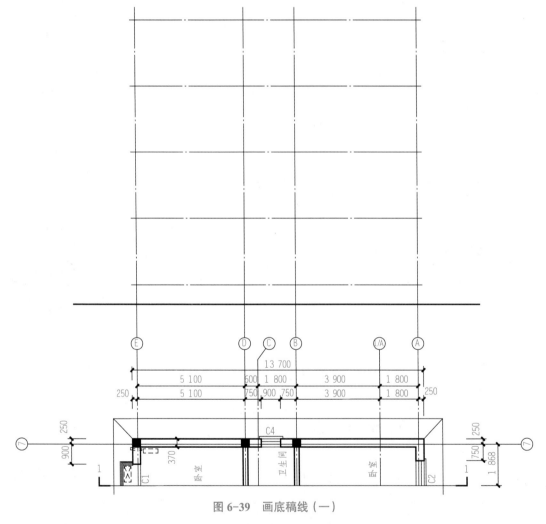

图 6-39　画底稿线（一）

2）绘制被剖切到的墙厚、底层垫层厚度、各层的梁高度及楼板厚度、屋面板厚度、楼梯梯段平台、窗户、散水等，如图 6-40（a）所示。

3）绘制未被剖切到但可见构配件的投影，如可见的墙轮廓线、楼梯、雨篷、门窗、空调板等，如图 6-40（b）所示。

（3）加深图线。

1）尺寸线、尺寸界线和标高符号、有关说明的引出线、雨水管、勒脚、阳台栏杆、装饰线等用细线（0.25b）表示。

2）被剖切的主要建筑构造、构配件的轮廓线，应画成线宽为b的粗实线，如墙、楼板、屋面板等构件的轮廓线；被剖切的次要建筑构造、构配件的轮廓线用粗实线（0.5b）表示，如阳台、雨篷、可见的梯段等。

3）室内外地坪线用加粗线（1.4倍的粗实线）表示。

（4）标注尺寸与标高，书写图名、比例以及外墙装饰材料说明等。

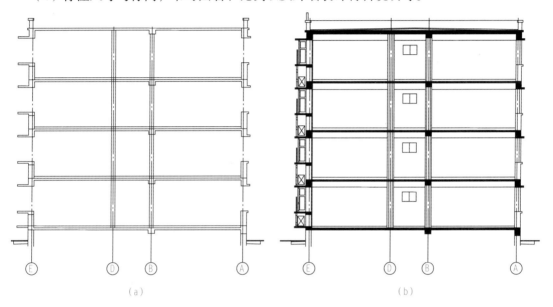

图 6-40　画底稿线（二）

小提示：屋面板标高为结构板顶的标高；比例小于1∶50的剖面图中，钢筋混凝土构件的断面允许涂黑表示，且宜用细实线画出楼地面、屋面的面层线；在1∶50的剖面图中宜在结构层上方画一条作为面层的中粗线，而下方板底粉刷层不表示。

强化训练

一、单选题

1．建筑剖面图一般不需要标注（　　）等内容。

　　A．门窗洞口高度　　　　　　　　B．层间高度

　　C．楼板与梁的断面高度　　　　　D．建筑总高度

2．建筑剖面图的图名应该与（　　）上的剖切符号相对应。

　　A．建筑总平面图　　　　　　　　B．建筑平面图

　　C．建筑立面图　　　　　　　　　D．建筑详图

3．关于建筑剖面图的用途，下列说法正确的是（　　）。

A．可以反映建筑物全貌

B．建筑物内部的竖向分层情况及构造

C．可以反映建筑物的门窗的高度和做法

D．以上都可以

4．建筑剖面图的尺寸标注有三道，最内侧一道尺寸标注的是（　　　）。

A．房屋的开间、进深 　　　　　B．房屋的总高度

C．房屋的楼层层高 　　　　　D．房屋的门窗及墙体细部高度

二、识图题

识读图6-41 1—1剖面图，完成写下列问题。

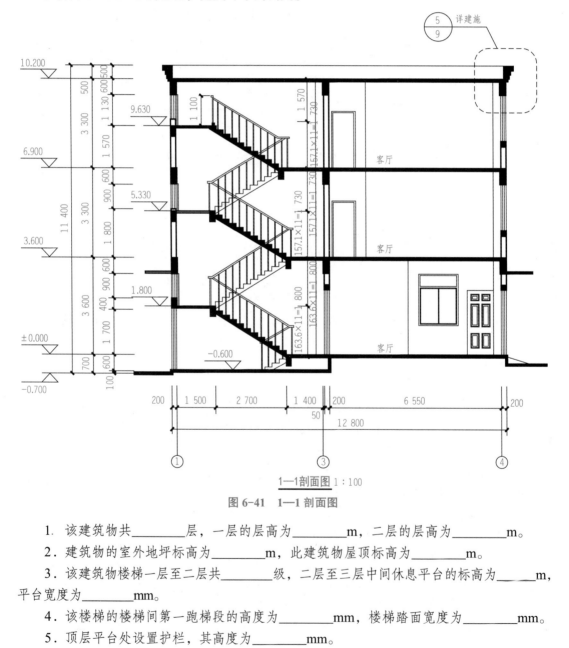

1—1剖面图 1：100

图6-41　1—1剖面图

1．该建筑物共_____层，一层的层高为_____m，二层的层高为_____m。

2．建筑物的室外地坪标高为_____m，此建筑物屋顶标高为_____m。

3．该建筑物楼梯一层至二层共_____级，二层至三层中间休息平台的标高为_____m，平台宽度为_____mm。

4．该楼梯的楼梯间第一跑梯段的高度为_____mm，楼梯踏面宽度为_____mm。

5．顶层平台处设置护栏，其高度为_____mm。

6. 对照一层平面图，①号轴线建筑入口处门的编号为_____，④号轴线左侧的门编号为_____，窗户的编号为_____。

体育建筑——冰丝带

国家速滑馆（图6-42）位于奥林匹克森林公园西侧，是第24届冬季奥运会标志性场馆。它也是2017年在北京赛区唯一开工新建的冰上竞赛场馆。其建筑面积为9.7万平方米，是亚洲最大的冰面。

国家速滑馆为索网结构建筑，外曲面幕墙采用3 360块玻璃拼接营造出灵动飘逸的22条"冰丝带"，同时将遮阳、立面照明和建筑效果设计融为一体。设计师是把坚硬的冰设计成柔软的丝带的理念，蕴含了中国人刚柔并济的智慧。

图6-42　国家速滑馆

现在"冰丝带"与雄浑的钢结构"鸟巢"、灵动的膜结构"水立方"相得益彰，共同组成北京这座"双奥之城"的标志性建筑群，为世界首个。北京冬奥会、冬残奥会的成功举办也向世人展示了了不起的中国制造，也奏响了和平、团结、进步的时代强音，凝聚起"一起向未来"的澎湃力量。

任务五　建筑详图

任务名称	识读绘制建筑详图
任务描述	建筑详图是建筑细部的施工图，是建筑平面图、立面图、剖面图的补充，请参考图6-43所示的住宅楼的屋顶、墙体、雨篷、楼地面、空调板等构件的节点BIM模型图和飘窗实物图，以辅助建筑详图的学习，完成以下任务： （1）建筑详图的作用是什么？ （2）常用的建筑详图有哪些？ （3）如何将详图与建筑平面图、立面图、剖面图对照识读？ （4）怎样绘制建筑详图？ 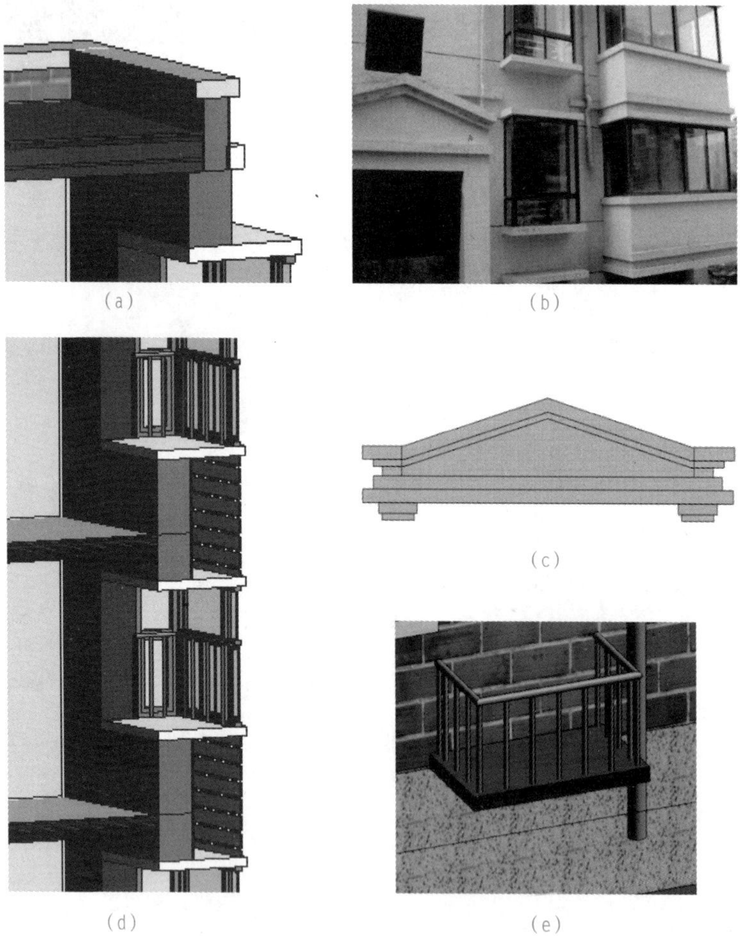 （a）　　　　　　　　　　　　　　（b） （d）　　　　　　　　　　　　　　（e） 图6-43　构件节点段

	评价人员	评价标准	权重	分数
成果展示				
评价	自我评价	1. 建筑详图基本知识的掌握;	40%	
	小组互评	2. 任务实施中建筑详图的识读与绘制能力; 3. 强化训练的完成能力;	30%	
	教师评价	4. 团队合作能力	30%	

相关知识

想一想：

凡是在建筑平面图、立面图、剖面图中无法表示清楚的内容，都需要另绘详图或选用合适的标准图，那么详图与建筑平面图、立面图、剖面图是怎样联系的？

一、建筑详图的形成及作用

建筑平、立、剖面图一般采用较小的比例绘制，主要表达全局性的内容，而某些建筑构配件（如门窗、楼梯、阳台及各种装饰等）和某些建筑剖面节点（如檐口、窗台、散水及楼地面面层和屋面面层等）的详细构造无法表达清楚。为了满足施工要求，必须将这些细部或构配件用较大的比例绘制出来，以便清晰表达构造层次、做法、用料和详细尺寸等内容，指导施工，这种图样称为建筑详图，也称为大样图。

一套施工图中，建筑详图的数量视建筑工程体量大小和难易程度来决定，常用的详图有外墙身详图，楼梯间详图，卫生间、厨房详图，门窗详图，阳台、雨篷等详图。

建筑详图常用的比例为 $1:1$、$1:2$、$1:5$、$1:10$、$1:15$、$1:20$、$1:25$、$1:50$ 等。

微课：建筑详图的形成及图示内容

二、楼梯详图

楼梯是楼层垂直交通的必要设施。楼梯类型多种多样，主要有直行楼梯、双跑平行楼梯、折行多跑楼梯等。以常见的双跑平行楼梯为例进行介绍。

微课：楼梯详图

楼梯由梯段、平台和栏杆（或栏板）扶手组成。楼梯详图包括楼梯平面图、楼梯剖面图、踏步和栏板（栏杆）节点详图。各详图应尽可能画在一张图纸上，平面图、剖面图比例应一致，一般为 1∶50，踏步、栏板（栏杆）节点详图比例要大一些，可采用 1∶10、1∶20 等。楼梯间模型如图 6-44 所示。

1. 楼梯平面图

楼梯平面图通常是在每层往上走到第一个梯段位置，用一个假想的剖切平面，沿着水平方向剖开，向下作投影得到的投影图。

楼梯平面图主要表示楼梯平面布置的详细情况。如楼梯间的开间和进深尺寸、墙厚、楼梯段的长度和宽度、楼梯上行或下行的方向、踏面数和踏面宽度、楼梯平台等。

小提示：

（1）楼梯平面图用轴线编号表示楼梯间在建筑平面图中的位置。

（2）在底层平面图中还应注明楼梯剖面图的剖切位置和投影方向。

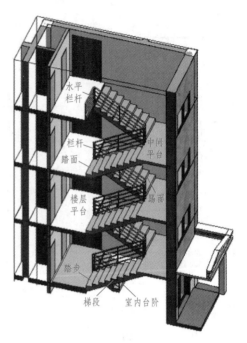

图 6-44　楼梯间模型图

（3）楼梯平面图应分层绘制，如果中间几层的楼梯构造、结构、尺寸均相同，可只画底层、标准层、顶层的楼梯平面图。

在楼梯平面图中，各层被剖切到的梯段，均在平面图中以一条 45° 的折断线表示。在每一梯段处画有一长箭头，并注写"上"或"下"字和步级数，表明从该层楼（地）面向上或向下走多少步级可到达上或下一层的楼面。

（1）楼梯平面图识读（图 6-45）。住宅楼选用的是最常见的双跑平行楼梯，从如图 6-45（a）所示楼梯底层平面图的轴线编号，对照图，可以确定楼梯间在建筑平面图中的位置是东西方向上处于对称中心，且入口设置在楼梯间的Ⓐ轴处的外墙上。查看尺寸标注：该楼梯间的开间是 3 000 mm，进深是 5 700 mm，楼梯间的墙厚均为 240 mm。查看标高：标高 ±0.000 所示的位置是底层楼层平台的位置，可通过入户门，分别进入东西两户。从标高 ±0.000 位置下 5 个台阶可到达标高 −0.750 的位置，−0.750 所示是从室外台阶进到楼内后的标高。从 ±0.000 的位置上 18 级踏步后可到达二层楼面 3.000 的位置，踏步的宽度为 250 mm，梯段的宽度为 1 330 mm，梯井的宽度为 100 mm。1—1 剖切符号表示了楼梯剖面详图的剖切位置及投影方向。

二、三层楼梯平面图是中间层楼梯平面图，既画出了被剖切到地面从各层楼层平台向上走的梯段，还要画出从各层楼层平台向下走的梯段及梯井、平台。从图 6-45（b）、（c）查看标高分别为 3.000 m、6.000 m，代表二层、三层的楼层平台标高，从二层、三层的楼层平台的位置分别向上走 18 级踏步可上到上一层的楼层平台位置，向下走 18 级踏步可下到下一层的楼层平台。标高 1.500、4.500 分别表示一层至二层、二层至三层的中间平台的标高。查看尺寸标注，楼层平台的宽度为 2 260 mm，中间平台的宽度为 1 200 mm，梯段的水平投影长度为 8×250 = 2 000（mm）。

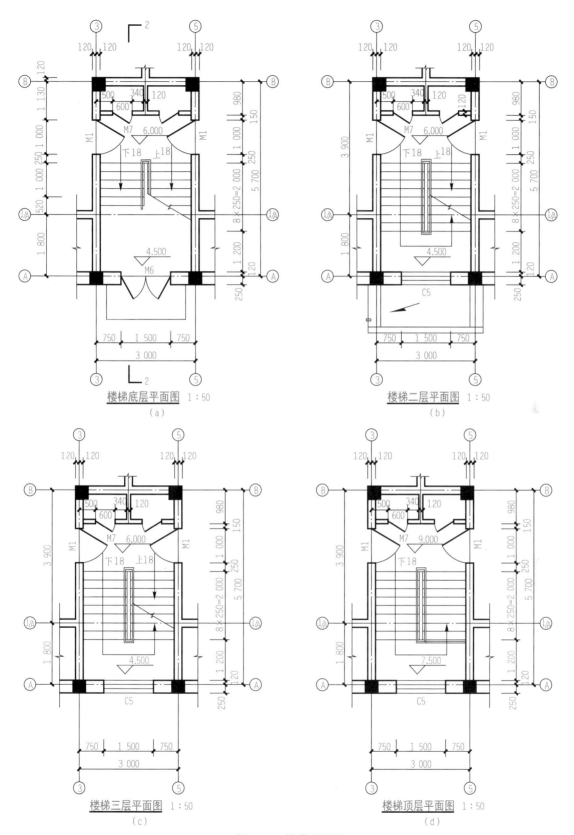

楼梯底层平面图 1:50
（a）

楼梯二层平面图 1:50
（b）

楼梯三层平面图 1:50
（c）

楼梯顶层平面图 1:50
（d）

图 6-45　楼梯平面图

此处需要注意，因为梯段上与楼层平台相连的最高一级踏步的踏面与楼面重合，因此平面图中的每个梯段的踏面数，总比楼梯的实际步级数少一个，所以此处 8 代表 8 个踏步宽，应有 9 个踏步高。

图 6-45（d）所示顶层平面图的剖切位置在安全栏板（或栏杆）之上，且该住宅楼没有通向屋顶的梯段，所以，图中画出的由四层下至三层的两个梯段的投影，只有向下的箭头。查看标高，9.000 表示四层楼面的标高，标高 7.500 表示三层至四层中间平台的标高，楼层平台东户出门临空的一侧设置了水平栏杆扶手以保证安全。

（2）楼梯平面图的绘制。楼梯平面图的绘制过程如图 6-46 所示。

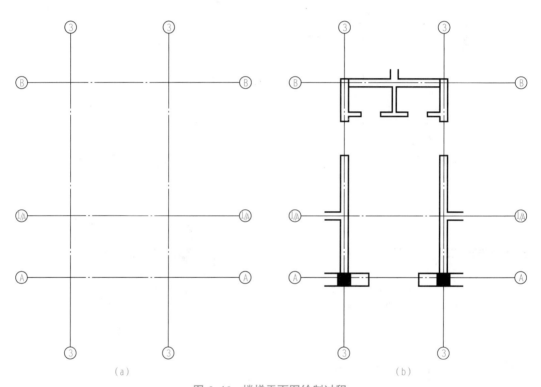

图 6-46　楼梯平面图绘制过程

（a）绘制楼梯间轴线，确定开间进深的大小；（b）绘制墙、柱子及门窗洞口线

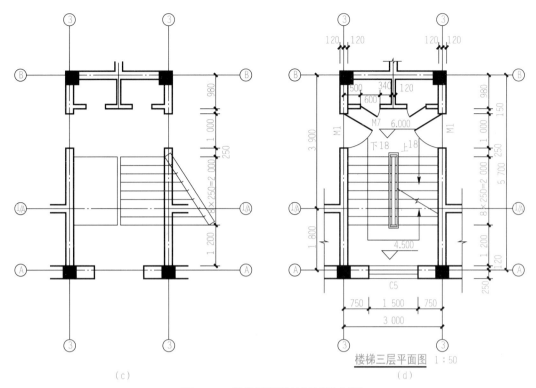

（c）

楼梯三层平面图 1:50

（d）

图 6-46　楼梯平面图绘制过程（续）

（c）按 $n-1$ 等分梯段的投影，画出梯段的水平投影；（d）尺寸线标注、文字标注、标高标注，并按线型加深图形

2. 楼梯剖面图

楼梯剖面图是楼梯垂直剖面图的简称，其剖切位置应通过各层的一个梯段和门窗洞口，向另一未剖切到的梯段方向投影所得到的剖面图。

楼梯剖面图主要表示楼梯的梯段数、踏步级数及高度、楼梯的结构形式及所用材料、地面、各层楼面、休息平台、栏杆扶手等构造，以及楼梯各部分的标高和详图索引符号等。

（1）楼梯剖面图识读。识读楼梯剖面图时，首先应从楼梯底层平面图中查找剖切符号，确定剖切平面的位置和投影方向。如图 6-47（a）所示，剖切平面剖切到了楼梯间Ⓐ轴、Ⓑ轴定位的墙，各层楼面、地面，以及从楼地面位置上行的所有梯段，向西作投影，看到了另一侧的未被剖切到的梯段及其他可见的构配件，如西户的门、栏杆扶手等。对照楼梯平面图，Ⓐ轴处的外墙上设置了住宅楼的单元楼门，楼门高度为 2 100 mm，入口处设置了雨篷。从标高为 －0.900 室外地坪上 1 个台阶通过楼门可进入室内，到达标高为 0.750 的位置，再上 5 个台阶可到达一层地面的位置，即 ±0.000 位置。从 ±0.000 位置出发，每上一层楼均要走两个梯段，每个梯段踏步的个数为 9，踢面的高度为 166.67 mm，梯段的竖向高度为 $9×166.67 = 1\ 500$（mm）。图中楼层平台、中间休息平台的标高应对照楼梯平面图识读。

（2）楼梯剖面图的绘制步骤。

1）如图 6-47（a）所示，先画出外墙定位线，根据标高和尺寸标注，画出室内外地坪

线、各层楼面及楼梯平台的位置线;

2）如图 6-47（b）所示,绘制被剖切到的各层楼板、楼梯平台板、平台梁及雨篷轮廓（图 6-48）;

3）根据楼梯的长度、平台的宽度确定梯段位置,再根据等分两平行线距离的方法画出踏步的位置,如图 6-47（c）所示;

4）画门、窗、梁、板、台阶、雨篷、栏杆、扶手等细部,如图 6-47（d）所示;

5）填充建筑构件材料图例,加深图线,如图 6-47（e）所示;

6）标注尺寸、索引符号、标高符号及图名比例,如图 6-47（f）所示。

水平方向应标注被剖切墙的轴线编号、轴线尺寸及中间平台宽、梯段长等细部尺寸。竖直方向应标注剖切到墙的墙段、门窗洞口尺寸及梯段高度、层高尺寸。梯段高度应标成:步级数 × 踢面高＝梯段高。楼梯间剖面图上应标注出各层楼面、地面、平台面的标高。如需画出踏步、扶手等的详图,则应标注出其详图索引符号和其他尺寸,如栏杆（或栏板）高度。

3. 楼梯节点详图

楼梯剖面图中的一些细部构造如雨篷、踏步、扶手的构造,可用详图索引符号引出,可用 1:5、1:10 等比例绘制出其详图。踏步详图主要表明踏步的截面形状、大小、材料以及面层的做法;栏板与扶手详图主要表明栏板及扶手的形式、大小、所用材料及其与踏步的连接等情况。根据楼梯剖面图上的索引符号可知,本工程的踏步、栏杆、扶手详图与楼梯剖面图在同一张图纸上。如图 6-49 所示为踏步、栏杆详图,所选用的绘图比例为1:10。

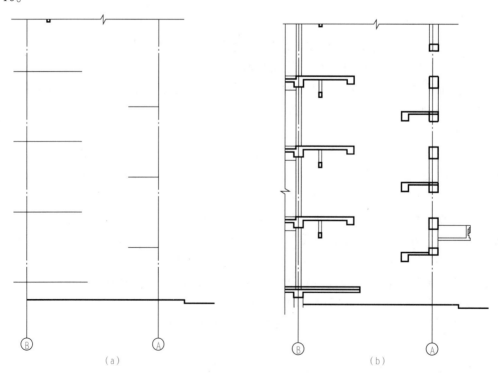

(a)　　　　　　　　　　　　　　(b)

图 6-47　楼梯剖面图绘制过程

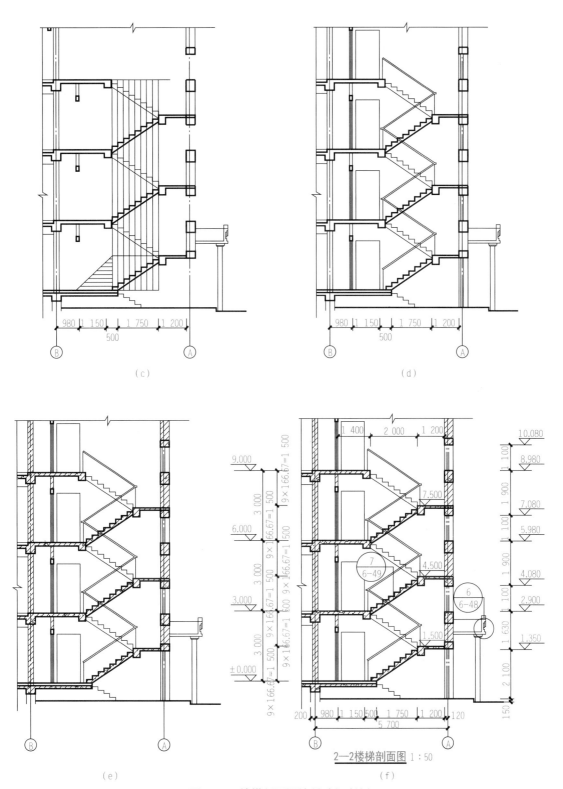

（c）

（d）

（e）

2—2楼梯剖面图 1:50

（f）

图 6-47　楼梯剖面图绘制过程（续）

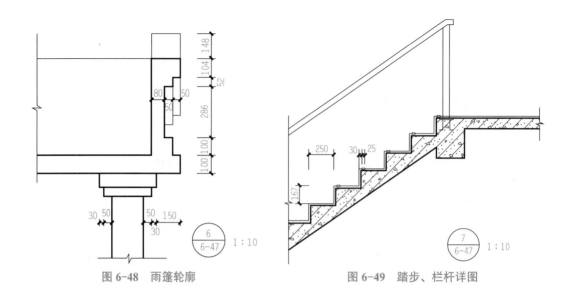

图 6-48　雨篷轮廓　　　　　　　　　　　图 6-49　踏步、栏杆详图

三、墙身节点详图

墙身节点详图实际上是建筑剖面图的局部放大图，主要表示地面、楼面、屋面和檐口等处的构造及其与墙身的连接关系，还表明了门窗顶、窗台、勒角、散水（或明沟）防潮层的构造。墙身详图与建筑平面图、立面图、剖面图配合起来作为墙身施工的依据。

外墙详图常用的比例为 1∶10、1∶20、1∶50。画图时，各个节点详图都分别注明详图符号和比例。如图 6-50 中的详图所示，画出了从一层、二层平面图及 1—1 剖面图中索引的檐口、窗台、窗顶、散水四个节点剖面详图。

小提示：

（1）外墙身详图应画出剖切到的断面，应画出规定的材料图例并应注写构造做法。

（2）由于墙身较高且绘图比例大，画图时往往在窗洞中间断开，成为几个节点的详图的组合。如果多层房屋中各层构造相同，可只画底层、顶层或加一个中间层。

（3）如果房屋的檐口、屋面、楼面、窗台、散水等配件节点详图是直接选用的建筑标准图集的详图，则可在剖面图的相应部位标注出索引符号，注明标准图集名称、编号和详图号即可。

（4）在外墙身详图的外侧，应标注垂直分段尺寸和主要部位的标高。

以住宅楼为例，简要说明外墙节点表达的内容和方法。

墙身详图所采用的比例为 1∶20，从轴线符号可知为Ⓐ轴线处墙身。总体看，墙体厚度为 370 mm，楼板、梁、屋顶等均为钢筋混凝土材料，且楼板与梁是整体浇筑的。根据民用建筑节能设计的要求，外墙设置了 100 mm 厚的岩棉板达到外保温目的。

如图 6-50 中 1 号详图所示，墙角的节点详图主要表达了外墙处勒角和散水的做法，以及室内底层地面的构造情况。在外墙面外侧底部为保护墙根需设置勒脚，具体的做法详见图 6-50 中详图 1，在勒脚的外地面，做出宽度为 800 mm、坡度为 5% 的散水，并通过多层引出线表达了散水的构造做法。在外墙内侧，了解室内地面的构造层次，并用多层构造引出线表示其具体做法。室内地面以上内墙面底部有 150 mm 高的踢脚，起到护墙的作用。

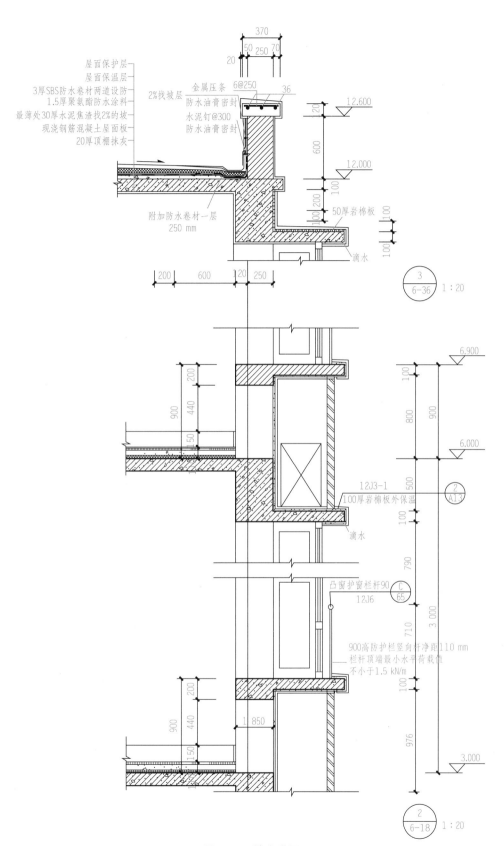

图 6-50　墙身详图

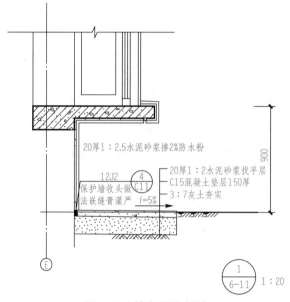

图 6-50 墙身详图（续）

　　如图 6-50 中 2 号详图所示，凸窗窗台外侧设置了 900 mm 高度护窗栏杆，并向外形成一定的排水坡度，底面做出滴水槽，以便排除从窗台留下的雨水。

　　如图 6-50 中 3 号详图所示，从檐口部分，可以了解到屋面、女儿墙具体的构造及其相互连接关系。从屋面的构造层次可看出，主要设置了找坡层、保温层和防水层。防水层的材料为 SBS 防水卷材，保温层材料为挤塑聚苯板。女儿墙内侧为泛水构造，女儿墙上端为钢筋混凝土压顶，压顶面的坡度朝向屋面，并设置滴水斜口。在标高 12.000 的位置，清楚表达了凸出墙面的截面边长为 100 mm 的装饰线条。

　　楼面的构造详图如图 6-51 所示，自下而上分别为钢筋混凝土板层，20 厚的 1:2 水泥砂浆找平层，1.5 厚聚氨酯防水层，20 厚复合铝箔挤塑板绝热层，40 厚 C15 细石混凝土内设热水管和两层间距为 200 钢丝网的填充层，20 厚 1:3 干硬性水泥砂浆结合层，且表面撒水泥粉，最上侧铺设 8～10 厚地面砖，并用干水泥擦缝。该构造做法应用标高为 3.000、6.000 和 9.000 处无水房间低温热水地板辐射采暖楼面。

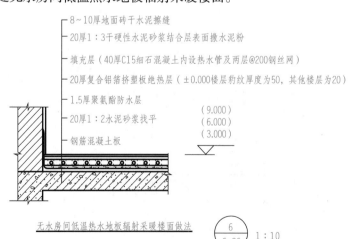

图 6-51　无水房间低温热水地板辐射采暖楼面做法

一、单选题

1．节点详图常采用（　　）来表述其内部构造。

A．多层构造引出线加文字说明　　　B．文字说明

C．多层构造引出线加尺寸标注　　　D．尺寸标注

2．楼梯建筑详图不包括（　　）。

A．平面图　　　　　　　　　　　B．剖面图

C．梯段配筋图　　　　　　　　　D．节点详图

3．在建筑施工图中，当图样中某一局部或构件需另用由较大比例绘制的详图表达时，应采用索引符号索引。详图索引编号应写在（　　）

A．细实线绘制的 8 mm 直径的圆圈内　B．细实线绘制的 10 mm 直径的圆圈内

C．粗实线绘制的 10 mm 直径的圆圈内　D．粗实线绘制的 14 mm 直径的圆圈内

4．楼梯平面图上标明的"上"和"下"的长箭头是以（　　）为起点。

A．室内首层地坪　　　　　　　　B．室外地坪

C．该层楼地面　　　　　　　　　D．该中间休息平台

5．墙身节点详图实际上是（　　）的局部放大图，主要表示地面、楼面、屋面和檐口等处的构造及其与墙身的连接关系，还表明了门窗顶、窗台、勒角、散水（或明沟）防潮层的构造。

A．平面图　　　　B．立面图　　　　C．剖面图　　　　D．总平面图

二、识图题

识读图 6-52，完成下列问题。

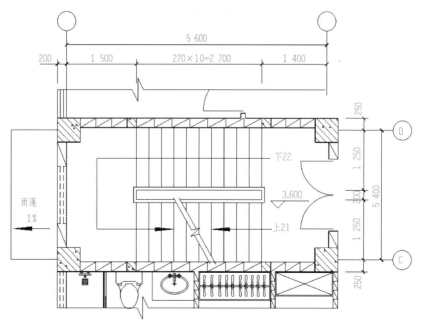

楼梯二层平面详图 1∶100

图 6-52　楼梯二层平面详图

1．楼梯二层平面详图上，雨篷排水坡度为_____。

2．楼梯的楼梯间梯段的水平投影长度为_____，楼段宽度为_____mm，踏面宽度为_____mm。

3．楼梯间梯井的宽度为_____mm，中间休息平台的宽度为_____mm。

4．楼梯间的窗的图例为_____。

5．从楼梯二层平面详图中可以看出，本层至下一层共_____级。

知识拓展

超级工程——上海中心大厦

进入 21 世纪以来，随着我国经济和建筑科学技术的快速发展，超高层建筑不断涌现。上海作为国际经贸中心城市，众多摩天高楼拔地而起。目前，上海中心大厦以 632 m 的高度，刷新了上海天际线，为目前中国最高的地标性建筑（图 6-53）。

上海中心大厦塔楼共 124 层；裙房为地上 7 层，地下 5 层，高度为 38 m，建筑面积为 52 万平方米。建筑沿竖向分为 9 个区段：底层为商业中心，中部为办公楼层以及顶部为酒店、文化设施和观景平台等，各区段之间设置 2 层高的设备避难层进行分隔。在外观上呈现出螺旋式的上升形态，像一条升腾的龙，其设计灵感源于中国的传统文化和自然元素。

上海中心大厦这座超级工程建设中采用了许多新技术和材料，如高强度混凝土、先进的电梯系统和灰水回收系统等，不仅确保了建筑的安全性和可持续性，也展示了中国在工程技术方面的领先地位。

图 6-53　上海中心大夏

一、单选题

1. 房屋施工图一般包括建筑施工图、结构施工图及（　　）。

　　A. 门窗施工图　　　　B. 设备施工图　　　C. 装修详图　　　　　D. 模板详图

2. 在建筑总平面图的常用图例中，原有建筑物的外形用（　　）绘制。

　　A. 细实线　　　　　　B. 中虚线　　　　　C. 粗实线　　　　　　D. 点画线

3. 建筑施工图中，剖切符号应绘制在（　　）中。

　　A. 底层平面图　　　　B. 顶层平面图　　　C. 二层平面图　　　　D. 建筑立面图

4. 建筑施工图不包括（　　）。

　　A. 建筑设计说明　　　B. 总平面图　　　　C. 基础布置图　　　　D. 建筑剖面图

5. 二层平面图，其水平剖切位置在（　　）。

　　A. 二层窗台下方　　　　　　　　　　　B. 二层窗台上方

　　C. 二层楼面处　　　　　　　　　　　　D. 二层楼顶处，三层楼板下方

6. 在（　　）中，不应画出可见的室外散水、台阶和花台。

　　A. 房屋的侧立面图　　　　　　　　　　B. 房屋的正立面图

　　C. 房屋的二层平面图　　　　　　　　　D. 房屋的背立面图

7. 详图索引符号的上半圆中写出阿拉伯数字，表示（　　）。

　　A. 详图所在图纸编号　　　　　　　　　B. 标准图集编号

　　C. 详图编号　　　　　　　　　　　　　D. 详图数量

8. （　　）是梯段高度尺寸的正确标注形式。

　　A. 注出步级数及梯段高度

　　B. 注出各步级高度及步级数

　　C. 步级数 × 步级高度＝梯段高度

　　D.（步级数－1）× 步级高度＝梯段高度

9. 绘制粉刷层时，用（　　）绘制。

　　A. 粗实线　　　　　　B. 中实线　　　　　C. 细实线　　　　　　D. 点画线

10. 在建筑平面图中，绘制窗户玻璃的线为（　　）。

　　A. 粗实线　　　　　　B. 细实线　　　　　C. 点画线　　　　　　D. 虚线

二、判断题

1. 总平面图中，新建建筑物用虚线表示，其右上方的黑点表示层数。　　　　　　　（　　）

2. 建筑立面图是平行于建筑物各方向外表立面的正投影图。　　　　　　　　　　　（　　）

3. 平面图定位轴线的竖向编号应用大写拉丁字母，从下至上顺序编写，其中的I、Q、J不得用作轴线编号。　　　　　　　　　　　　　　　　　　　　　　　　　　　　（　　）

4. 商场、学校、医院、办公楼等都属于工业建筑。　　　　　　　　　　　　　　　（　　）

5. 风玫瑰图中虚线代表全年风向频率。　　　　　　　　　　　　　　　　　　　　（　　）

6. 建筑总平面图中新建房屋的定位依据中用坐标网格定位所表示的 X、Y 是指测量

坐标。   (   )

7．建施中剖面图的剖切符号应标注在二层平面图上。   (   )

8．绘制指北针时采用的直径为 24 mm，箭头尾部为 3 mm，一般在建筑首层平面图上出现。   (   )

9．房屋设计采用的三阶段设计包括初步设计阶段、技术设计阶段、施工图设计阶段。(   )

10．屋顶平面图中，箭头方向指的是排水方向。   (   )

三、识图题

识读图 6-54，完成下列问题。

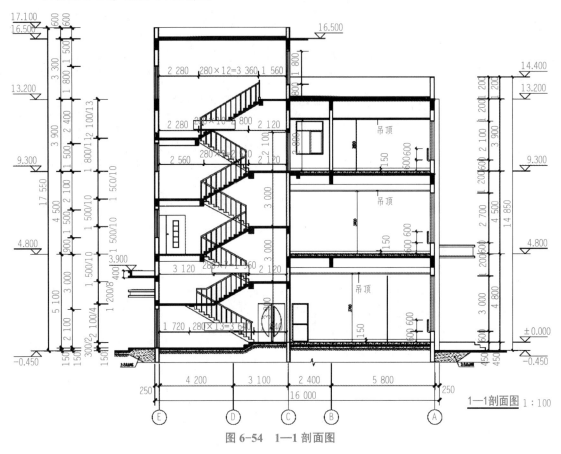

图 6-54 1—1 剖面图

1．该图的图名为_____，比例为_____。

2．该图楼梯间位置屋面板的标高为_____m，此标高为_____标高，其上女儿墙的高度为_____mm。

3．此建筑物第 2 层房间的层高为_____m，窗户护栏高度为_____mm，踢脚的高度为_____mm。

4．在Ⓐ轴线定位的外墙上某个位置设置了洞口作为建筑物入口，在建筑物入口处设置了台阶，每个台阶的高度为 150 mm，台阶的个数为_____个。

5．该建筑室外地坪的标高为_____m。

习题库

项目七 结构施工图

在房屋设计中，除了需要进行建筑设计进而绘制建筑施工图外，还需要进行结构设计，并绘制出结构设计施工图。结构设计是根据设计要求，进行承重结构的选型和构件的布置，经过结构设计计算，确定各个承重构件的形状、尺寸、材料、构造及施工要求等设计内容。

知识框架

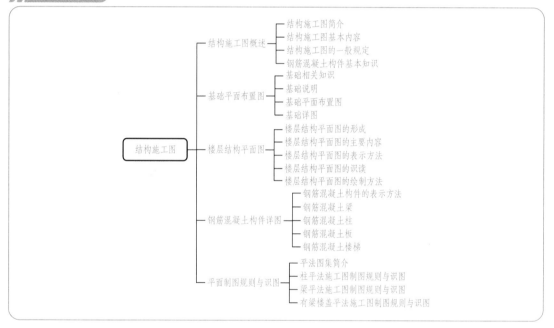

知识目标

1. 熟悉结构施工图的作用及图示内容与钢筋混凝土结构的基本知识；
2. 掌握钢筋混凝土构件详图的作用、图示方法、图示内容和识读；
3. 掌握钢筋混凝土构件配筋图的图示内容和识读。

能力目标

1. 能够识读基础及楼层结构平面图；
2. 能够识读钢筋混凝土构件详图；
3. 能够掌握钢筋混凝土构件的平面整体表示方法和制图规则。

1. 养成严格遵守各种标准规定的习惯，培养良好的道德品质，增强遵纪守法意识。
2. 培养学生认真负责、踏实敬业的工作态度和严谨求实、一丝不苟的工作作风。

任务一 结构施工图概述

任务单

任务名称	结构施工图概述
任务描述	建筑结构是指在建筑物或构筑物中，由建筑材料制成用来承受各种荷载或作用的空间受力体系。组成这个受力体系的各种构件就称为结构构件，其中一些构件，如基础、柱、梁、板、剪力墙等，是建筑物的主要承重构件，也称为主体结构构件。它们互相支承并连接成整体，构成了建筑物的承重骨架。 将结构施工图和建筑施工图相比较，完成以下问题的讨论。 （1）什么是结构施工图？ （2）结构施工图和建筑施工图有什么区别和联系？ （3）基本的钢筋混凝土构件都有哪些？可以结合周围的建筑进行讨论学习。 （4）进行建筑施工图的识读，可以联系实际的施工图纸进行学习。
成果展示	

评价	评价人员	评价标准	权重	分数
	自我评价	1. 结构施工图基础知识的掌握；	40%	
	小组互评	2. 任务实施中结构施工图读图方法； 3. 强化训练的完成能力；	30%	
	教师评价	4. 团队合作能力	30%	

相关知识

想一想：

建筑施工图给出了建筑物的外形，那么如何保证安全？如何在建筑施工图基础上，完成结构施工图设计？

一、结构施工图简介

结构施工图是根据建筑设计要求，经过结构选型和构件布置并进行受力计算，确定每个承重构件（基础、承重墙、柱、梁、板、屋架、屋面板等）的布置、形状、大小、数量、类型、材料及内部构造等，再将这些承重构件的位置、大小、形状、连接方式等绘制成图样，用来指导施工，这样的图样称为结构施工图，简称结施图。

结构施工图是施工定位，施工放样，基槽开挖，支模板，绑扎钢筋，设置预埋件，浇筑混凝土，安装梁、柱、板等构件，编制预算，备料和计划施工进度的重要依据。

二、结构施工图基本内容

1. 结构设计说明

结构设计说明主要用于说明结构设计依据、对材料质量及构件的要求、有关地基的概况及施工要求等。根据工程的复杂程度，其内容有多有少，一般主要有五个方面的内容，即主要设计依据、自然条件、施工要求及施工注意事项、对材料的质量要求、合理使用年限等内容。

2. 结构平面布置图

结构平面布置图与建筑平面图一样，属于全局性的图纸，通常包括基础平面布置图、楼层结构平面布置图、屋面结构平面布置图及节点详图。

3. 构件详图

构件详图属于局部性图纸，表示构件的形状、大小，所用材料的强度等级和制作安装等。其主要内容包括基础详图，梁、板、柱等构件详图，楼梯结构详图及其他构件详图等。

想一想：

"悬衡而知平，设规而知圆"，悬挂衡器才能知道平不平，设置圆规才知道圆不圆，万事皆有规矩和法度。项目一中已经学习了《房屋建筑制图统一标准》（GB/T 50001—2017），那么结构施工图所用的标准又是如何规定的？

三、结构施工图的一般规定

《建筑结构制图标准》（GB/T 50105—2010）中，对结构施工图中图线、比例的选用及常用构件代号等都做了相关规定。

1. 图线的规定及选用

每个图样应根据复杂程度和比例大小，先选用合适的基本线宽度 b，再选用相应的线宽。建筑结构专业制图应按表7-1选择图线。

表 7-1 结构施工图中图线规定

名称		线型	线宽	一般用途
实线	粗	——————	b	螺栓、钢筋线、结构平面图中的单线结构构件线,钢木支撑及系杆线,图名下横线、剖切线
	中粗	——————	$0.7b$	结构平面图及详图中剖到或可见的墙身轮廓线、基础轮廓线、钢或木结构轮廓线、钢筋线
	中	——————	$0.5b$	结构平面图及详图中剖到或可见的墙身轮廓线、基础轮廓线、可见的钢筋混凝土构件轮廓线、钢筋线
	细	——————	$0.25b$	标注引出线、标高符号线、索引符号线、尺寸线
虚线	粗	- - - - -	b	不可见的钢筋线、螺栓线、结构平面图中不可见的单线结构构件线及钢或木支撑线
	中粗	- - - - -	$0.7b$	结构平面图中的不可见构件、墙身轮廓线及不可见钢或木结构构件线、不可见的钢筋线
	中	- - - - -	$0.5b$	结构平面图中的不可见构件、墙身轮廓线及不可见钢或木结构构件线、不可见的钢筋线
	细	- - - - -	$0.25b$	基础平面图中的管沟轮廓线、不可见的钢筋混凝土构件轮廓线
单点长画线	粗	—·—·—·—	b	柱间支撑、垂直支撑、设备基础轴线图中的中心线
	细	—·—·—·—	$0.25b$	定位轴线、对称线、中心线、重心线
双点长画线	粗	—··—··—	b	预应力钢筋线
	细	—··—··—	$0.25b$	原有结构轮廓线
折断线		——〜——	$0.25b$	断开界线
波浪线		〜〜〜	$0.25b$	断开界线

绘制结构施工图时,根据图样的用途和被绘物体的复杂程度,或当构件的纵、横向断面尺寸相差悬殊时,可在同一详图中的纵、横向,参考表 7-2 选用不同的比例。另外,轴线尺寸与构件尺寸也可选用不同的比例进行绘制。

表 7-2 比例

图名	常用比例	可用比例
结构平面图 基础平面图	1:50,1:100,1:150	1:60,1:200
圈梁平面图,总图中管沟、地下设施等	1:200,1:500	1:300
详图	1:10,1:20,1:50	1:5,1:30,1:25

2. 常用结构构件代号

结构构件种类繁多,布置复杂,为了简明扼要地表示钢筋混凝土构件,便于绘图和查阅,在结构施工图中一般用构件代号来标注构件名称。构件代号采用该构件名称的汉语拼音的第一个字母表示,代号后用阿拉伯数字标注该构件的型号或编号,也可为构件的顺序号。

《建筑结构制图标准》(GB/T 50105—2010)规定,预制钢筋混凝土构件、现浇钢筋混凝土构件、钢构件和木构件一般可直接采用表 7-3 中的构件代号。在绘图中,当需要区别上述构件的材料种类时,可在构件代号前加注材料代号,并在图纸中加以说明。预应力混凝土构件的代号,应在构件代号前加注"Y-",如 Y-DL,表示预应力钢筋混凝土吊车梁。

表 7-3　常用构件代号

序号	名称	代号	序号	名称	代号
1	板	B	28	屋架	WJ
2	屋面板	WB	29	托架	TJ
3	空心板	KB	30	天窗架	CJ
4	槽形板	CB	31	框架	KJ
5	折板	ZB	32	钢架	GJ
6	密肋板	MB	33	支架	ZJ
7	楼梯板	TB	34	柱	Z
8	盖板或沟盖板	GB	35	框架柱	KZ
9	挡雨板或檐口板	YB	36	构造柱	GZ
10	吊车安全走道板	DB	37	承台	CT
11	墙板	QB	38	设备基础	SJ
12	天沟板	TGB	39	桩	ZH
13	梁	L	40	挡土墙	DQ
14	屋面梁	WL	41	地沟	DG
15	吊车梁	DL	42	柱间支撑	ZC
16	单轨吊车梁	DDL	43	垂直支撑	CC
17	轨道连接	DGL	44	水平支撑	SC
18	车挡	CD	45	梯	T
19	圈梁	QL	46	雨篷	YP
20	过梁	GL	47	阳台	YT
21	连系梁	LL	48	梁垫	LD
22	基础梁	JL	49	预埋件	M-
23	楼梯梁	TL	50	天窗端壁	TD
24	框架梁	KL	51	钢筋网	W
25	框支梁	KZL	52	钢筋骨架	G
26	屋面框架梁	WKL	53	基础	J
27	檩条	LT	54	暗柱	AZ

混凝土、钢筋是混凝土结构中的主要材料，在现代建筑建造中广泛应用，哪些地标建筑应用到钢筋混凝土？其各自材料具备哪些性能？

四、钢筋混凝土构件基本知识

1. 钢筋混凝土知识

混凝土是由水、水泥、砂、石子4种材料按一定的配合比拌和并经一定时间的硬化而成的建筑材料。硬化后其性能与石头相似，也称为人造石。混凝土具有体积大、自重大、导热系数大、耐久性长、耐水、耐火、耐腐蚀、造价低、可塑性好、抗压强度大等特点，可制成不同形状的建筑构件，是目前建筑材料中使用最广泛的建筑材料。

混凝土虽抗压能力强，但抗拉能力弱，如图7-1（a）所示，混凝土构件作为受拉构件时，在受拉区域会出现裂缝，发生脆性破坏而导致构件断裂。为了解决这个问题，充分利用混凝土的抗压能力，在混凝土的受拉区域配置一定数量的钢筋，使钢筋承受拉力，混凝土承受压力，共同发挥作用，这就是钢筋混凝土，如图7-1（b）所示。

（a）　　　　　　　　　　　　　　　　　（b）

图 7-1　梁受力图
(a) 混凝土梁；(b) 钢筋混凝土梁

根据混凝土的抗压强度，将混凝土的强度等级分为C15、C20、C25、C30、C35、C40、C45、C50、C55、C60、C65、C70、C75、C80共14个等级，数字越大，表示混凝土抗压强度越高。在结构施工中，主要承重构件常用普通混凝土，强度等级为C25、C30、C35等，次要构件和垫层混凝土可选用低强度等级混凝土，强度等级为C15、C20等，特殊构件中采用高强度等级混凝土。

与砌体结构相比，钢筋混凝土可模性好，强度价格比合理，耐火、耐久性能好，适应灾害环境能力强，易于就地取材，节约材料，因此，钢筋混凝土结构是土木工程中应用最为广泛的一种结构形式。在房屋建筑工程、地下建筑工程、特种工程结构、道路、水利工程等方面发挥着重要的作用。

钢筋混凝土结构也存在一些弱点，如自重大，不利于抗震，不利于建造大跨度及高层结构等。工程师为解决技术难点，经无数次试验验证，使钢筋混凝土结构能在超高、大跨、复杂结构方面得以突破。例如，在高层建筑方面，我国目前建成的上海中心大厦（图7-2）124层，建筑高度为632 m，塔楼采用了"巨型框架—核心筒—伸臂桁架"抗侧力结构体系，巨型框架结构由8根巨型柱、4根角柱及8道位于设备层的两层高箱形空间环带桁架组成，巨型柱和角柱均采用型钢混凝土柱。根据不同楼层使用了不同等级强度的混凝土，主要用到C70、C60及C50的高强度混凝土。

图 7-2　上海中心大厦

2. 钢筋知识

钢筋是在钢筋混凝土和预应力混凝土结构中采用的棒状或丝状钢材，是钢筋混凝土结构和预应力混凝土结构中主要用于受拉的材料。我国目前用于钢筋混凝土结构和预应力混凝土结构的钢筋主要品种有钢筋、钢丝和钢绞线。

（1）钢筋的分类与作用。混凝土结构中使用的钢筋按化学成分可分为碳素钢及普通低合金钢两大类；按外形可分为光圆钢筋和带肋钢筋（表面上有人字纹或螺旋纹）。用于钢筋混凝土结构的普通钢筋可使用热轧钢筋，用于预应力混凝土结构的预应力钢筋可使用消除应力钢丝、螺旋肋钢丝、刻痕钢丝、钢绞线，也可使用热处理钢筋。

配置在钢筋混凝土构件中的钢筋，按其所起的作用可分为以下几类：

1）受力筋。受力筋也称主筋，是指在混凝土结构中，对受弯、压、拉等基本构件配置的主要用来承受由荷载引起的拉应力或压应力的钢筋，其作用是使构件的承载力满足结构功能要求。承受拉应力的钢筋通常称为纵向受拉钢筋、受拉钢筋，承受压应力的钢筋通常称为纵向受压钢筋、受压筋，统称为受力筋。

2）箍筋。箍筋一般多用于梁和柱内，用以固定受力筋位置，并承受剪力，一般沿构件的横向和纵向每隔一定的距离均匀布置。

3）架立筋。架立筋一般只在梁中使用，与受力筋、箍筋一起形成钢筋骨架，用以固定箍筋位置。

4）分布筋。分布筋出现在板中，布置在受力钢筋的内侧，与受力钢筋垂直，作用是固定受力钢筋的位置并将板上的荷载分散到受力钢筋上，同时，也能防止因混凝土的收缩和温度变化等原因，在垂直于受力钢筋方向产生的裂缝。

5）构造筋。为满足构造要求，对不易计算和未考虑各种因素所设置的钢筋称为构造钢筋，如混凝土结构中梁的架立筋、纵向构造钢筋（其配置在梁侧中部，俗称腰筋）。

各种钢筋的形式如图 7-3 所示。

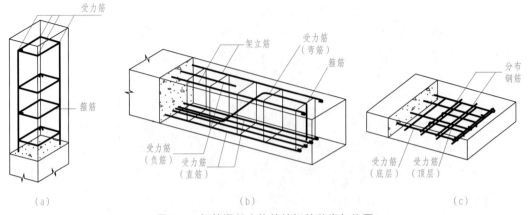

图 7-3 钢筋混凝土构件的钢筋种类与位置
(a) 柱构件；(b) 梁构件；(c) 板构件

（2）常见钢筋的图示方法。在结构施工图中，为了标注钢筋的位置、形状、数量，《建筑结构制图标准》(GB/T 50105—2010) 中规定了钢筋的一般表示方法。该方法应符合表 7-4 的规定；预应力钢筋的表示方法应符合表 7-5 的规定；钢筋网片的表示方法应符合表 7-6 的规定。

表 7-4　普通钢筋的一般表示方法

序号	名称	图例	说明
1	钢筋横断面	●	—
2	无弯钩钢筋端部		下图表示长、短钢筋投影重叠时，短钢筋的端部用 45° 斜划线表示
3	带半圆形弯钩的钢筋端部		—
4	带直钩的钢筋端部		—
5	带丝扣的钢筋端部		—
6	无弯钩的钢筋搭接		—
7	带半圆形弯钩的钢筋搭接		—
8	带直钩的钢筋搭接		—
9	花篮螺丝钢筋接头		—
10	机械连接的钢筋接头		用文字说明机械连接的方式（如冷挤压或直螺纹等）

表 7-5　预应力钢筋的表示方法

序号	名称	图例
1	预应力钢筋或钢绞线	
2	后张法预应力钢筋断面、无粘结预应力钢筋断面	

序号	名称	图例
3	预应力钢筋断面	+
4	张拉端锚具	
5	固定端锚具	
6	锚具的端视图	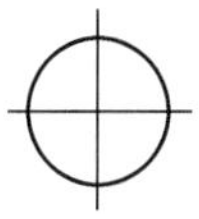
7	可动连接件	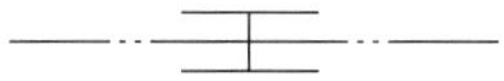
8	固定连接件	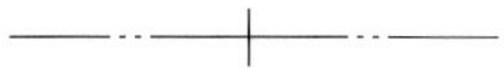

表 7-6　钢筋网片的表示方法

序号	名称	图例
1	一片钢筋网平面图	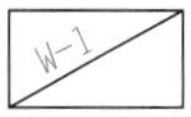 W-1
2	一行相同的钢筋网平面图	 3W-1
注：用文字注明焊接网或绑扎网片		

（3）钢筋的符号、分类及标注方法。热轧钢筋是建筑工程中用量最大的钢筋，主要用于钢筋混凝土和预应力混凝土配筋。钢筋有光圆钢筋和带肋钢筋之分。热轧光圆钢筋的牌号为 HPB300；常用带肋钢筋的牌号有 HRB335、HRB400、HRB500 等。其强度、代号、规格范围见表 7-7。

表 7-7　普通钢筋的强度、代号及规格

种类		符号	d/mm	f_{yk}/（N·mm^{-2}）
热轧钢筋	HRB335	Φ	6～14	300
	HRB400	Φ	6～50	400
	HRB500	Φ	6～50	500
注：f_{yk} 为普通钢筋屈服强度标准值				

预应力构件中常用的钢绞线、钢丝。如钢绞线有 15-7Φ5、12-7Φ5、9-7Φ5 等型号规格的钢绞线。以 15-7Φ5 为例，5 表示单根直径为 5.0 mm 的钢丝，7Φ5 表示 7 条这种钢丝组成一根钢绞线，而 15 表示每束钢绞线有 15 根 7Φ5 的钢绞线。

小提示：

普通钢筋的标注通常有如下两种方法：

1）标注为 4Φ20 的含义：4 表示钢筋根数，Φ 表示钢筋符号，20 表示钢筋直径（单位为 mm）。

2）标注为 Φ8@200 的含义：Φ 表示钢筋符号，8 表示钢筋直径，@ 表示间距符号，100 表示钢筋的间距值（单位为 mm）。

（4）混凝土保护层厚度和钢筋弯钩。为了保护钢筋，防锈蚀、防火和防腐蚀等，加强钢筋与混凝土的粘结力，所以规定钢筋混凝土构件的钢筋不允许外露。在最外层钢筋的外边缘与构件表面之间应留有一定厚度的混凝土，这层混凝土称为保护层，保护层的厚度因构件不同而不同，《混凝土结构设计规范（2015 年版）》（GB 50010—2010）规定：梁、柱的保护层最小厚度为 25 mm，板和墙的保护层厚度为 15 mm，基础底部的保护层厚度不小于 40 mm。见表 7-8。

表 7-8　混凝土保护层的最小厚度　　　　　　　　　　　　　　　　　　　　mm

环境类别		板、墙、壳	梁、柱、杆
一		15	20
二	a	20	25
	b	25	35
三	a	30	40
	b	40	50

为了使钢筋和混凝土具有良好的粘结力，绑扎骨架中的钢筋时，应在光圆钢筋两端做成半圆弯钩或直弯钩，弯钩的角度有 45°、90°、180°；带肋钢筋与混凝土的粘结力强，两端可不做弯钩。箍筋两端在交接处也要做出弯钩，箍筋弯钩的角度为 135°。弯钩的常见形式和画法如图 7-4 所示，图中 d 为钢筋的直径。

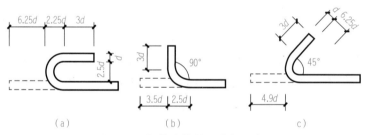

图 7-4　钢筋弯钩的形式与画法
（a）半圆弯钩；（b）直弯钩；（c）斜弯钩

（5）钢筋的画法。《建筑结构制图标准》（GB/T 50105—2010）中规定了钢筋的画法，见表 7-9。

表 7-9　钢筋的画法

序号	说明	图例
1	在结构楼板中配置双层钢筋时，底层钢筋的弯钩应向上或向左，顶层钢筋的弯钩则向下或向右	（底层）　　（顶层）

序号	说明	图例
2	钢筋混凝土墙体配双层钢筋时，在配筋立面图中，远面钢筋的弯钩应向上或向左，近面钢筋的弯钩向下或向右（JM近面、YM远面）	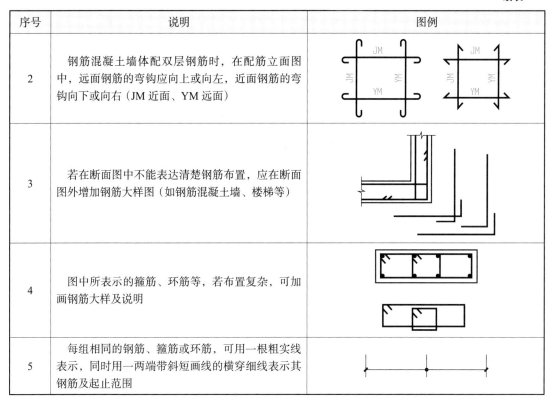
3	若在断面图中不能表达清楚钢筋布置，应在断面图外增加钢筋大样图（如钢筋混凝土墙、楼梯等）	
4	图中所表示的箍筋、环筋等，若布置复杂，可加画钢筋大样及说明	
5	每组相同的钢筋、箍筋或环筋，可用一根粗实线表示，同时用一两端带斜短画线的横穿细线表示其钢筋及起止范围	

3. 结构施工图识图方法

（1）从上往下、从左往右的看图顺序是施工图识读的一般顺序。比较符合看图的习惯，同时，也是施工图绘制的先后顺序。

（2）由前往后看，根据房屋的施工先后顺序，从基础、墙柱、楼面到屋面依次看，此顺序基本也是结构施工图编排的先后顺序。

（3）看图时要注意从粗到细、从大到小。先粗看一遍，了解工程的概况、结构方案等。然后看总说明及每一张图纸，熟悉结构平面布置，检查构件布置是否合理正确，有无遗漏，柱网尺寸、构件定位尺寸、楼面标高等是否正确。最后根据结构平面布置图，详细看每个构件的编号、跨数、截面尺寸、配筋、标高及其节点详图。

（4）纸中的文字说明是施工图的重要组成部分，应认真仔细逐条阅读，并与图样对照看，便于完整理解图纸。

（5）结施图应与建施图结合起来阅读。一般先看建施图，通过阅读设计说明、总平面图、建筑平立剖面图，了解建筑体型、使用功能、内部房间的布置、层数与层高、柱墙布置、门窗尺寸、楼梯位置、内外装修、材料构造及施工要求等基本情况，然后看结施图。在阅读结施图时应同时对照相应的建施图，只有将两者结合起来看，才能全面理解结构施工图，并发现存在的矛盾和问题。

识读图纸的原则是由浅入深、由粗到细的渐进过程，因此，识读结构施工图也是如此。同时，在阅读结构施工图前，必须先阅读建筑施工图，建立起立体感。并且在识读结构施工图时，应先看文字说明后看图样，按图样顺序先粗略地识读一遍，再详细看每一张图样。

另外，在识读结构施工图时，必要时还应反复对比结构与建筑对同一部位的表示，这样才能准确地理解结构图中所表示的图纸信息，更准确、高效地识读结构施工图。

强化训练

一、单选题

1．钢筋按规格可分为一级、二级、三级，其中二级钢筋牌号为（　　）。

  A．HPB300　　　　　　　　　　　B．HRB335

  C．HRB400　　　　　　　　　　　D．HRB500

2．代号 Φ 的钢筋牌号为（　　）。

  A．HPB300　　　　　　　　　　　B．HRB335

  C．HRB400　　　　　　　　　　　D．RRB400

3．结构施工图中，表示钢筋的线型是（　　）。

  A．粗实线　　　　B．中粗实线　　　C．粗虚线　　　　D．中粗虚线

4．结构施工图包括（　　）等。

  A．总平面图、平立剖面图、各类详图　　B．基础图、楼梯图、屋顶图

  C．基础图、结构平面图、构件详图　　　D．配筋图、模板图、装修图

5．钢筋强度等级 HPB300 中，H、P、B 分别代表（　　）。

  A．热轧、带肋、钢筋　　　　　　　　B．热轧、光滑、钢筋

  C．冷轧、带肋、钢筋　　　　　　　　D．冷轧、光滑、钢筋

二、判断题

1．主要利用结构施工图来施工放线、基坑开挖、模板安装、绑扎钢筋、设置预埋件和预留孔洞、浇筑混凝土，安装梁、板、柱等构件。　　　　　　　　　　　（　　）

2．结构平面图主要包括基础平面图、楼层结构平面图及屋面结构平面图。（　　）

3．结构施工图是表示建筑物各承重构件的布置、形状、大小、材料、构造及其相互关系的图样。　　　　　　　　　　　　　　　　　　　　　　　　　　　（　　）

三、简答题

1．什么是建筑结构？

2．什么是结构施工图？其基本内容有哪些？

知识拓展

木结构——应县木塔

  应县木塔位于山西省朔州市应县佛宫寺内，始建于辽清宁二年（1056 年），是世界上现存最高大、最古老纯木结构楼阁式建筑，与意大利比萨斜塔、巴黎埃菲尔铁塔并称"世界三大奇塔"。

应县木塔塔高 67.31 m，底部直径 30.27 m，总重量约为 7 400 t。整个建筑由塔基、塔身和塔刹三部分组成，为八角五层结构。塔的平面为八角形，塔身外观虽是五层，但二至五层每层下都有一个暗层，实为明五暗四九层塔。全塔共使用 400 余攒不同类型的斗栱，平面则采取内、外两圈八边形立柱，内圈主柱 8 根，外圈主柱 24 根，形成内外双层套筒式的平面结构，增强了抗震性能，是非常合理的高层建筑结构形式。应县木塔如图 7-5 所示。

图 7-5　应县木塔

木构建筑在中国古代极具影响，应县木塔是其中一项拥有纪念性品质、工巧结构和耐久性能的伟大工程。它是考证一个时代经济文化发展的一部"史典"，也是中国古建现存的伟大文化遗产。

任务二　基础平面布置图

任务单

任务名称	基础平面布置图				
任务描述	结合结构施工图中的基础施工图，完成以下关于基础结构问题的讨论分析。 （1）常见的基础有哪些类型？其组成是什么？ （2）基础平面布置图中的文字说明主要包含哪些方面？ （3）基础平面布置图在识读时，重点应该识读哪些图纸信息？与建筑施工图是否有关联？ （4）各种类型的基础详图内容是否一致？在详图识读时，需要注意哪些内容？ （5）结合基础详图的画法，试着画一张完整的基础详图，并相互讨论存在的问题。				
成果					
评价	评价人员	评价标准		权重	分数
	自我评价	1. 基础平面图基本知识的掌握		40%	
	小组互评	2. 任务实施中基础平面图和基础详图的识读能力 3. 强化训练的完成能力		30%	
	教师评价	4. 团队合作能力		30%	

相关知识

想一想：

俗话说万丈高楼平地起，所有的事物都需要坚实可靠的基础，在实际生活中，我们要志存高远、脚踏实地、行循自然、学好知识、打好基础。建筑基础作为建筑物的重要组成部分，更是如此。你了解的建筑结构的基础有哪些种类？它们又是如何承载巨大的上部建筑物的？

一、基础相关知识

基础就是建筑物地面 ±0.000（除地下室）以下承受建筑物全部荷载的构

微课：基础图

件。基础以下部分称为地基，基础将建筑物上部的全部荷载均匀地传递给地基。基础的组成如图 7-6 所示。基坑是为基础施工开挖的土坑，基底是基础的底面，基坑边线是进行基础开挖前测量放线的基线。垫层是将基础传来的荷载均匀地传递给地基的结合层，大放脚是将上部荷载分散传递给垫层的基础扩大部分，目的是使地基上单位面积所承受的压力减小。基础墙为 ±0.000 以下的墙，防潮层是为了防止地下水对墙体的侵蚀，在地面稍低（约 −0.060 m）处设置的一层能防水的建筑材料。从室外设计地面到基础底面的高度称为基础的埋置深度。

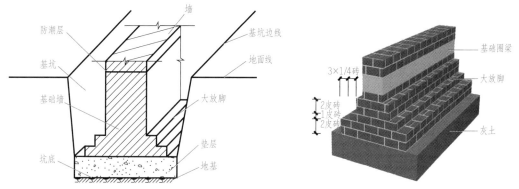

图 7-6　墙下砖条形基础

　　基础的形式有很多，通常有条形基础、独立基础、桩承台基础、筏形基础、箱形基础等，如图 7-7 所示。条形基础一般用于砖混结构中；独立基础、筏形基础和箱形基础用于钢筋混凝土结构中。基础按材料不同可分为砖石基础、混凝土基础、毛石基础、钢筋混凝土基础。

　　基础图是主要表示建筑物在地面以下基础的平面布置、类型和详细构造的图样。其主要由基础说明、基础平面布置图和基础详图三部分组成。

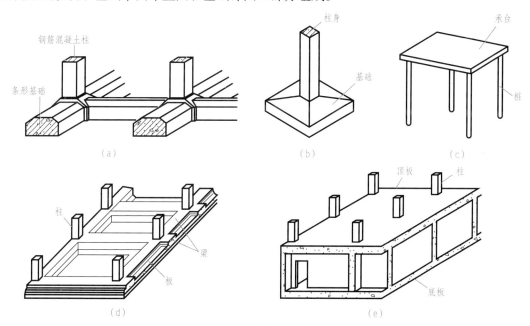

图 7-7　常见基础形式
（a）条形基础；（b）独立基础；（c）桩承台基础；（d）筏形基础；（e）箱形基础

二、基础说明

基础设计文字说明一般要简要、准确、清楚，叙述的内容应为该工程中与地基处理与基础结构施工的相关内容，主要包含以下几点：

（1）根据地质勘察报告确定的场地类别、是否液化及持力层位置等；

（2）地基基础设计等级、地基处理方式等；

（3）主基础的形式；

（4）土方开挖、地基钎探及土方回填等施工要求；

（5）其他与地基基础相关的施工要求等内容。

小提示：

地基及基础设计说明：

（1）该场地实测自然地面下 30 m 深度范围内未揭露地下水，建筑场地类别为Ⅲ类，不液化。该场地为非自重湿陷性黄土场地，地基湿陷等级为Ⅰ级（中等）。

（2）本工程地基基础设计等级为丙级。

（3）地基处理方式：采用换填垫层法，具体详见结施图。

（4）基础形式：采用砖石条形基础。

（5）机械挖土时应按有关规范要求进行坑底保留 300 mm 厚的土层人工开挖，且不得超挖。

（6）地基钎探：挖至设计标高进行钎探梅花形布点间距 1 000 mm，探深 2 500 mm，如发现问题，会同勘察设计人员现场处理后方可进行下道工序施工。

（7）基础施工完毕后，应尽快回填基坑，先清除基坑内的杂物，再用二八灰土（外围）及素土（室内）分层夯实，压实系数不小于 0.95。

想一想：

在基础的施工过程中，要有相应的基础平面图指导施工，那么基础平面图是怎样绘制的？如何进行识读？

三、基础平面布置图

1. 基础平面图形成

假设用一个水平剖切面，在建筑物底层地面下方将整栋楼剖切开，移去剖切面以上的房屋和基础回填土后，向下作正投影所得到的水平投影图称为基础平面图，如图 7-8 所示。

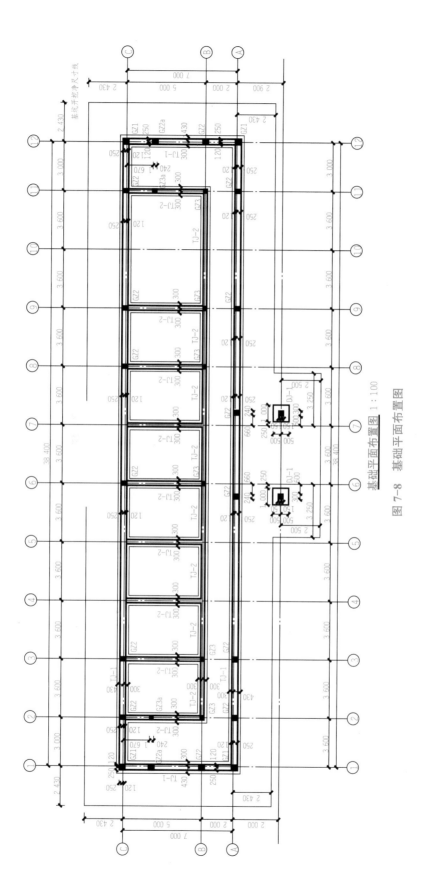

基础平面布置图 1:100

图 7-8 基础平面布置图

小提示：

基础平面布置图附注：

（1）整片换填自下而上采用（1.0 m 厚 3∶7 灰土）分层碾压夯实，压实系数≥0.95；要求处理后地基承载力不小于 120 kPa。

（2）基坑底标高 -3.250 m，换填边界为基础外扩 2 000 mm。基坑开挖时依据现场情况进行放坡，施工过程中应采取相应措施，避免原状土表面人为扰动，基坑开挖距设计底标高 300 mm 时采用人工开挖。

（3）在开挖过程中如遇地下水，应进行降水，直到基础施工完毕后方可停止。

（4）±0.000 相对应的绝对标高及平面位置见总图。

（5）换填后应选择三个点进行静载荷试验（点位在现场随机选取）。

基础的平面布置图主要表示基础及墙、柱与轴线的位置关系，为施工放线、开挖基槽（坑）和砌筑基础提供依据。

2. 基础平面图的主要内容

（1）图名、比例、定位轴线等。

（2）基础墙、柱的平面布置，纵横向定位轴线及轴线编号、轴线尺寸。

（3）如果有预留孔洞，则对 ±0.000 以下的预留孔洞的位置、尺寸、标高等进行标注。

（4）有不同断面图时要有剖切位置线和编号。

（5）附注说明：地基处理方式及位置，处理后地基承载能力，以及对施工的有关要求等。

（6）钢筋混凝土柱、条形基础、独立基础等构件的编码及代号。

（7）其他有关基础的必要说明及图样表示等内容。

3. 基础平面图的图示方法

（1）基础平面图中的比例、定位轴线的编号、轴线尺寸与建筑平面图保持一致。

（2）在基础平面图中，用粗实线画出剖切到的基础墙、柱等的轮廓线，用细实线画出投影可见的基础底边线，其他细部如大放脚、垫层的轮廓线均可以省略不画。

（3）基础平面图中，凡基础的宽度、墙的厚度、大放脚的形式、基础底面标高、基础底面尺寸不同时，要在不同处标出断面符号，表示详图的剖切位置和编号。

（4）基础平面图的尺寸标注可分为外部尺寸和内部尺寸两部分。定位轴线的间距和总尺寸称为外部尺寸；基础平面图中各道墙的厚度、柱的断面尺寸和基础底面的宽度等称为内部尺寸。

（5）在基础平面图中一般用虚线表示地沟或孔洞的位置，并注明大小及洞底标高。

4. 基础平面图的识读

（1）了解图名、比例。如图 7-8 所示，图名为基础平面布置图，比例为 1∶100。

（2）确定基础平面图中采用了哪种基础形式；了解基础与定位轴线的相互关系及轴线间的尺寸，并明确墙体是沿轴线对称布置还是偏轴线布置等。如图 7-8 所示，基础形式为条形基础；基础平面位置与轴线的关系如图标注所示。

（3）了解基础、柱、墙、垫层、基础梁等的平面布置、形状尺寸及配筋等。如图 7-8 所示，条形基础及构造柱的位置，如图中标注所示；换填垫层为整片换填自下而上采用（1.0 m 厚 3∶7 灰土）分层碾压夯实，换填边界为基础外扩 2 000 mm。

（4）了解剖切编号、位置，了解基础的种类，基础的平面尺寸。如图7-8所示，基础平面图中标注条形基础 TJ-1 的底宽为 730 mm，TJ-2 的底宽为 600 mm。

（5）结合文字说明，了解基础的用料、施工注意事项等内容。如基础平面布置图附注中表示出换填垫层的材料、厚度及位置；基坑标高及其他施工要求。

（6）结合其他图纸相配合，了解各构件之间的尺寸、位置关系等。如图7-8所示，条形基础的截面尺寸及标高、构造柱的尺寸及配筋情况等信息需要结合其他图纸进行识读。

5. 基础平面图的画法

基础平面图常用的比例是 1：50、1：100、1：200 等，通常采用与建筑平面图相同的比例。基础平面图的画法步骤如下：

（1）根据建筑平面图，画出与其一致的基础轴线网。

（2）根据基础轴网画出基础、墙、柱、基础梁及基础底部的边线。

（3）画出其他的细部结构，如设备基础、集水坑、排水沟等。

（4）在不同断面图位置标出断面剖切符号。

（5）标出轴线间的尺寸、总尺寸、其他内部尺寸。

（6）写出文字说明，如地基处理方式、施工要求等内容。

想一想：

基础平面图只表明基础的平面布置情况，而基础的各部分的具体构造形状、尺寸、标高等内容没有表达出来，于是需要绘制详细的图样，用于表达基础形状、尺寸、材料和构造，那么基础详细图样又是如何形成和表达的呢？

四、基础详图

1. 基础详图的形成

在基础上的某一处用某一平面沿垂直于基础轴线的方向把基础剖开所得到的断面图称为基础详图。基础详图实质上是基础断面图的放大图，如图7-9所示。

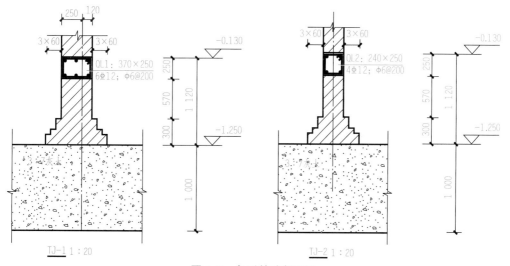

图7-9 条形基础断面图

2. 基础详图的主要内容

（1）图名、比例。

（2）基础断面图的轴线、编号，若该图为通用图，则不用给出轴线编号，如图7-9所示为通用图。

（3）基础由下至上依次为垫层、基础、基础圈梁、墙体，基础断面图中要体现各个部分的形状、材料、大小、配筋等信息。

（4）基础断面图的宽度与轴线之间的详细尺寸及室内外地面、基础及相关构件的标高信息。

（5）基础断面图中明确防潮层的做法与位置。

（6）基础施工说明及具体要求。

⊙ 实例练习

以图7-10所示独立基础详图为例进行识读。

（1）实例分析。该基础为柱下坡形独立基础，将独立基础平面示意图和1—1剖面图相结合进行识读。

（2）具体识读。

1）图名、比例。基础断面图一般用较大的比例绘制，以便详细表示出基础断面的形状、尺寸及与轴线的关系。如图7-10所示，详图比例为1：20；独立基础为坡形独立基础；平面尺寸为2 400 mm×2 400 mm；垫层为100 mm厚C15素混凝土，轴线居中标注。

2）基础断面图中的轴线及编号，表明轴线与基础各部位的相对位置，标注出柱、独立基础、垫层等构件与轴线的关系，如图7-10所示。

3）基础断面形状、材料、大小、配筋，从下至上分别为垫层、独立基础、钢筋混凝土柱。如图7-10所示，形状为坡形独立基础；材料详见结构设计说明；基础立面尺寸为300 mm/200 mm；基础底配筋为横向 $\underline{\Phi}$12@120，纵向配筋为 $\underline{\Phi}$12@120。

4）基础断面的基础底标高。如图7-10所示，该独立基础的底标高为－1.8 m。

5）基础上的柱尺寸及配筋详见柱平面布置图。

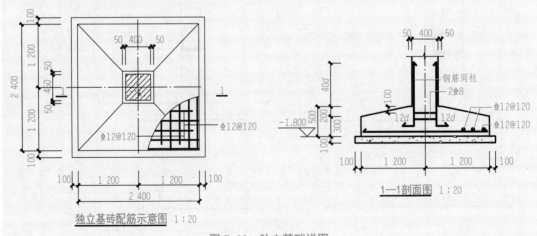

图7-10 独立基础详图

3．基础详图的画法

基础详图通常采用 1∶10、1∶20、1∶50 等较大比例画出基础局部的构造图。

基础详图的绘制步骤如下：

（1）定出基础的轴线位置。

（2）用中实线画出基础、柱、基础圈梁的轮廓线，用粗实线画出基础砖墙及钢筋。

（3）基础墙断面应画出砖的材料图例，钢筋混凝土基础为了明确地表示出钢筋的位置，不用画出材料图例，只用文字标明即可。

（4）详细标注出各部分的尺寸及室内外、基础底面的标高等，当图线与标注数字重叠时，应断开图线。

强化训练

一、单选题

1．砖墙承重结构下部的基础通常采用（　　　）形式。

 A．独立基础   B．条形基础

 C．筏形基础   D．桩基础

2．当建筑物上部荷载大，而地基承载能力又不足时通常采用的基础形式是（　　　）。

 A．独立基础   B．条形基础

 C．筏形基础   D．桩基础

3．框架结构中框架柱下基础通常采用（　　　）形式。

 A．独立基础   B．条形基础

 C．筏形基础   D．桩基础

4．基础埋置深度是指（　　　）的垂直距离。

 A．室内地坪到基础底部   B．室外地坪到基础底部

 C．室外地坪到垫层底面   D．±0.000 到垫层表面

二、识图题

识读图 7-11 基础图，回答下列问题。

1．独立基础 DJ-2 的底板尺寸为_____，高度为_____。

2．独立基础 DJ-2 的底部配筋 X 向为_____，Y 向为_____。

3．独立基础 DJ-2 的底标高为_____，顶标高为_____。

4．独立基础 DJ-2 下垫层尺寸为_____，厚度为_____。

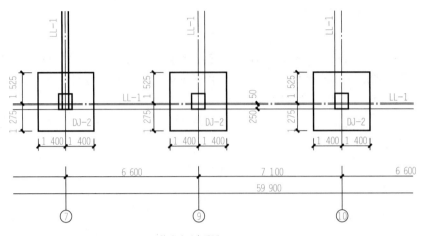

基础平面布置图 1:100

注：基础平法参照22G101-3施工。
　　单柱独基宽度≥2 500 mm时，底板受力筋可取条基宽度的0.9倍，并间隔放置。
　　室内回填土须夯实

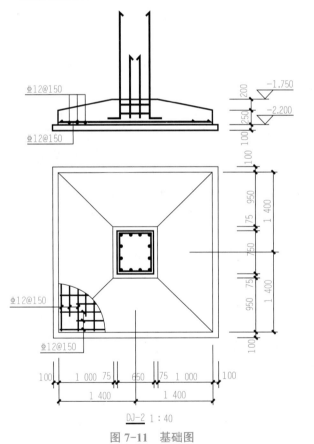

DJ-2 1:40

图 7-11　基础图

石结构——赵州桥

目前，在桥梁跨径世界排名前 10 位的各类型桥梁中，中国桥梁均占据半数以上。这背后离不开中国建设者的智慧与汗水，以及他们孜孜以求的自主创新。回溯中国古代桥梁建筑，有不少属于世界桥梁史上的创举，赵州桥便是其中之一（图 7-12）。

赵州桥始建于隋代，是世界上现存年代久远、跨度最大、保存最完整的单孔坦弧敞肩石拱桥，由匠师李春设计建造，后由宋哲宗赵煦赐名安济桥，并以之为正名，被誉为"天下第一桥"的赵州桥距今已有约 1 400 年的历史。

图 7-12 赵州桥

赵州桥的基址选在洨河的粗砂之地，可提升桥梁的承重力度，以确保桥梁整体的稳定性。桥身为敞肩圆弧拱，这种设计不仅符合结构力学原理，且增加排水面积 16.5%，节省石料；单孔长跨圆弧拱两端宽、中间窄，采用纵向并列砌筑法。由此，可看出赵州桥的设计施工符合力学原理，结构合理，选址科学，体现了中国古代科学技术上的巨大成就，在中国造桥史上占有重要的历史地位，对全世界后代桥梁建筑有着深远的影响。

任务三　楼层结构平面图

任务名称	楼层结构平面图			
任务描述	建筑物的结构平面图是表示建筑物各承重构件，如梁、板、柱、墙、门窗过梁、圈梁等平面布置的图样，除基础结构平面图外，还有楼层结构平面图、屋顶结构平面图等。 　　结合结构施工图中的楼层结构平面图，完成以下关于楼层结构问题的讨论分析。 （1）结合建筑平面的形成，想一想楼层结构平面图的形成原理。 （2）楼层结构平面图中包含的内容应该有哪些？ （3）在识读楼层结构平面图时，重点应该识读图纸上的哪些信息？ （4）结合楼层平面图的画法，试着画一张完整的楼层结构平面图，并相互讨论存在的问题。			
成果展示				
评价	评价人员	评价标准	权重	分数
	自我评价	1. 楼层平面布置基本知识的掌握	40%	
	小组互评	2. 任务实施中楼层平面布置的识读能力 3. 强化训练的完成能力	30%	
	教师评价	4. 团队合作能力	30%	

相关知识

想一想：

　　认识完基础，思考上部结构的构件有哪些，以及它们的平面位置应该如何表示。

　　如图 7-13 所示的某建筑的二层梁平面布置图，图中各图样分别表示什么内容？如何绘制该楼层结构平面图？要解决这一工作任务，必须熟悉楼层结构平面图的主要内容，下面就相关知识进行具体的学习。

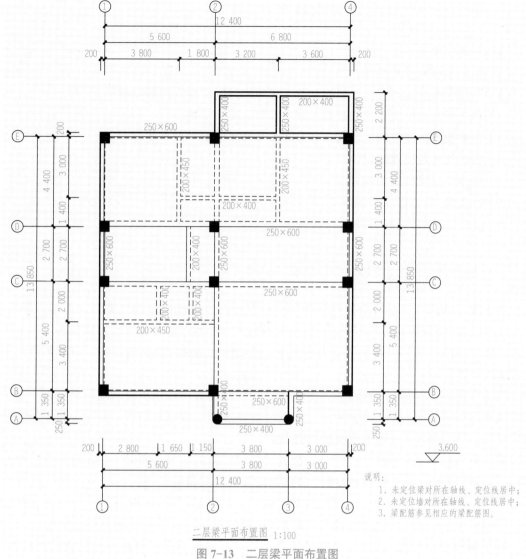

二层梁平面布置图 1:100

图 7-13　二层梁平面布置图

　　一般民用建筑的楼层、屋盖均采用钢筋混凝土结构（按照施工方法一般可分为预制装配式和现浇整体式），它们的结构布置和图示方法基本相同。这里以楼层结构平面图为例说明楼层结构平面图与屋面结构平面图的阅读方法。

一、楼层结构平面图的形成

微课：结构平面图

　　楼层结构平面图也称楼层结构平面布置图，是用一个假想水平的剖切平面沿楼板面将房屋剖开后所作的楼层水平投影。

　　楼层结构平面图用于表示楼板及其下面的墙、梁、柱等承重构件的平面布置，说明各构件在房屋中的位置，以及它们之间的构造关系，或现浇楼板的构造和配筋。因此，结构平面图为施工中安装梁、板、柱等各种构件提供依据，同时为现浇构件支模板、绑扎钢筋、浇筑混凝土提供了重要依据。

二、楼层结构平面图的主要内容

（1）图名、比例。

（2）定位轴线网及其编号。

（3）下层承重墙的布置，本层柱、梁、板等构件的位置及代号和编号。

（4）现浇板起止位置和钢筋配置及预留孔洞大小和位置。

（5）预制板的跨度方向、数量、型号或编号和预留洞的大小及位置。

（6）轴线尺寸及构件的定位尺寸。

（7）圈梁、过梁位置和编号。

（8）详图索引符号及剖切符号。

（9）文字说明等内容。

三、楼层结构平面图的表示方法

对于多层建筑，一般应分层绘制楼层结构平面图，如各层构件的类型、大小、数量，布置相同时，可只画出标准层的楼层结构平面图。如平面对称，可采用对称画法，一半画屋顶结构平面图，另一半画楼层结构平面图。楼梯间和电梯间因另有详图，可在平面图上用相交对角线表示。

当铺设预制楼板时，可用细实线分块画出板的铺设方向。当现浇板配筋简单时，直接在结构平面图中表明钢筋的弯曲及配置情况，注明编号、规格、直径、间距。当配筋复杂或不便表示时，用对角线表示现浇板的范围。

梁一般用粗单点长画线表示其中心位置，并注明梁的代号。圈梁、门窗过梁等应编号注出，若结构平面图中不能表达清楚，则需另绘制其平面布置图。

楼层、屋顶结构平面图的比例同建筑平面图，一般采用 1：100 或 1：200 的比例绘制。用中实线表示剖切到或可见的构件轮廓线，图中虚线表示不可见构件的轮廓线。

楼层结构平面图的尺寸，一般只注开间、进深、总尺寸及个别地方容易弄错的尺寸。定位轴线的画法、尺寸及编号应与建筑平面图一致。

四、楼层结构平面图的识读

（1）图名与比例。楼层结构平面布置图的比例一般与建筑平面图、基础平面图的比例一致。

（2）与建筑平面图对照，了解楼层结构平面图的定位轴线。

（3）根据结构构件代号了解该楼层中结构构件的位置与尺寸等。

（4）现浇板的配筋情况及板的厚度。

（5）各部位的标高情况，并与建筑标高对照，了解装修层的厚度。

（6）如有预制板，了解预制板的规格、数量、等级和布置情况。

小提示：

说明：

（1）未注明的板顶标高均为 H，阴影处板顶标高为 $H-0.05$ m；

（2）现浇板厚除注明外均为 100 mm，未注明板底钢筋均为双向 ⊈8@200；

（3）板面负筋长度均从梁（墙）边起算，其长度均不包含深入梁（墙）内长度；

（4）配合设备专业板上预留洞口，卫生间洞口（风道）边加筋见总说明；

（5）后砌墙体定位见建施图，当后砌墙体下未设置梁时，应在相应位置板底增设 2⊈6 的钢筋。

⊛实例练习

（1）以图 7-14 二层楼板结构平面图为例进行识读。

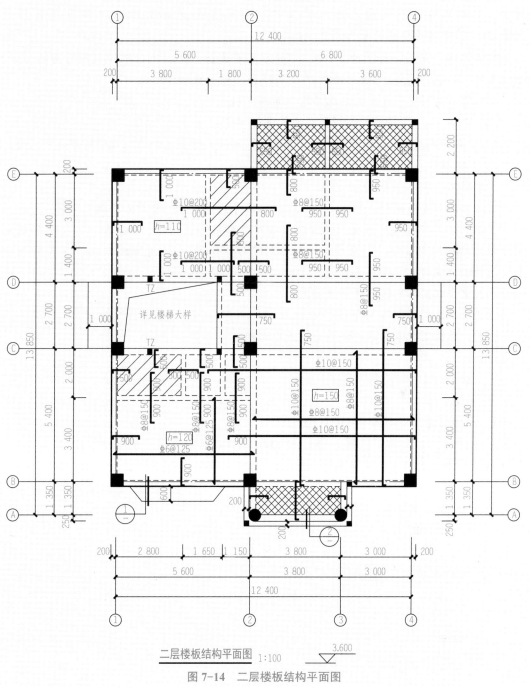

二层楼板结构平面图 1:100

图 7-14　二层楼板结构平面图

1）实例分析。该平面图为板结构平面图，将板结构平面图和图纸说明结合进行识读。

2）具体识读。

①该图比例为1：100。

②该平面布置图纵向轴号为①～④；横向轴号为Ⓐ～Ⓔ，与建筑平面图相符。

③图中各个现浇板的尺寸位置、参考轴网及尺寸标注如图所示。

④图中注明的板厚度有110 mm、120 mm、150 mm，未注明的板厚度为100 mm。

⑤图中板的配筋有双向的底筋、支座负筋、跨板受力筋等，如图中的120 mm板所示，其钢筋标注是横向底筋为Φ6@125，纵向底筋为Φ6@125，上侧支座负筋为Φ8@150，负筋伸出梁的尺寸为900 mm。

⑥该结构平面图的标高为3.6 m，根据结构平面图说明，未注明的板顶标高均为H，即标高为3.6 m；阴影处板顶标高为$H-0.05$ m，即标高为3.55 m。

⑦其他结构图中未标注的详见结构平面图说明。

（2）以图7-13二层梁平面布置图为例进行识读。

1）实例分析。该平面图为梁平面布置图，将梁平面布置图和图纸说明结合进行识读。

2）具体识读。

①该图比例为1：100。

②该平面布置图纵向轴号为①～④；横向轴号为Ⓐ～Ⓔ，与建筑平面图相符。

③图中各个梁的尺寸位置、参考轴网及尺寸标注如图所示，如Ⓔ轴上、①②轴之间的梁截面标注为250×600，表示该跨梁的宽度为250 mm，高度为600 mm，其与轴线位置如图所示，梁的上边线距离Ⓔ轴200 mm。

④图中梁配筋参见相应的梁配筋图。

⑤该平面图的标高为3.6 m。

⑥其他结构图中未标注的详见平面图中说明。

五、楼层结构平面图的绘制方法

（1）画出与建筑平面图一致的定位轴线。

（2）画出平面外轮廓、楼板下的墙身线和门窗洞的位置线及梁的平面位置。

（3）对于预制板部分，注明预制板的数量、代号和编号。在图上还应注出梁、柱的代号。

（4）对于现浇板部分，画出板的钢筋详图，并应标注钢筋的编号、规格、直径等。

（5）标注轴线和各部分尺寸。

（6）书写文字说明。

强化训练

一、简答题

1．楼层结构平面图如何形成？

2．楼层结构平面图的主要内容有哪些？

二、识图题

识读图 7-15 楼板结构平面布置图，回答以下问题。

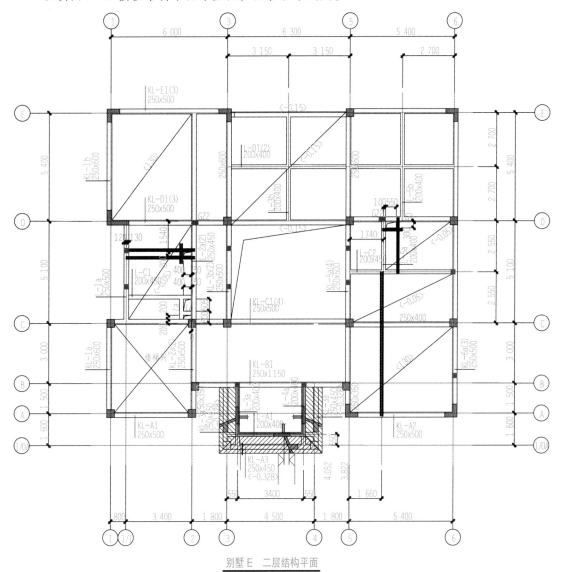

别墅 E　二层结构平面

说明：1．未注明定位梁均沿轴线居中或贴柱边齐，集中标注中未注明梁跨数均为单跨。

　　　2．二层结构平面中未注明板厚均为 120，屋面及小屋面未注明板厚均为 130。

　　　3．☒ h 表示板厚，d 表示板面与本层楼面相对标高差，正值表示抬高，负值表示下降；

　　　　降板线范围线内，除边梁外，梁面标高均同板面标高。

　　　4．图中梁、板面标示高差数值均为相对标高表中各层基准标高的高差。

　　　5．板上留洞洞边加筋做法见总说明，未注明加筋为 2Φ14。

图 7-15　二层结构平面

1．⑤～⑥轴与Ⓐ～Ⓑ轴间楼板的厚度为＿＿＿＿＿mm。

2．图中没有标明的尺寸的楼板厚度为＿＿＿＿＿mm。

3．KL-C1（4）的截面尺寸是＿＿＿＿＿mm，共＿＿＿＿＿跨。

4．KL-A3 的截面尺寸是_____mm，-0.328 表达为_____。

5．KL-2a（2）在Ⓐ～Ⓑ轴间的截面尺寸是_____mm。

6．楼梯间的开间为_____mm，进深为_____mm。

7．图纸上板洞口两侧没有注明的加筋应为_____。

钢筋混凝土结构——人民大会堂

人民大会堂位于中国北京市天安门广场西侧，西长安街南侧。人民大会堂坐西朝东，南北长为 336 m，东西宽为 206 m，高为 46.5 m，占地面积为 15 m²，建筑面积为 17.18 万 m²。人民大会堂如图 7-16 所示。

中间大会堂，东面是中央大厅，有连通两层总高 17 m 的回廊大厅和跨度为 24 m 的大梁；门厅上面有设置 600 个座位的小礼堂和 30 m 跨度的钢筋混凝土桁架。西面是观众厅，长 60 m，跨 76 m，高 72 m，屋顶是 60.9 m 跨度、17 m 高的混凝土桁架。二、三

图 7-16　人民大会堂

层看台分别用钢梁挑出 16.4 m 和 15.5 m。观众厅的主席台上有荷载为 3 700 t、1 m 宽、9 m 高的台口大梁，荷载 3 350 t、2 m 见方的台口大柱，跨度为 60 m 的钢桁架和自重达 44 t 的钢挑梁。宴会厅包括总面积达 7 000 m² 的国宴大厅，屋顶由 56.2 m 跨度、5 m 高的次钢桁架和 48.6 m 跨度、7 m 高的主钢桁架所组成。还包括每块面积为 18 m×24 m 的连续井字梁。办公楼部分是三、四层框架结构，包括椭圆形平面的接待厅和 18 m×18 m 的井字梁结构等。

在中华人民共和国刚刚成立，百废待兴、物资匮乏的年代，在当时遭受西方国家严密封锁和遏制的背景下，人民大会堂以不可思议的速度建成竣工，堪称奇迹，展现了具有强大凝聚力、不惧任何困难的中国力量。人民大会堂见证了决定国家前途命运的一幕幕，也记载着中华人民共和国成长的"春天的故事"。人民大会堂，走过沧桑，芳华依旧。过去、现在、未来，这座殿堂与人民永远同在。

任务四 钢筋混凝土构件详图

任务名称	钢筋混凝土构件详图			
任务描述	钢筋混凝土结构作为常见的结构类型之一，其结构的承重构件由钢筋混凝土构件组成，这类构件是由混凝土和钢筋两种材料浇筑而成的。因此，了解钢筋混凝土的特性及钢筋混凝土构件的特点，有助于认识钢筋混凝土构件的组成，认识钢筋混凝土详图。 　　结合实际施工图纸，完成以下关于钢筋混凝土构件详图问题的讨论分析。 　　（1）结合身边的建筑，想一想常见的钢筋混凝土构件有哪些，请举例说明。 　　（2）各类钢筋混凝土构件详图在识读时，有什么共同点，有什么不同点？请举例说明。 　　（3）构件详图如何与结构布置图进行结合，完成相应结构部分的识读？ 　　（4）根据钢筋混凝土构件详图的图纸画法，试着绘制一种钢筋混凝土构件的详图，并相互讨论存在的问题。			
成果 展示				
评价	评价人员	评价标准	权重	分数
	自我评价	1. 钢筋混凝土构件基本知识的掌握	40%	
	小组互评	2. 任务实施中钢筋混凝土构件详图的识读能力 3. 强化训练的完成能力	30%	
	教师评价	4. 团队合作能力	30%	

相关知识

想一想：

　　楼层结构平面图只能展示出构件的平面位置、尺寸等内容，并未能完全展示出钢筋混凝土构件的全部信息，那么应该通过什么样的图纸学习这些信息呢？

一、钢筋混凝土构件的表示方法

　　钢筋混凝土构件详图是加工制作钢筋、浇筑混凝土的依据，一般包括模板图、配筋图、预埋件详图、钢筋表及文字说明等。

　　为了便于明显地表示钢筋混凝土构件中的钢筋配置情况，在构件详图中，假想混凝土为透明体，用细实线画出外形轮廓，用粗实线表示主钢筋线，用中实线表示箍筋线、板钢筋线，用黑圆点表示钢筋的断面，并标注出钢筋类的直径符号和大小、根数或间距等。当钢筋标注位置不够时，可采用引出线标注。在断面图上不画混凝土或钢筋混凝土的材料图例，而被剖切到的砖砌体或可见的砖砌体的轮廓

微课：钢筋混
凝土构件详图

线则用中实线表示，砖与钢筋混凝土构件在交接处的分界线则仍按钢筋混凝土构件的轮廓线画细实线，但在砖砌体的断面图上，应画出砖的材料图例。

二、钢筋混凝土梁

钢筋混凝土梁按其施工方法可分为现浇梁、预制梁和预制现浇叠合梁；按其配筋类型可分为钢筋混凝土梁和预应力混凝土梁；按其截面形式可分为矩形梁、T 形梁、工字梁、槽形梁和箱形梁。

图 7-17 所示为钢筋混凝土梁的立面图和钢筋详图，梁的两端搁置在支座上，从支座引出的细点画线和直径为 8 ～ 10 mm 的圆，编号是确定支座位置的定位轴线。从图 7-17 中可以看出，梁的下部配置 4 根直径 25 mm 的 HRB400 级钢筋和 2 根直径 22 mm 的 HRB400 级钢筋作为受力钢筋，以承受梁下部的拉应力，所以在跨中的 2—2 断面图的下部有六个黑圆点，表示 6 根钢筋。支座处的 1—1 断面图的上部有六个黑圆点，其中两根直径 22 mm 的钢筋是跨中在梁下部中间的那根钢筋于将近梁的两端支座处弯起 45° 后伸过来的，这样的钢筋称为弯起钢筋。同时，在梁的上部还有四根直径 16 mm 的钢筋，其中 2 根角筋为架立钢筋，2 根中部钢筋为支座负筋。

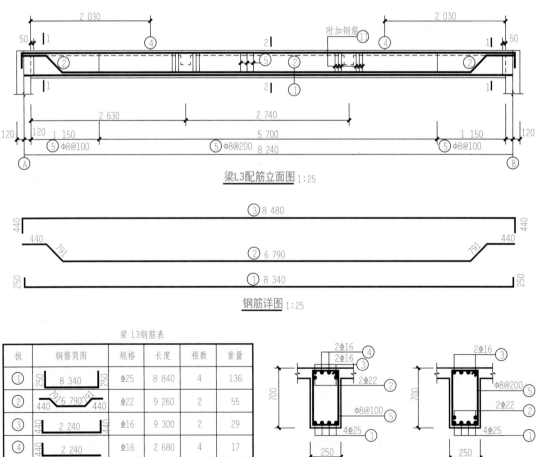

图 7-17 钢筋混凝土梁的立面图和详图

箍筋在梁中分加密区和非加密区，如立面图所示，加密区在梁两侧，配筋为 Φ8@100，两侧加密区长度均为 1 150 mm；非加密区在梁中部，配筋为 Φ8@200，非加密区长度为 5 700 mm。在立面图中可采用简化画法，只画出部分箍筋进行示意，并注明钢箍的直径和间距即可，在图 7-17 所示立面图中，箍筋的直径和间距已标注在断面图中。

图中钢筋详图，按立面图同样的比例在立面图下方画出类似钢筋表中的钢筋简图的钢筋和钢箍的详图，并标明钢筋编号直径符号与直径大小、长度尺寸、根数等。为了方便钢筋工配筋和取料，要计算钢筋的长度，另画钢筋详图，通常如图 7-17 所示，对钢筋编号，并列出钢筋表。钢筋的编号应按《房屋建筑制图统一标准》（GB/T 50001—2010）的规定，以直径为 4 ~ 6 mm 的细实线圆表示，其编号应用阿拉伯数字按顺序编写。简单的构件、钢筋可不编号，也可不画钢筋详图或列钢筋表。如果梁采用的比例较大，画出的梁很长，则梁也可用折断线表示。

三、钢筋混凝土柱

钢筋混凝土柱是工程结构中最基本的承重构件，按照制造和施工方法可分为现浇柱和预制柱。钢筋混凝土柱结构详图主要包括立面图和断面图。如果柱的外形变化复杂或有预埋件，则还应增画模板图，模板图即构件的外形图，一般用细实线绘制。如图 7-18 所示为钢筋混凝土柱详图。

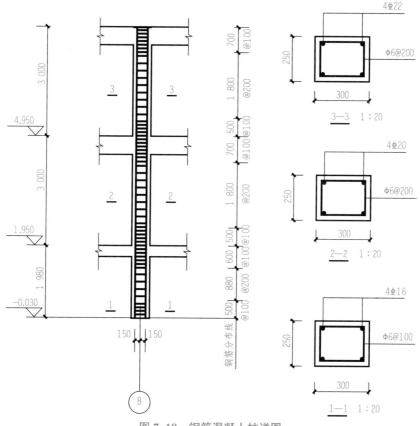

图 7-18　钢筋混凝土柱详图

以图 7-18 为例，进行钢筋混凝土柱详图识读。

（1）实例分析。在识读柱详图时，需要注意立面图上的轴网位置、层高、标高、尺寸及箍筋布置范围等信息，识读剖面图时需要注意柱截面尺寸、纵筋及箍筋配筋等信息。

（2）具体识读。如图 7-18 所示，图左侧为柱立面图，右侧为柱各个截面的剖面图。立面图中显示该柱在轴网的位置为 Ⓑ 轴上，从立面方向柱子分为三层，层高分别为 1.98 m、3.0 m 和 3.0 m。三层底标高分别为 — 0.030 m、1.95 m 和 4.95 m，柱顶标高为 7.95 m。柱子的箍筋在高度方向分为加密区和非加密区，加密区在每层柱子上下两端，非加密区在柱中部位置，如 2 层柱的非加密区箍筋间距为 200 mm，加密区范围为 1.8 m；加密区箍筋间距为 100 mm，加密区范围上下分别为 0.7 m 和 0.5 m。同时，在立面图中也显示在不同部位，对柱子进行剖切，共有 3 处剖切位置，形成 3 个剖面图。

1—1 剖面图显示柱尺寸为 300 mm×250 mm，纵筋为 4 根直径为 22 mm 的 HRB400 级钢筋，箍筋为 Φ6@100。再如 2—2 剖面图显示柱尺寸为 300 mm×250 mm，纵筋为 4 根直径为 20 mm 的 HRB400 级钢筋，箍筋为 Φ6@200。由两个剖面图可以看出柱截面尺寸没有变化，纵筋直径减小，这是根据结构设计时内力计算确定的。箍筋间距也有所变化，这是由于 1—1 剖切位置为加密区，因此箍筋间距为 100 mm，而 2—2 剖切位置为非加密区，因此箍筋间距为 200 mm。3—3 剖面图上的信息与前面两个剖面图类似，这里不再赘述。

四、钢筋混凝土板

钢筋混凝土板有预制板和现浇板。钢筋混凝土预制板有实心板、槽形板、多孔板等各种形式。通常，在预制厂预制后运到工地吊装，也可在工地上就地预制。对定型的预制板，一般不必绘制详图，只应注出标准图集或有关设计院的通用图集的名称和型号。

钢筋混凝土现浇板的结构详图包括配筋平面图和断面图。通常，板的配筋用平面图来表示即可，必要时也可加画断面图。如图 7-19 所示为板的配筋用平面图。板的配筋有分离式和弯起式两种。如果板的上下钢筋分别单独配置，称为分离式；如果支座附近的上部钢筋是由下部钢筋弯起得到，称为弯起式。

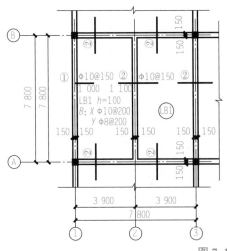

图 7-19　钢筋混凝土板详图

⟳实例练习

以图 7-19 为例，进行钢筋混凝土现浇板详图识读。

（1）实例分析。图 7-19 所示的钢筋混凝土板详图中的板配筋为分离式配筋，按照标准图集或有关设计院的通用图集进行图纸信息识读。

（2）具体识读。现浇楼板的代号用 LB 表示，编号用数字 1、2、3…表示，如 LB1 表示 1 号楼板等。图中标注 $h=100$，表示板的厚度为 100 mm；标注 B：Xϕ10@200；Yϕ8@200，其中 B 表示下部钢筋，横向下部钢筋为直径 10 mm、间距 200 mm，纵向下部钢筋为直径 8 mm、间距为 200 mm。相同编号的楼板不再进行集中标注。

图中带编号的钢筋为楼板中的支座负筋，如①号钢筋表示负筋为直径 10 mm，间距 150 mm，伸出支座长度为 1 000 mm；②号钢筋则表示负筋为直径 10 mm，间距 150 mm，左右伸出支座长度为 1 100 mm。楼板的尺寸和位置如轴网定位所示。

五、钢筋混凝土楼梯

楼梯配筋图一般采用比较大的比例来绘制，说明楼梯构件中梯板、梯梁的钢筋配筋情况。若配筋图中不能表示清楚钢筋的布置情况，则可以在配筋图外，增加钢筋详图。图 7-20 所示为房屋楼梯的梯板配筋图。

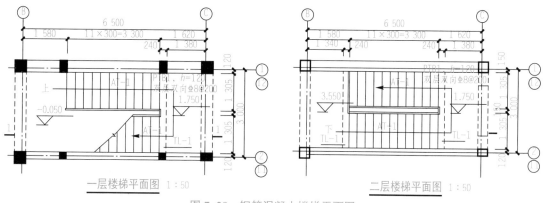

图 7-20 钢筋混凝土楼梯平面图

⟳实例练习

以图 7-21 为例，进行钢筋混凝土楼梯详图识读。

（1）实例分析。楼梯构件的识读结合平面图、剖面图及局部详图进行轴线、墙体定位、楼梯梯段板、梯井、平台板，梯梁等尺寸及配筋信息识读。

（2）具体识读。从图 7-21 楼梯平面图中可以看出楼梯在轴网中的平面位置，梯段宽度为 130 mm、梯井宽度为 150 mm；梯段踏步宽度为 300 mm；平台板尺寸如图 7-21 所示，平台板厚度为 120 mm，配筋为双层双向Φ8@200，标高为 1.75 m；TL-1 平面位置如图 7-21 所示，其宽度为 240 mm。

从图 7-21 的 1—1 剖面图中可以看出，楼梯的梯段基础为 C25 素混凝土基础，尺寸如图中标准所示。梯段板为 AT 型楼梯，梯板厚度为 130 mm，高度 1 800 mm，

级数为12级，上部钢筋为Φ10@130，下部钢筋为Φ10@100，梯板中分布筋为
Φ8@200。

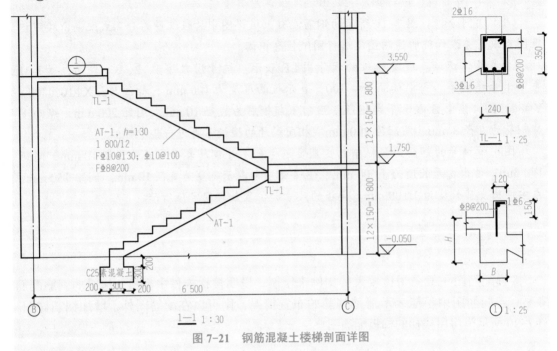

图7-21　钢筋混凝土楼梯剖面详图

梯梁TL-1如截面详图所示，截面尺寸为240 mm×350 mm，下部钢筋为3Φ16，
上部钢筋为2Φ16，箍筋为Φ8@200。梯段顶部挡台，如节点①详图所示，尺寸为
120 mm×150 mm，纵向配置1Φ16，横向钢筋为Φ8@200。

强化训练

一、单选题

1. 主、次梁交接处，应加设（　　　），用以承担次梁传来的集中力。

    A．附加箍筋或弯起钢筋　　　　　　　B．附加箍筋或鸭筋

    C．附加箍筋或吊筋　　　　　　　　　D．附加箍筋或浮筋

2. 在配筋图中钢筋带有弯钩，当弯向（　　　）时表示钢筋配在上部。

    A．向下和向左　　　　　　　　　　　B．向下和向后

    C．向上和向左　　　　　　　　　　　D．向下和向右

3. 以下属于钢筋混凝土柱内的钢筋有（　　　）。

    A．负弯矩筋　　　　　　　　　　　　B．附加钢筋

    C．纵向受力筋　　　　　　　　　　　D．侧面钢筋

二、识图题

识读图7-22钢筋混凝土梁构件详图，回答以下问题。

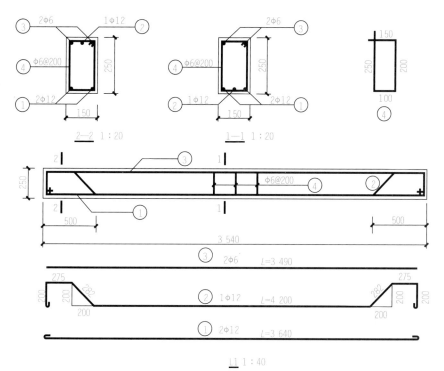

图 7-22 钢筋混凝土梁构件详图

1. 该梁的截面尺寸为＿＿＿＿＿＿。

2. 该梁在 1—1 断面处下部受力筋为＿＿＿＿＿＿根直径为＿＿＿＿＿＿mm 的＿＿＿＿＿＿级钢筋。

3. 该梁的箍筋直径为＿＿＿＿＿＿mm，间距为＿＿＿＿＿＿mm。

知识拓展

钢结构——卢赛尔体育场

长期以来，"中国建造"追求高标准、惠民生、可持续，为国外很多地区经济发展与民生改善"插上翅膀"，其中不少像卢赛尔体育场一样被印在项目所在国纸币上，印证了中外合作项目与成果在当地赢得口碑，折射出"中国建造"在当地政府和民众心目中的重要地位。卢赛尔体育场如图 7-23 所示。

号称"零号工程"的卢赛尔体育场，总建筑面积为 19 万 m^2，可容纳 8 万名观众，为全球最大跨度双层交叉索网屋面单体建筑，屋面索网结构跨度达 274 m；也是全球规模最大、

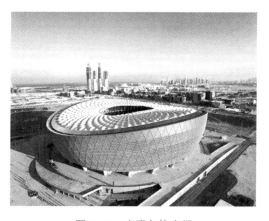

图 7-23 卢赛尔体育场

系统最复杂、设计标准最高、技术最先进、国际化程度最高的世界杯主场馆。

卢赛尔体育场也是中企首次以设计施工总承包身份参与世界杯主场馆建设，在中企统筹下，来自15个国家的110家大型分包企业、4 600多名建设者共同参与了项目建设。卢赛尔体育场一经揭幕，就成为卡塔尔地标性建筑。"中国建造"得到肯定，走出去的步伐正不断加快，这不仅彰显出国家的国际影响力，也将中国人的智慧和勤劳展示给全世界！

任务五 平法制图规则与识图

任务单

任务名称	平法制图规则与识图			
任务描述	随着国民经济的发展和建筑设计标准化水平的提高，近些年来各设计单位采用了一些较为简便的图示方法，即混凝土结构施工图平面整体表示方法（简称“平法”），是对我国混凝土结构施工图的设计表示方法的重大改革。 结合平法图集，完成以下平法制图规则与识图问题的讨论分析。 （1）什么是平法图集，现行最新的平法图集是哪一版的图集？ （2）平法图集与传统的表示方法有什么优势？ （3）相互讨论在学习图集的过程中，你认为重点是什么。 （4）想一想，由于图集规定和节点较多，怎么样能快速地学习好图集，如是否可以将图集中的内容制成动画等。			
成果展示				
评价	评价人员	评价标准	权重	分数
	自我评价	1．平法制图规则基本知识的掌握； 2．任务实施中梁、板施工图的识读能力； 3．强化训练的完成能力； 4．团队合作能力	40%	
	小组互评		30%	
	教师评价		30%	

相关知识

想一想：

建筑结构平面图及详图已经学习完成，在学习的过程中认识了结构平面布置图及构件详图等，那么这些图纸上构件代号、尺寸及钢筋信息的表示都遵循什么样规则？这些规则的具体规定有哪些？下面将学习平法施工图的相关知识。

一、平法图集简介

为了规范各地的图示方法，中华人民共和国建设部于 2003 年 1 月 20 日下发通知，批准《混凝土结构施工图平面整体表示方法制图规则和构造样图》作为国家建筑标准设计图集，简称"平法"图集，2016 年进行了修订，图集号为 16G101-1 ～ 3。随着经济发展的需求，在 2022 年再次对图集做了修订，实行日期为 2022 年 5 月 1 日，因此现行最新图集为 22G101-1 ～ 3。

1. 平法表示方法与传统表示方法的区别

建筑结构施工图平面整体表示方法简称平法。概括来讲，是把结构构件的尺寸和配筋等，按照平面整体表示方法制图规则，整体直接表达在各类构件的结构平面布置图上，再与标准构造详图相配合，即构成一套新型完整的结构设计。改变了传统的那种将构件（柱、剪力墙、梁）从结构平面布置图中索引出来，再逐个绘制模板详图和配筋详图的烦琐方法。

平法使用的结构构件主要有现浇混凝土框架、剪力墙、梁、板、楼梯及基础等构件。内容包括两大部分，即平面整体表示图和标准构造详图。使用平法的目的是规范、统一、确保质量，其注写方式主要有平面注写方式、列表注写方式及截面注写方式三种。

2. 常用构件代号

在平法表示中，各种构件必须表明构件的代号，见表 7-10 所示。

表 7-10 结构构件代号

序号	名称	代号	序号	名称	代号
1	框架柱	KZ	18	井字梁	JZL
2	转换柱	ZHZ	19	楼面板	LB
3	芯柱	XZ	20	屋面板	WB
4	约束边缘构件	YBZ	21	悬挑板	XB
5	构造边缘构件	GBZ	22	柱上板带	ZSB
6	非边缘暗柱	AZ	23	跨中板带	KZB
7	扶壁柱	FBZ	24	后浇带	HJD
8	连梁	LL	25	板洞	BD
9	暗梁	AL	26	普通独立基础	DJ
10	边框梁	BKL	27	杯口独立基础	BJ
11	楼层框架梁	KL	28	基础梁	JL
12	楼层框架扁梁	KBL	29	条形基础	TJ
13	屋面框架梁	WKL	30	基础次梁	JCL
14	框支梁	KZL	31	基础联系梁	JLL
15	托柱转换梁	TZL	32	上柱墩	SZD
16	非框架梁	L	33	基坑（沟）	JK
17	悬挑梁	XL	34	防水板	FSB

二、柱平法施工图制图规则与识图

微课：柱平法施工图制图规则与识图

柱平法施工图是在柱平面布置图上采用列表注写方式或截面注写方式表达。

1. 列表注写方式

列表注写方式，是在柱平面布置图上（一般只需采用适当比例绘制一张柱平面布置图，如图 7-24 所示，包括框架柱、转换柱、芯柱等），分别在同一编号的柱中选择一个（有时需要选择几个）截面标注几何参数代号。在柱表中注写柱编号、柱段起止标高、几何尺寸（含柱截面对轴线的定位情况）与配筋的具体数值，并配以柱截面形状及其箍筋类型的方式来表达柱平法施工图。

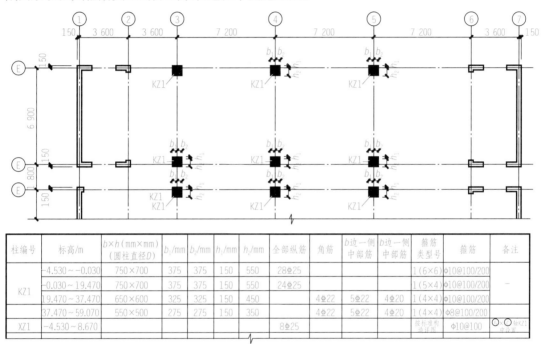

柱编号	标高/m	$b×h$(mm×mm)（圆柱直径D）	b_1/mm	b_2/mm	h_1/mm	h_2/mm	全部纵筋	角筋	b边一侧中部筋	h边一侧中部筋	箍筋类型号	箍筋	备注
KZ1	-4.530~-0.030	750×700	375	375	150	550	28Φ25				1(6×6)	φ10@100/200	
	-0.030~19.470	750×700	375	375	150	550	24Φ25				1(5×4)	φ10@100/200	—
	19.470~37.470	650×600	325	325	150	450		4Φ22	5Φ22	4Φ20	1(4×4)	φ10@100/200	
	37.470~59.070	550×500	275	275	150	350		4Φ22	5Φ22	4Φ20	1(4×4)	φ8@100/200	
XZ1	-4.530~8.670						8Φ25				按标准构造详图	φ10@100	○○KZ1中设置

-4.530~59.070 柱平法施工图（局部）

图 7-24　柱平法施工图列表注写方式

柱表注写内容规定如下：

1）注写柱编号。柱编号由类型代号和序号组成，如图 7-24 所示。

2）注写各段柱的起止标高，自柱根部往上以变截面位置或截面未变但配筋改变处为界分段注写。

3）断面尺寸。矩形柱的断面尺寸用 $b×h$ 表示，b 方向为建筑物的纵向的尺寸，h 为建筑物的横向的尺寸，圆柱用 D 表示。与轴线的关系用 b_1、b_2 和 h_1、h_2 表示，目的是表示柱与轴线的关系。

4）注写柱纵筋。当柱纵筋直径相同，各边根数也相同时（包括矩形柱、圆柱和芯柱），将纵筋注写在"全部纵筋"一栏中；除此之外，柱纵筋分角筋、截面 b 边中部筋和 h 边中部筋三项分别注写（对于采用对称配筋的矩形截面柱，可仅注写一侧中部筋，对称边省略不注；对于采用非对称配筋的矩形截面柱，必须每侧均注写中部筋）。

5）注写箍筋类型编号及箍筋肢数，在箍筋类型栏内注写按表 7-11 规定的箍筋类型编号和箍筋肢数。箍筋肢数可有多种组合，应在表中注明具体的数值：m、n 及 Y 等。

表 7-11　箍筋类型表

箍筋类型编号	箍筋肢数	复合方式
1	$m \times m$	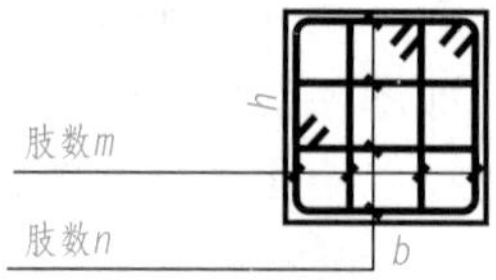
2	—	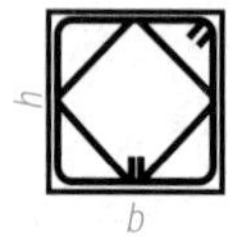
3	—	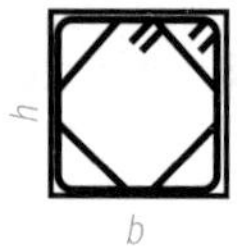
4	$Y + m \times m$ 圆形箍	

6）注写柱箍筋，包括钢筋种类、直径与间距。用斜线"/"区分柱端箍筋加密区与柱身非加密区长度范围内箍筋的不同间距。施工人员需根据标准构造详图的规定，在规定的几种长度值中取其最大者作为加密区长度。当框架节点核心区内箍筋与柱端箍筋设置不同时，应在括号中注明核心区箍筋直径及间距。

Φ10@100/200（Φ12@100），表示柱中箍筋为 HPB300 级钢筋，直径为 10 mm，加密区间距为 100 mm，非加密区间距为 200 mm。框架节点核心区箍筋为 HPB300 级钢筋，直径为 12 mm，间距为 100 mm。

当箍筋沿柱全高为一种间距时，则不使用"/"线；当圆柱采用螺旋箍筋时，需在箍筋前加"L"。

Φ10@100，表示沿柱全高范围内箍筋均为 HPB300，钢筋直径为 10 mm，间距为 100 mm。

LΦ10@100/200，表示采用螺旋箍筋，HPB300，钢筋直径为 10 mm，加密区间距为 100 mm，非加密区间距为 200 mm。

⊙实例练习

以图 7-24 柱平法施工图为例进行识读。

（1）实例分析。该图为柱平法施工图列表注写方式，将施工图和柱平法标注要求相结合进行识读。

（2）具体识读。

1）该平面图中有 KZ1 和 XZ1，如 KZ1 表示 1 号框架柱。

2）柱标高如图 7-24 表中所示，如 KZ1 的第一段标高为 − 4.530 ～ − 0.030，表示标高从 − 4.53 m 到 − 0.03 m。

3）断面尺寸如图 7-24 表中所示，如 KZ1 的第一段的断面尺寸为 750×700，表示其为矩形截面，截面尺寸为 750 mm×700 mm。

4）纵筋信息如图 7-24 表中所示，如 KZ1 的第一段的全部纵筋为 28⸙25。

5）箍筋信息如图 7-24 表中所示，如 KZ1 的第一段的箍筋类型为 1 号 6×6 的箍筋类型，箍筋信息为 φ10@100/200。

2. 截面注写方式

柱平法施工图截面注写方式与柱平法施工图列表注写方式大同小异。不同的是在施工平面布置图中同一编号的柱选出一根柱为代表，在原位置上按比例放大到能清楚表示轴线位置和详尽的配筋为止。它代替了柱平法施工图列表注写方式的截面类型和柱表。如图 7-25 中的 KZ1 所示，从图中可以看出，在同一编号的框架柱 KZ1 中选择 1 个截面放大，直接注写截面尺寸和配筋情况。该图表示的是从 19.470 ～ 37.470 m 的标高段，柱的断面尺寸及配筋情况。其他均与列表注写方式和常规的表示方法相同。

⟡ 实例练习

以图 7-18 柱平法施工图为例进行识读。

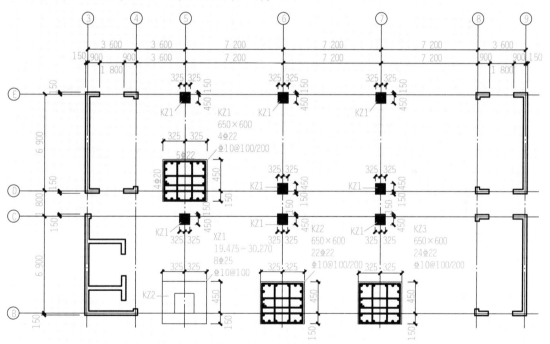

19.470～37.470 柱平法施工图（局部）

图 7-25　柱平法施工图截面注写方式

（1）实例分析。该图为柱平法施工图截面注写方式，将施工图和柱平法标注要求相结合进行识读。

（2）具体识读。

1）该平面图中有 KZ1、KZ2、KZ3 和 XZ1，如 KZ2 表示 2 号框架柱。

2）该平面图中显示柱的标高范围为 19.470 ～ 34.470，表示该施工图中的柱构件信息是标高为 19.47 m 和 34.47 m 之间的。

3）断面尺寸如图中所示，如 KZ2 的断面尺寸为 650×600，表示其为矩形截面，截面尺寸为 650 mm×600 mm。

4）纵筋信息如图中所示，如 KZ2 的全部纵筋为 22Φ22。

5）箍筋信息如图中所示，如 KZ2 的箍筋类型为表 7-2 中的 1 号 4×4 的箍筋类型，箍筋信息为 Φ10@100/200。

三、梁平法施工图制图规则与识图

梁平法施工图是在梁平面布置图上采用平面注写方式或截面注写方式表达。

微课：梁平法施工图制图规则与识图

1. 平面注写方式

平面注写方式，是在梁平面布置图上，分别在不同编号的梁中各选一根梁，用在其上注写截面尺寸和配筋具体数值的方式来表达梁平法施工图。

平面注写包括集中标注与原位标注。集中标注表达梁的通用数值，原位标注表达梁的特殊数值。当集中标注中的某项数值不适用于梁的某部位时，则将该项数值原位标注，施工时，原位标注取值优先。如图 7-26 所示为梁平法施工图平面注写方式。

梁构件的平法识图方法主要分两个层次：第一个层次是通过梁构件的编号（包括其中注明的跨数），在梁平法施工图上来识别是哪一根梁；第二个层次是就具体的一根梁，识别其集中标注与原位标注所表达的每一个符号的含义。下面就平面注写的两部分内容进行学习。

（1）梁的集中标注包括编号、截面尺寸、箍筋、上部通长筋或架立筋、下部通长筋、侧部构造或受扭钢筋这五项必注内容及一项选注值（集中标注可以从梁的任意一跨引出），说明如下：

1）梁编号。由"梁类型代号""序号""跨数及有无悬挑代号"三项组成。如图 7-26 所示，KL1（4）为梁代号，表示 1 号框架梁，4 跨无悬挑。

2）梁的截面尺寸。如图 7-26 所示，KL1 的截面尺寸为 300×700 表示矩形截面宽度为 300 mm、高度为 700 mm。除矩形等截面梁外，还有加腋梁、悬挑变截面梁及异形截面梁等，具体大家可以在图集中进行学习。

3）梁箍筋信息。如图 7-26 所示，KL1 的箍筋为 Φ10@100/200（2），表示箍筋为直径为 10 mm 的 HPB300 级钢，加密区间距为 100 mm、非加密区间距为 200 mm，均为双肢箍。

4）上部通长钢筋。如图 7-26 所示，KL1 的上部通长钢筋为 2Φ25，表示 2 根 25 mm 的 HRB400 级钢。

5）下部通长钢筋。如图 7-26 所示，KL1 所示集中标注中没有下部通长钢筋，这是由于每跨下部钢筋不一样，因此进行了原位标注，不再集中标注中进行体现。

6）侧部构造钢筋或受扭钢筋。当梁腹板高度 $h_w \geqslant 450$ mm，需要配置纵向构造钢筋，以 G 字打头；当梁侧需要配置受扭钢筋时，以 N 字打头。如图 7-26 所示 G4Φ10 表示设置构造钢筋，梁两侧各 2 根直径 10 mm 的 HPB300 级钢。

7）梁顶面标高高差。梁顶面标高高差是指相对于结构层楼面标高的高差值。如图 7-26 所示，L4 标注为 − 0.100 表示该梁的顶面低于结构顶面 0.1 m。

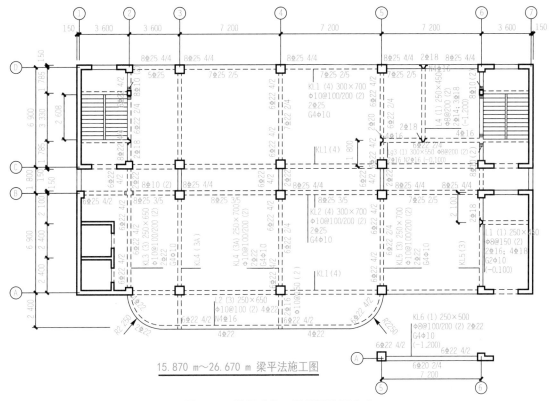

15.870 m～26.670 m 梁平法施工图

图 7-26　梁平法施工图平面注写方式

（2）梁的原位标注内容及含义，说明如下：

1）梁支座上部纵筋，该部位含通长筋在内的所有纵筋：

①当上部纵筋多于一排时，用斜线"/"将各排纵筋自上而下分开。

例：梁支座上部纵筋注写为 6Φ25 4/2，则表示上一排纵筋为 4Φ25，下一排纵筋为 2Φ25。

②当同排纵筋有两种直径时，用加号"＋"将两种直径的纵筋相连，注写时将角部纵筋写在前面。

例：梁支座上部有 4 根纵筋，2Φ25 放在角部，2Φ22 放在中部。在梁支座上不应注写为 2Φ25 ＋ 2Φ22。

③当梁中间支座两边的上部纵筋不同时，需在支座两边分别标注，当梁中间支座两边的上部纵筋相同时，可仅在支座的一边标注配筋值，另一边省去不注。

④对于端部带悬挑的梁，其上部纵筋注写在悬挑梁根部支座部位。当支座两边的上部纵筋相同时，可仅在支座的一边标注配筋值。

2）梁下部纵筋常用标注含义：

①当下部纵筋多于一排时，用斜线"/"将各排纵筋自上而下分开。

②当同排纵筋有两种直径时，用加号"＋"将两种直径的纵筋相联，注写时角筋写在前面。

③当梁下部纵筋不全部伸入支座时，将不伸入梁支座的下部纵筋数量写在括号内。

3）当在梁上集中标注的内容（即梁截面尺寸、箍筋、上部通长筋或架立筋，梁侧面纵向构造钢筋或受扭纵向钢筋及梁顶面标高高差中的某一项或几项数值）不适用于某跨或某悬挑部分时，则将其不同数值原位标注在该跨或该悬挑部位，施工时应按原位标注数值取用。

4）附加箍筋或吊筋，将其直接画在平面布置图中的主梁上，用线引注总配筋值。对于附加箍筋，设计尚应注明附加箍筋的肢数，箍筋肢数注在括号内。如图 7-20 中的附加箍筋为 8Φ10（2）、附加吊筋为 2Φ18。

2. 截面注写方式

截面注写方式，是在分标准层绘制的梁平面布置图上，分别在不同编号的梁中各选择一根梁用剖面符号引出配筋图，并在其上注写截面尺寸和配筋具体数值的方式来表达梁平法施工图，如图 7-27 所示。

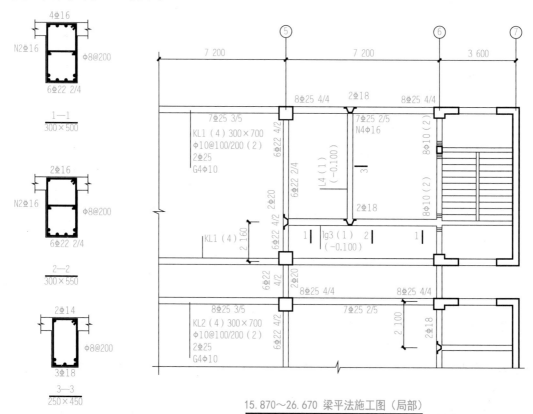

15.870～26.670 梁平法施工图（局部）

图 7-27　梁平法施工图截面注写方式

截面注写方式与平面注写方式大同小异。梁的代号、各种数字符号的含义均相同，只是平面注写方式中的集中注写方式在截面注写方式中用截面图表示。截面图的绘制方法同常规方法一致。

四、有梁楼盖平法施工图制图规则与识图

有梁楼盖平法施工图在楼面板和屋面板布置图上，采用平面注写的表达方式。其平面注写主要包括板块集中标注和板支座原位标注。如图 7-28 所示为板平法施工图。

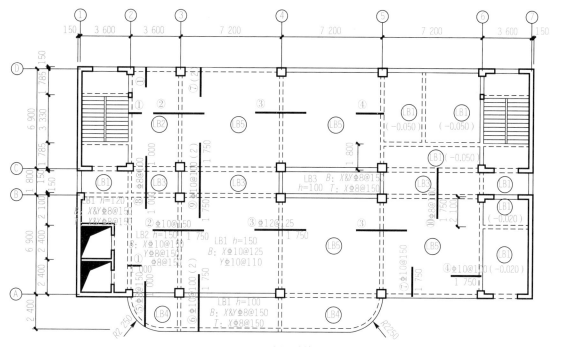

15.870~26.670板平法施工图
注：未注明分布筋为Φ8@250

图 7-28　板平法施工图平面注写方式

板块集中标注的内容有五项，即板块编号、板厚、上部贯通纵筋、下部纵筋、板面标高高差。

微课：板平法
施工图制图规
则与识图

1. 板块集中标注

（1）板块编号。按照表 7-10 的规定。

（2）板厚。板厚注写为 $h = \times\times\times$（为垂直于板面的厚度）；当悬挑板的端部改变截面厚度时，用斜线分隔根部与端部的高度值，注写为 $h = \times\times\times/\times\times\times$；当设计已在图注中统一注明板厚时，此项可不注。

（3）纵筋。纵筋按板块的下部纵筋和上部贯通纵筋分别注写（当板块上部不设贯通纵筋时则不注），并以 B 代表下部纵筋，以 T 代表上部贯通纵筋，B&T 代表下部与上部；x 向纵筋以 X 打头，y 向纵筋以 Y 打头，两向纵筋配置相同时则以 X&Y 打头。当为单向板时，分布筋可不必注写，而在图中统一注明。

（4）板面标高高差。板面标高高差是指相对于结构层楼面标高的高差，应将其注写在括号内，且有高差则注，无高差不注。

小提示：

有一楼面板块注写为：LB5 $h = 110$ B：XΦ12@100；YΦ10@100（-0.050）。

1）表示 5 号楼面板，板厚 110 mm。

2）板下部配置的纵筋 x 向为 $\Phi 12@100$，y 向为 $\Phi 10@100$，板上部未配置贯通纵筋。

3）板标高相对于结构层楼面标高低了 0.05 m。

2. 板块原位标注

板支座原位标注内容为板支座上部非贯通纵筋及悬挑板上部受力钢筋。板支座原位标注的钢筋，应在配置相同跨的第一跨表达。在配置相同跨的第一跨（或梁悬挑部位），垂直于板支座（梁或墙）绘制一段适宜长度的中粗实线，以该线段代表支座上部非贯通纵筋，并在线段上方注写钢筋编号、配筋值、横向连续布置的跨数，以及是否横向布置到梁的悬挑端。

实例练习

以图 7-28 板平法施工图为例进行识读。

（1）实例分析。该图为板平法施工图平面注写方式，将板平法施工图和梁平法标注要求相结合进行识读。

（2）具体识读。

1）板编号如图 7-28 所示，如 LB1 表示 1 号楼板。

2）板厚如图 7-28 所示，如 LB1 的厚度标注 $h = 150$，表示厚度为 150 mm。

3）板纵筋如图 7-28 所示，如 LB1 的纵筋标注为 B：X&Y$\Phi 8@150$，表示板底部钢筋 x 与 y 方向的纵筋均为 $\Phi 8@150$；LB1 标注为 T：X&Y$\Phi 8@150$，表示板顶部钢筋 x 与 y 方向的纵筋均为 $\Phi 8@150$。

4）板面标高高差如图 7-28 所示，如⑤、⑥轴之间的 LB1 集中标注为（－0.050），表示此处的 1 号楼板标高相对于结构层楼面标高低了 0.05 m。同理⑥、⑦轴之间的 LB1 集中标注为（－0.020），表示此处的 1 号楼板标高相对于结构层楼面标高低了 0.02 m。

5）楼板的原位标注如图 7-28 所示，③号负筋表示两端伸出支座各 1 750 mm，钢筋信息为 $\Phi 12@150$。

6）图 7-28 中还显示的其他信息，如板的标高范围为 15.870～26.670 m；板中未注明的分布筋为 $\Phi 8@250$。

强化训练

一、单选题

1. 梁编号为 WKL 代表的是（　　）。

  A. 屋面框架梁 B. 框架梁   C. 弯框架梁   D. 屋架梁

2. "$\Phi 8@200$" 没能表达出这种钢筋的（　　）。

  A. 弯钩形状 B. 级别   C. 直径   D. 间距

3. 梁中同排纵筋直径有两种时，用什么符号将两种纵筋相连，注写时将角部纵筋写在（　　）前面。

  A. /   B. ;   C. *   D. +

4．柱平法施工图注写方式，以下箍筋类型为 1（5×4）的是（　　　　）。

A. 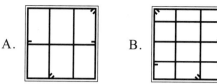　　B. 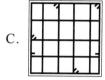　　C. 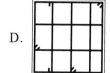　　D.

5．梁平法施工图中标注"（－0.100）"表示（　　　　）。

    A．梁顶面低于所在结构层基准标高 0.100 m

    B．梁底面低于所在结构层基准标高 0.100 m

    C．梁顶面低于所在层建筑标高 0.100 m

    D．梁面绝对标高为－0.100 m

二、判断题

1．非框架梁的编号是 L。　　　　　　　　　　　　　　　　　　　（　　）

2．混凝土保护层厚度指最外层钢筋外边缘至混凝土表面的距离。　　（　　）

3．常用构件的代号"GL"表示基础梁。　　　　　　　　　　　　　（　　）

4．结构施工图中的构造柱的代号是"GJ"。　　　　　　　　　　　（　　）

5．Φ10@100/200（4）表示箍筋为一级钢，直径为 10 mm，加密区间为 100 mm，非加密区间为 200 mm，均为两肢箍。　　　　　　　　　　　　　　　　　　　　（　　）

知识拓展

新农村建设——轻钢别墅

习近平总书记在中央农村工作会议上强调："脱贫攻坚取得胜利后，要全面推进乡村振兴，这是'三农'工作重心的历史性转移。"在国家倡导低碳经济发展的指导下，建设美丽乡村既要有颜值，又要保护生态资源，体现原生态风貌，那么需要对新农村建筑进行创新与应用，对建筑风貌进行合理控制与引导。轻钢住宅应用在美丽农村，不仅使新农村风貌更加规范化、合理化，更能有效地保护生态资源，维护生态平衡。轻钢别墅如图 7-29 所示。

轻钢结构房屋，其主要材料是由热镀锌铝钢带经冷轧技术合成的轻钢龙骨。轻钢墙体结构体系，由轻钢密肋梁柱及符合维护结构共同受力，各项物理性能指标卓越，施工周期短，保温效果好，是新型的绿色节能环保的建筑结构体系，是建筑工业化和信息化技术的深度融合。与传统现浇建筑相比，轻钢住宅在质量和性能上也更胜一筹。

图 7-29　轻钢别墅

一、单选题

1．以下不属于板内钢筋的是（ ）。

    A．受力钢筋   B．负弯矩筋

    C．分布筋   D．箍筋

2．下列表示预应力空心板符号的是（ ）。

    A．YB   B．KB

    C．Y-KB   D．YT

3．某梁的编号为KL2（2A），表示的含义为（ ）。

    A．第2号框架梁，两跨，一端有悬挑

    B．第2号框架梁，两跨，两端有悬挑

    C．第2号框架梁，两跨，一端无悬挑

    D．第2号框架梁，两跨

4．某梁的配筋为$\Phi 8@100$（4）/150（2），其表示的含义为（ ）。

    A．HPB300级钢筋，直径8 mm，加密区间距为100 mm；非加密区间距为150 mm

    B．HRB300级钢筋，直径8 mm，加密区间距为100 mm，四肢箍；非加密区间距为150 mm，双肢箍

    C．HRB300级钢筋，直径8 mm，加密区间距为100 mm；非加密区间距为150 mm

    D．HPB300级钢筋，直径8 mm，加密区间距为100 mm，四肢箍；非加密区间距为150 mm，双肢箍

5．框架梁平法施工图中集中标注内容的选注值为（ ）。

    A．梁编号   B．梁顶面标高高差

    C．梁箍筋   D．梁截面尺寸

二、判断题

1．KL8（5A）表示第8号框架梁，5跨，一端有悬挑。   （ ）

2．梁悬挑端截面尺寸的原位标注为300×700/500，表示悬挑端梁宽300 mm，梁根的截面高度为500 mm，梁端的截面高度为700 mm。   （ ）

3．当梁顶比板顶低的时候，注写"负标高高差"。   （ ）

4．悬挑板板厚注写为$h=120/80$，表示该板的板根厚度为120 mm，板前端厚度为80 mm。   （ ）

5．板钢筋标注分为集中标注和原位标注，集中标注的主要内容是板的贯通筋，原位标注主要是针对板的非贯通筋。   （ ）

三、填空题

1．混凝土结构施工图平法图集有_____、_____和_____三本。

2．平面整体表示方法制图规则注写方式主要有_____、_____和_____三种。

3．两个柱编成统一编号必须相同的条件是_____、_____和_____。

4．梁平面注写包括_____与_____，施工时，_____取值优先。

5．建筑结构按照主要承重构件所采用的材料不同，一般可分为_____、_____、
_____、木结构及砖石结构五大类。

四、简答题

1．配置在钢筋混凝土构件中的钢筋，按其所起的作用可分为哪几类？

2．什么是钢筋保护层厚度？

3．基础详图是如何形成的？

五、识图题

1．图 7-30 中该柱构件编号为_____，表示的含义是_____。

2．图 7-30 中该柱截面尺寸为_____。

3．图 7-30 中该柱构件的纵筋为_____，箍筋为_____。

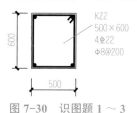

图 7-30　识图题 1 ～ 3

4．图 7-31 中梁的类型为_____，梁的宽度为_____mm，高度为_____mm。

5．图 7-31 中梁上部通长筋为_____，梁侧面的构造钢筋共_____根。

6．图 7-31 中梁箍筋的级别为_____级钢，直径为_____mm，加密区间距为____
____mm。

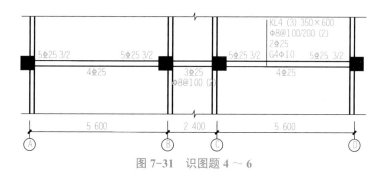

图 7-31　识图题 4 ～ 6

7. 图 7-32 中标注"$h=120$"表示的含义为_____。

8. 图 7-32 中未注明的板厚为_____，未注明的分布筋为_____。

9. 图 7-32 中 120 厚的板块，其 x 向底部钢筋为_____，y 向底部钢筋为_____。

10. 图 7-32 中Ⓒ轴上板的上部支座负筋为_____，伸出支座长度为_____mm。

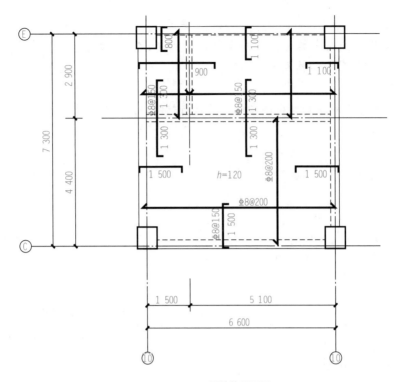

17.800 m层结构平面图　1:100

1. 本层未注板厚均为h=100 mm
2. 本层未注板顶标高均为17.800 m
3. 本层未注板钢筋为Φ8@200
4. 女儿墙设压顶：墙宽×120，配筋3Φ8，Φ6@250

图 7-32　识图题 7 ～ 10

习题库

项目八 BIM 技术简介及应用

BIM 技术是当今建筑行业数字化建模技术的重要代表。它是通过三维数字建模技术实现对建筑设计和施工全过程的可视化管理和协调的一种方法。其中包括建筑设计、结构设计、机电设计、施工管理、工程监理、模拟分析、物业管理等方面。因此，学习和掌握 BIM 技术，对于建筑从业人员和相关人员来说，是必须的专业技能和素质。本项目主要介绍 BIM 技术的特点及应用、BIM 技术常用软件的界面及建模流程、BIM 技术辅助识图等内容。

》知识框架

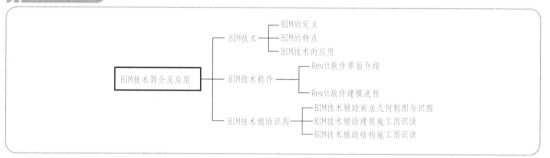

知识目标

1. 了解 BIM 技术的基本定义、特点及目前的应用范围；
2. 掌握 BIM 技术软件中 Revit 软件的基础应用功能。

能力目标

能正确使用 Revit 软件的基础应用功能辅助识图。

育人目标

1. 养成严格遵守 BIM 技术标准规定的习惯，培养良好的职业道德素养，增强遵纪守法意识。

2. 在 Revit 软件应用中，培养学生脚踏实地、认真学习先进数字技术的素养，提高学生求知欲，并鼓励学生养成自主研发、不断创新的精神。

3. 培养团队合作意识和助人为乐的精神。

任务名称	BIM 软件及模型应用			
任务描述	结合 BIM 技术相关知识的学习，完成以下问题的讨论分析。 （1）BIM 技术的基本概念及特点是什么？ （2）BIM 技术能解决哪些建筑行业问题？ （3）当前建筑行业常用哪些相关的 BIM 技术软件？ （4）BIM 模型能辅助识读哪些图？			
成果展示				
	评价人员	评价标准	权重	分数
评价	自我评价	1. BIM 基础知识的掌握； 2. BIM 软件初步应用能力； 3. 强化训练的完成能力； 4. 团队合作能力	40%	
	小组互评		30%	
	教师评价		30%	

一、BIM 技术

1. BIM 的定义

BIM 是建筑信息模型（Building Information Modeling）或者建筑信息管理（Building Information Management）的简称，是以建筑工程项目的各项相关信息数据作为基础，建立起三维的建筑模型，通过数字信息仿真模拟建筑物所具有的真实信息。

2. BIM 的特点

（1）可视化。对于传统二维图纸而言，通过数据标注 + 文字注释的形式，很难清晰明确地将施工中的复杂节点、关键部位等表示清楚，而通过 BIM 模型的可视化特点，可以将建筑项目的结构细节及整体布局直观地展示出来，工程业主、施工单位及设计单位能准确、快速、全面地获取建筑设计的相关信息，利于各单位更好地进行研讨。

（2）协调性。在设计时，往往由于各专业设计师之间缺乏有效的沟通和协作，而出现各种专业之间的碰撞问题，而由于 BIM 模型的单位和度量制的统一性，各专业工程师在同一个平台上进行协作设计，即实现多学科协同设计，这是当下设计行业技术更新的一个重要方向，也是发展的趋势所向。

（3）模拟性。BIM 的模拟性可以帮助设计师、工程师和决策者在建筑项目的各个阶段进行精确的模拟和分析，以提高设计的效果和质量，优化施工和运营过程，并减少项目的风险和成本。例如，设计师可以通过在 BIM 模型中添加材料、光源和家具等元素，来模拟建筑内部和外部的视觉效果，实现建筑空间的模拟。设计师和工程师还可以在 BIM 模型中模拟不同设计方案下的结构行为和性能，以评估其在静力、风荷载、地震等情况下的安全性和稳定性。施工人员可以在 BIM 模型中模拟施工序列、安装顺序和施工资源的分配等，并通过模拟分析其对施工进度和质量的影响。

（4）可出图性。BIM 的可出图性是指利用 BIM 生成完整、准确和可用于施工和运营的图纸和文档。BIM 软件可以按照设置好的绘图标准和要求，自动提取和布置建筑工程相关的施工图纸和文档，极大地减少了手工绘图的工作量。BIM 模型中的各个元素都是互相关联的，当对 BIM 模型中的墙体、门窗、结构与管线等进行修改时，相关的图纸和文档也会自动更新和调整。BIM 模型可以与其他辅助工具和软件集成，实现一些图纸生成过程的自动化。例如，可以通过与造型软件的连接，自动生成建筑的外立面图；通过与结构分析软件的连接，自动生成结构的施工细节图。

3. BIM 技术的应用

BIM 技术可以支持建筑物从设计到施工再到运营和维护的全生命周期管理，可将建筑物的数据信息记录下来并持续更新，以实现各参建方能够对数据信息的共享和协作。这种技术的应用可以更好地保障建筑设计质量，节约施工成本，且提高工作效率。

（1）管线的排布及碰撞检查。在管线的排布设计过程中，相较传统图纸，根据 BIM 建模的可视化特性，能清晰区分管道类型，便于设计、综合分析管线在建筑中的空间排布。在初步排布完成后，利用 BIM 的三维防碰撞检测功能，能提前发现各专业管线碰撞问题、建筑构件与管线交叉冲突问题、空间问题，并及时在图纸上修正，避免管道施工中出现常见的返工现象。

（2）模拟施工。有效协同三维可视化功能再加上时间维度，可以进行进度模拟施工。随时随地直观快速地将施工计划与实际进展进行对比，同时进行有效协同。施工方、监理方甚至非工程行业出身的业主、领导都能对工程项目的各种问题和情况了如指掌。这样通过 BIM 技术结合施工方案、施工模拟和现场视频监测，可以减少建筑质量问题、安全问题以及减少返工和整改。

（3）数据共享。BIM 信息交流平台，可以使业主、管理公司、施工单位、施工班组等实现在同一个平台上，进行数据共享，使沟通更为便捷、协作更为紧密、管理更为有效。特别是在建筑物运营和维护阶段，采用 BIM 技术可以更加方便地记录设备的信息，快速定位故障，及时修复故障，方便设备的更换和维护。

二、BIM 技术软件

随着数字化技术水平的不断发展，国内外数字化软件企业开发出了许多不同种类的 BIM 软件。然而当前 BIM 核心基础软件几乎都是国外公司产品，我国企业使用时随时存在被"卡脖子"的风险。在学习国外 BIM 软件技术的同时，国内优秀数字化企业不断自主研发 BIM 核心技术软件，如 PKPM-BIM 软件系统、斯维尔国产 BIM 三维图形平台（优易BIM）、广联达 BIMMAKE 建模软件等。

图 8-1　Revit 软件

由于美国 Autodesk 公司收购开发的 Revit 软件具备三维建模和参数化设计功能，集成多个学科的设计和分析工具，强大的体量创建、自适应族的建筑复杂造型功能等优势，且采用 Revit+ 国内插件的方式，既可以绘制模型，又可以输出符合国标的施工图，使得 Revit 成为建筑信息模型行业目前应用最广泛的 BIM 基础性软件（图 8-1）。

1. Revit 软件界面介绍

安装好软件后，双击 Revit 软件图标。如图 8-2 所示，软件进入到项目、族、资源导航功能选择界面，项目中包括打开，新建，构造、建筑、结构及机械样板部分功能，族主要包括打开、新建及新建概念体量功能。

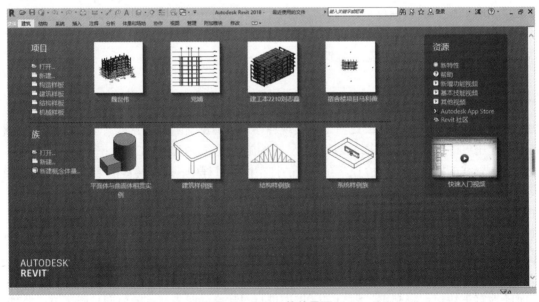

图 8-2　Revit 软件界面

新建项目模型，要进行项目样板的创建或选用，对于软件初学者，推荐使用软件自带的样板或空白样板。具体的执行方式如下：

软件界面：单击"新建"按钮，打开"新建项目"对话框。功能区：执行"文件"→"新建"命令，打开"新建项目"对话框。

执行上述命令后，软件系统将打开"新建项目"对话框（图 8-3），选择项目样板，然后选择"项目"选项，最后单击"确定"按钮。软件进入项目样板操作界面，如图 8-4所示。

图 8-3 "新建项目"对话框

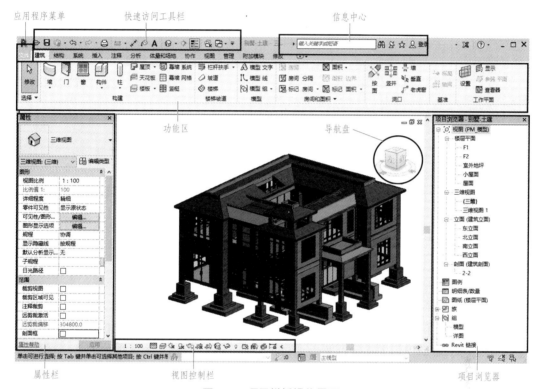

图 8-4 项目样板操作界面

2. Revit 软件建模流程

首先将 CAD 按照专业进行划分,再根据建筑与结构专业对建筑平面、结构平面进行图纸分割。打开 Revit 软件开始新建项目,且完成项目名称、地址、编号等信息的输入。之后开始创建项目基准,主要分为标高和轴网两部分。标高部分:设置标高属性,根据建筑或结构立面图绘制并修改标高,完成后设置新增标高在平面视图中的显示。轴网部分:打开标高为一层的楼层平面,设置轴网属性,绘制并修改轴网,且调整基准影响范围。在本书中,模型的创建只涉及结构模型和建筑模型两部分。结构模型创建:在"插入"菜单中单击"导入 CAD",逐层导入分割后结构平面图纸,按照图纸线条,完成结构基础梁、底板、集水坑的创建,之后再逐层创建,复制,修改柱、梁、板、剪力墙等模型。建筑模型创建:按图纸要求设置并绘制墙体、柱、门窗、楼板、楼梯等,完成后将整层复制至二层的楼层平面中,再根据图纸进行修改,之后重复上述命令,完成建筑基本构件的建模,最后绘制

289

阳台、室外台阶、散水等附属构件模型。模型完成后开始 BIM 辅助功能的应用，例如，房间功能的划分、命名及面积计算，门窗明细表及图纸创建导出，三维视图、漫游及渲染，如图 8-5 所示。

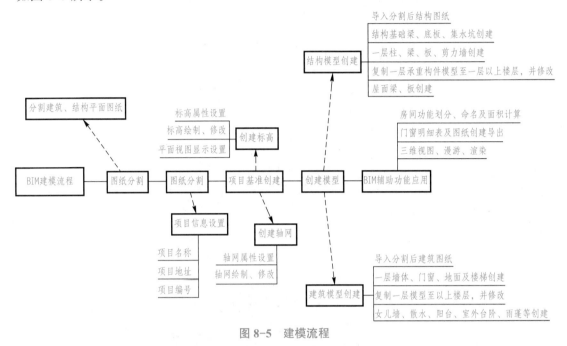

图 8-5　建模流程

三、BIM 技术辅助识图

1. BIM 技术辅助画法几何制图与识图

组合体投影图识读需要良好的空间想象能力，利用 BIM 技术的可视化特征，将组合体的三维模型与二维的投影图结合起来。通过对模型正视、俯视、侧视视角的直观观察，绘制组合体的正立投影图、水平投影图、侧立投影图，提升绘图速度。通过观察模型不同组合方式的特点，对应三面投影图的投影特征，总结规律，提升空间感。

图 8-6 为梁、板、柱节点在 BIM 模型中的三维模型及对应的二维投影图，分别单击前、下、左命令，即可观察模型的正视、仰视、左视效果，在项目浏览器中单击天花板平面、前立面、左立面，软件会生成组合体的正视图、仰视图和左视图，便于理解组合体的组成方式及绘制组合体的三面图。

2. BIM 技术辅助建筑施工图识读

建筑施工图识读由于图例多样、构件繁多、组合复杂，对于初学者较为困难。利用 BIM 技术建立建筑物的三维模型：BIM 技术的三维旋转功能可从各个角度观察建筑物外立面特征；路径漫游功能可模拟实现真实的室内场景；BIM 技术的剖切功能可直观了解建筑物平面图、剖面图的形成，将建筑平面图、剖面图与剖切后剩余部分对应观察，可快速理解建筑平面图、剖面图的表达内容及方法。

如图 8-7 所示为某别墅的三维模型；图 8-8 所示为该别墅的一层平面图、屋顶平面图及南立面图，分别用F1、屋面、南立面等命令即可实现绘制；在三维视图中，还可以动态观察各个角度的别墅造型，让观察者有身临其境的感觉。

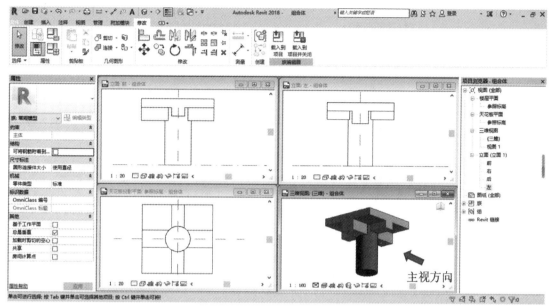

图 8-6　梁、板、柱节点在 BIM 模型中的三维模型及对应的二维投影

图 8-7　某别墅的三维模型

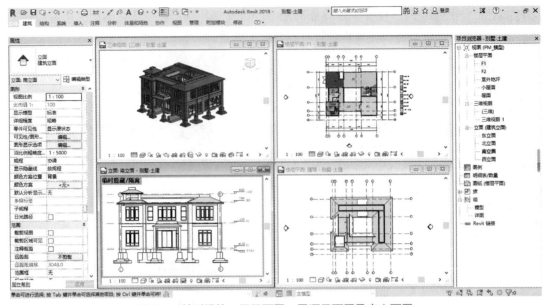

图 8-8　某别墅的一层平面图、屋顶平面图及南立面图

BIM 软件还可以实现对建筑物的水平剖切，图 8-9 是在软件中利用剖面框命令进行平面剖切后的模型，模型可清晰显示出建筑物的内部布局、房间大小、墙体位置、门窗及散水、台阶、坡道等附属设施，对照平面图识读，能够快速掌握平面图的图示内容。除此之外，模型还可显示基础、柱等结构构件，将建筑施工图与结构施工图有机联系起来，使图纸变得更加立体。

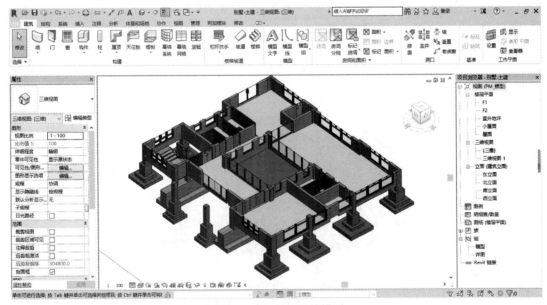

图 8-9　水平剖切后的模型

BIM 软件同样可以实现对建筑物的垂直剖切，依然使用剖面框命令，或在平面图中适当位置绘制剖切符号，即可得到图 8-10 右图的模型，左侧即为对应的剖面图，对照剖面图与剖切模型学习，可快速了解建筑物内部构造，简化了剖面图的识读与绘制难度。

BIM 软件还可以实现对建筑构造节点的三维可视化，如剖切墙身、散水、楼梯等部位，即能一目了然地了解这些部位的构造层次及构造做法，降低建筑详图的学习难度。

3. BIM 技术辅助结构施工图识读

结构施工图识读主要难在平法表示钢筋的部分，BIM 结构模型中的钢筋为三维的实体，建立好模型后，切换为三维视图，可以查看钢筋的位置、形状、布筋范围及节点锚固等，对照结构施工图进行识读，可加深初学者对平法施工图的理解。

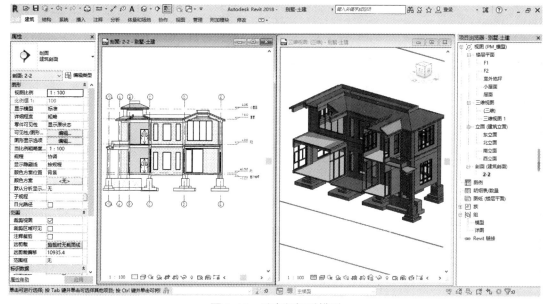

图 8-10　垂直剖切后模型

图 8-11 是 KZ-15 的柱大样图，所有的钢筋信息均在平面上表达，理解较为困难。而在 BIM 模型中绘制好钢筋后，如图 8-12 所示，可见柱的标高。柱内的纵筋位置、箍筋类型、弯钩形状及加密区、非加密区范围，读图时更加清晰明了。

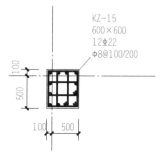

图 8-11　KZ-15 柱大样图

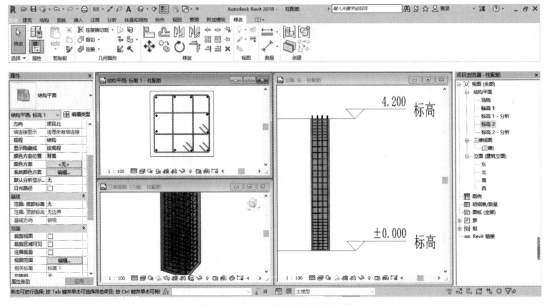

图 8-12　BIM 模型中绘制钢筋

强化训练

单选题

1．下列选项中，不属于 BIM 的特点的是（　　）。

　　A．可视化　　　　　　B．协调性　　　　　C．模拟性　　　　　　D．碰撞检查

2．为实现对学科专业设计协调统一，（　　）是当下设计行业技术更新的一个重要方向。

　　A．三维设计　　　　　B．碰撞检查　　　　C．协同设计　　　　　D．参数化设计

3．下列选项中，表述正确的是（　　）。

　　A．BIM 技术主要是三维建模，只是观察模型构造

　　B．BIM 技术不仅仅是三维建模，还包括相关参数信息

　　C．目前 BIM 技术应用的软件只有一种

　　D．使用 BIM 技术进行深化设计，建筑、结构、机电只能在一个软件平台进行搭接

4．BIM 技术所建的模型应使用统一的（　　）。

　　A．格式和命名方式　　　　　　　　B．格式和单位

　　C．命名方式和度量制　　　　　　　D．单位和度量制

5．在（　　）视图中可以绘制标高。

　　A．平面视图　　　　B．天花板视图　　　C．三维视图　　　　D．立面视图

6．下列各类图元，属于项目基准的是（　　）。

　　A．轴网　　　　　　　B．墙体　　　　　　C．天花板　　　　　D．楼梯

7. 在我国现阶段普及最广的 BIM 基础建模软件是（　　　）。

    A. CAD   B. Revit   C. BIM5D   D. Projectwise

8. BIM 模型的（　　　）特点，使施工过程中可能发生的问题，提前到设计阶段来处理，减少了施工阶段的反复，不仅节约了成本，更节省了建设周期。

    A. 可视化   B. 协调性   C. 模拟性   D. 优化性

知识拓展

    火神山医院（图 8-13）为期 10 天的建设，让全世界见证了中国"基建狂魔"的奇迹，但其背后是辛劳的中国人勇于探索的智慧成果。该项目在建设时，采用模块化装配式快速建造技术和 BIM 技术相结合，最大限度地采用拼装式工业化成品，大幅减少现场作业的工作量，节约了大量的时间。

    在这中国速度和力量的背后，BIM 技术的应用功不可没，在项目全生命周期采用数字化信息进行综合管理，如采用参数化设计、采光、管线布置、能耗模拟分析，施工仿真模拟，可视化进行交底等。BIM 技术在保证建筑质量的前提下，还实现了无纸化加工建造。

图 8-13　火神山医院

项目九　综合实训

综合实训是职业高校培养学生的专业技能、职业素养及人文素质的重要途径，更是依据相关国家职业技能规范和标准，结合生产实际，考核学生的职业综合能力的一种检验手段。本项目主要基于实际工程项目图纸及现行的法律法规，对建筑工程图纸进行识图与绘制。

✲ 实训目标

学生能够按照国家标准的要求，正确完成建筑工程图纸的识读；能正确应用制图工具、仪器完成建筑工程图纸的抄绘、补绘及修改任务；并养成严格遵守各种标准规定的习惯及遵纪守法意识；在识图与绘图技能的综合训练中，培养学生敬业、精益、专注、创新等方面的"工匠"精神，以及认真负责、踏实敬业的工作态度和严谨求实、一丝不苟的工作作风。

任务单

任务 名称	宿舍楼建筑工程图的识读与绘制			
任务 描述	实训 1： 　学生在阅读给定的建筑工程施工图纸的基础上，完成建筑及结构施工图识读相关知识与技能的答题。 实训 2： 　根据给定的建筑工程施工图纸，绘制下列建筑及结构施工图。 要求： （1）准备图板、制图工具，并选用若干张 A2 图纸等； （2）采用 1：100 比例抄绘建筑施工图中一层平面图、屋顶平面图、正立面图； （3）采用 1：100 比例补绘 3—3 剖面图； （4）采用 1：100 比例抄绘梁、柱、板平面布置图； （5）采用 1：25 比例抄绘梁、柱断面配筋图； （6）图纸中构件的线型、线宽要严格按照国家制图标准、规范进行绘制，一丝不苟地画好每一条线、标好每一道尺寸和注写好每一个文字说明； （7）图纸整理加粗时，保证图面干净整洁； （8）绘制完成后，整理绘图工具及场地。			
评价	评价人员	评价标准	权重	分数
	自我评价	1. 建筑工程图知识的掌握；	40%	
	小组互评	2. 任务实施中图样的抄绘及补绘能力； 3. 综合实训题的完成能力	30%	
	教师评价	4. 团队合作能力	30%	

建筑施工图

结构施工图

一、建筑施工图识读

1．以下关于本工程说法错误的是（　　）。

　　A．本工程建筑耐火等级为二级

　　B．本工程建筑总高度（消防高度）为 22.50 m

　　C．本工程结构类型为框架剪力墙结构

　　D．本工程 ±0.000 相当于绝对高程 80.78 m

2．本工程建筑外窗气密性应满足国家现行标准《建筑幕墙、门窗通用技术条件》（GB/T 31433—2015）的要求，不应低于（　　）级标准。

　　A．3　　　　　　　　B．4　　　　　　　　C．5　　　　　　　　D．6

3．卫生间在地漏周围 1 m 范围内应做（　　）坡度坡向地漏。

　　A．1% ～ 2%　　　B．2%　　　　　　　C．1%　　　　　　　D．0.5%

4．本建筑节能设计中，体形系数为（　　）。

　　A．0.23　　　　　　B．0.26　　　　　　C．0.33　　　　　　D．0.39

5．关于本工程平面图、立面图、剖面图中标注的窗尺寸说法正确的是（　　）。

　　A．平面图中的尺寸为窗框宽度　　　　B．立面图中的尺寸为窗框高度

　　C．剖面图中的尺寸为窗框高度　　　　D．门窗立面均表示洞口尺寸

6．以下关于本工程防火分区说法正确的是（　　）。

　　A．本工程一、二层每层为一个防火分区

　　B．本工程地下室为一个防火分区

　　C．本工程每层为一个防火分区

　　D．每个防火分区均设有一个安全出口

7．以下关于本工程容积率说法正确的是（　　）。

　　A．本工程容积率是计容建筑面积与用地面积的比值

　　B．本工程容积率是总建筑面积与用地面积的比值

　　C．本工程容积率是总建筑面积与基地面积的比值

　　D．本工程容积率是计容建筑面积与基地面积的比值

8．以下关于平面图表述错误的有（　　）。

　　A．被剖切到的墙体用粗实线表示　　　B．被剖切到的钢筋混凝土柱子应涂黑

　　C．平面图中高窗与普通窗的图例不同　D．平面图中的轴线用细点长画线表示

9．以下关于各符号中圆圈说法错误的是（　　）。

　　A．指北针圆圈直径为 24 mm　　　　　B．轴号圆圈直径为 8 ～ 10 mm

　　C．详图编号圆圈直径为 14 mm　　　　D．详图索引符号圆圈直径为 14 mm

10．一层平面图中，坡道中间平台的标高为（　　）。

　　A．-0.900　　　　　B．-0.500　　　　　C．-0.450　　　　　D．无法确定

11．本工程楼梯面层材料为（　　）。

　　A．花岗岩　　　B．细石混凝土　　　C．水泥砂浆　　　　D．防滑地砖

12．本工程二层楼面共有（　　）个有效安全疏散出口。

　　A．1　　　　　　　　B．2　　　　　　　　C．3　　　　　　　　D．4

13．本工程散水的宽度为（　　　　）。

    A．600 mm   B．800 mm   C．1 000 mm   D．1 500 mm

14．①～⑦立面中，入口处门顶标高应为（　　　　）。

    A．3.000 m   B．3.900 m   C．4.100 m   D．4.500 m

15．本工程屋面排水方式采用（　　　　）。

    A．外檐沟排水   B．内排水   C．内檐沟排水   D．自由落水

16．本工程楼梯的梯井宽度为（　　　　）mm。

    A．60   B．100   C．150   D．180

17．⑦～①轴立面图展开图中，⑦轴右侧可见的雨篷外挑尺寸（从轴线起算）为（　　　　）。

    A．1 500   B．1 740

    C．1 750   D．图中未标注，无法确定

18．西立面图中窗户中的虚线表示（　　　　）。

    A．窗户为悬窗   B．窗户为平开窗   C．窗户外开   D．窗户内开

19．本工程主出入口的朝向为（　　　　）。

    A．东北   B．东南   C．南   D．北

20．本工程勒脚做法为（　　　　）。

    A．石材饰面   B．涂料饰面   C．斩假石饰面   D．水泥砂浆饰面

21．本工程使用的外墙保温材料为（　　　　）。

    A．70 厚岩棉   B．70 厚挤塑聚苯板

    C．100 厚岩棉   D．100 厚挤塑聚苯板

22．关于本工程屋面检修孔，以下说法正确的是（　　　　）。

    A．有 2 处   B．有 1 处

    C．检修孔洞口大小未明确   D．检修孔结构图漏画

23．本工程雨篷为（　　　　）。

    A．钢筋混凝土雨篷   B．钢结构玻璃雨篷

    C．素混凝土雨篷   D．木结构雨篷

24．关于本工程塑钢窗做法正确的是（　　　　）。

    A．外框直接嵌入墙体   B．外框与洞口间应用发泡剂填充

    C．玻璃采用夹层玻璃   D．窗框采用双框

25．建施 14 的 3 号详图，索引自（　　　　）。

    A．建施 05   B．建施 09   C．建施 12   D．无法确定

26．一层消防救援窗 C3318 窗台高度为（　　　　）mm。

    A．1 000   B．900   C．600   D．300

27．本施工图关于楼梯间的栏杆说法正确的是（　　　　）。

    A．扶手净高 1 050 mm   B．栏杆垂直杆件净距为 110 mm

    C．采用安全玻璃   D．采用钢筋混凝土栏板

28．本工程建筑室内外高差为（　　　　）mm。

    A．450   B．500   C．750   D．900

29. 按本工程要求，下列说法正确的是（　　　）。

    A. 本工程所有墙身均在室内标高下 0.060 处设水平防潮层一道

    B. 所有门窗洞口内墙阳角处均应抹 1：3 水泥砂浆护角

    C. 二层宿舍结构板面比建筑楼面低 80 mm

    D. 外排水雨落管屋面口，冬季可不做处理

30. 以下关于不同比例的剖面图，其抹灰层，楼地面材料图例的画法，说法错误的是（　　　）。

    A. 比例大于 1：50 时，应画出抹灰层、保温隔热层等与楼地面、屋面的面层线并宜画出材料图例

    B. 比例等于 1：50 时，宜画出楼地面、屋面的面层线，宜绘出保温隔热层，抹灰层的面层线应根据需要确定

    C. 比例小于 1：50 时，应画出抹灰层与楼地面、屋面的面层线

    D. 比例为 1：200 ～ 1：100 时，可画简化的材料图例，但宜画出楼地面、屋面的面层线

31. 本项目所处地区为（　　　）。

    A. 夏热冬暖地区   B. 夏热冬冷地区

    C. 寒冷地区   D. 寒冷地区

32. 本工程地下一层层高为（　　　）m。

    A. 4.2   B. 3.5   C. 3.3   D. 2.8

33. 关于本工程楼梯，下列说法正确的为（　　　）。

    A. 为双跑楼梯   B. 西侧楼梯与东侧楼梯一样

    C. 平台处净高应 >2 200 mm   D. 梯段处净高应 >2 200 mm

34. 本工程女儿墙泛水高度为（　　　）。

    A. 250 mm   B. 300 mm   C. 600 mm   D. 450 mm

35. 屋顶消防水箱的容量为（　　　）m^3。

    A. 10   B. 12   C. 15   D. 18

36. 以下关于开间及进深说法正确的是（　　　）。

    A. 开间及进深均指轴线间的距离

    B. 开间即房间净宽，进深即房间净长，不包括墙体厚度

    C. 开间及进深均包含墙体的厚度

    D. 以上说法均错误

37. 以下不属于立面图应表达的信息是（　　　）。

    A. 建筑门窗洞口及主要部位的标高

    B. 外墙面的构造做法

    C. 门窗、幕墙的分格示意及开启方式

    D. 起止轴线

38. 以下不属于本工程垂直交通设施的是（　　　）。

    A. 楼地面、屋面   B. 电梯、楼梯

    C. 坡道、台阶   D. 楼梯、台阶

39. 以下不属于立面图中应标注的标高部位有（　　　）。

    A. 室内外地坪的标高　　　　　　B. 楼地面的标高

    C. 阳台的标高　　　　　　　　　D. 地下室地面的标高

40. 以下关于本工程节能设计说法错误的是（　　　）。

    A. 阳台、楼梯间为不采暖部位　　B. 屋顶采用 110 厚挤塑聚苯板保温

    C. 供暖方式为暖气片采暖　　　　D. 东向窗墙面积比（最大值）为 0.34

二、结构施工图识读

1. 以下关于本工程说法错误的是（　　　）。

    A. 上部结构嵌固部位为基础顶　　B. 建筑结构的安全等级为一级

    C. 本工程地基基础设计等级为甲级　D. 抗震设防烈度为 7 度

2. 以下不属于本工程结构设计依据的是（　　　）。

    A.《建筑结构荷载规范》(GB 50009—2012)

    B.《建筑结构可靠度设计统一标准》(GB 50068—2018)

    C.《建筑地基基础设计规范》(GB 50007—2011)

    D.《建筑设计防火规范（2018 年版)》(GB 50016—2014)

3. 结构层楼面标高（　　　）。

    A. 同各层楼面建筑标高

    B. 指建筑施工图中各层楼（地）面标高减去建筑构造面层厚度后的标高

    C. 由结构设计人员根据绘图习惯确定

    D. 以上说法均错误

4. 以下关于本工程基础形式说法正确的是（　　　）。

    A. 为独立基础　　　　　　　　　B. 为柱基础

    C. 为桩基础和独立基础　　　　　D. 为桩基础与桩筏基础

5. 以下关于结施 09、结施 10 中，KZ5 说法错误的是（　　　）。

    A. 箍筋肢数为 4×4

    B. 角筋为 420

    C. 中部筋与角筋直径相同

    D. 基础顶 –7.150 的截面尺寸为 550 mm×600 mm

6. 以下关于结施 06 中 Q–1 说法错误的是（　　　）。

    A. 剪力墙在楼层标高处无框梁时设暗梁

    B. 拉结筋为 φ6@600

    C. 剪力墙厚为 370 mm

    D. Q–1 为剪力墙水平分布筋与垂直分布筋直径相同

7. 本工程楼梯平法施工图采用（　　　）的表达方式。

    A. 平面注写　　　　　　　　　　B. 剖面注写

    C. 列表注写　　　　　　　　　　D. 以上说法都不对

8. 以下关于本工程筏板说法不正确的是（　　　）。

    A. 筏板混凝土施工属于大体积混凝土施工

    B. 筏板底板的厚度为 600 mm

C. 筏板下设 150 mm 厚 C15 素砼垫层，每边出筏板边缘 150 mm

D. 筏板底部标高（电梯底坑除外）均为 −4.550 m

9. 结施 18 中Ⓑ轴处②～③跨支座处板面钢筋 8@150 下方所标注数据 1 100 表示
（　　　）。

　　A. 从梁边起算至钢筋端部水平段长度为 1 100 mm

　　B. 从梁中起算至钢筋端部水平段长度为 1 100 mm

　　C. 从轴线起算至钢筋端部水平段长度为 1 100 mm

　　D. 钢筋总长为 1 100 mm

10. 本工程结施 13 中 KL3 的配筋共有（　　　）种。

　　A. 1　　　　　　B. 2　　　　　　C. 3　　　　　　D. 4

参 考 文 献

[1] 丁宇明, 杨谆, 黄水生, 等. 土建工程制图 [M]. 4版. 北京: 高等教育出版社, 2021.

[2] 李利斌, 陈宇, 彭海燕. 建筑工程制图与识图 [M]. 北京: 北京大学出版社, 2020.

[3] 何铭新, 李怀建, 郎宝敏. 建筑工程制图习题册 [M]. 5版. 北京: 高等教育出版社, 2013.

[4] 何培斌, 吴立楷. 土木工程制图 [M]. 2版. 北京: 中国建筑工业出版社, 2018.

[5] 白丽红, 闫小春. 建筑工程制图与识图 [M]. 3版. 北京: 北京大学出版社, 2019.

[6] 莫章金, 毛家华. 建筑工程制图与识图 [M]. 3版. 北京: 高等教育出版社, 2013.

[7] 卢传贤. 土木工程制图 [M]. 6版. 北京: 中国建筑工业出版社, 2022.

[8] 张会平. 土木工程制图 [M]. 3版. 北京: 北京大学出版社, 2022.

[9] 中华人民共和国住房和城乡建设部. GB/T 50001—2017 房屋建筑制图统一标准 [S]. 北京: 中国建筑工业出版社, 2017.

[10] 中华人民共和国住房和城乡建设部, 中华人民共和国国家质量监督检验检疫总局. GB/T 50103—2010 总图制图标准 [S]. 北京: 中国建筑工业出版社, 2011.

[11] 中华人民共和国住房和城乡建设部, 中华人民共和国国家质量监督检验检疫总局. GB/T 50104—2010 建筑制图标准 [S]. 北京: 中国建筑工业出版社, 2011.

[12] 中华人民共和国住房和城乡建设部, 中华人民共和国国家质量监督检验检疫总局. GB/T 50105—2010 建筑结构制图标准 [S]. 北京: 中国建筑工业出版社, 2011.

[13] 中华人民共和国住房和城乡建设部. GB 55008—2021 混凝土结构通用规范 [S]. 北京: 中国建筑工业出版社, 2022.

[14] 中华人民共和国住房和城乡建设部. GB 50010—2010 (2015版) 混凝土结构设计规范 [S]. 北京: 中国建筑工业出版社, 2016.

[15] 中国建设标准设计研究院. 22G101—1 混凝土结构施工图平面整体表示方法制图规则和构造详图 (现浇混凝土框架、剪力墙、梁、板) [S]. 北京: 中国计划出版社, 2022.

[16] 中国建设标准设计研究院. 22G101—2 混凝土结构施工图平面整体表示方法制图规则和构造详图 (现浇混凝土板式楼梯) [S]. 北京: 中国计划出版社, 2022.

[17] 中国建设标准设计研究院. 22G101—3 混凝土结构施工图平面整体表示方法制图规则和构造详图 (独立基础、条形基础、筏形基础、桩基础) [S]. 北京: 中国计划出版社, 2022.

[18] 刘芳, 姜业超, 张芃. BIM技术应用: Revit建模基础教程 [M]. 北京: 中国建筑工业出版社, 2022.

[19] 廊坊市中科建筑产业化创新研究中心. "1+X" 建筑信息模型 (BIM) 职业技能等级证

书－教师手册［M］.北京：高等教育出版社，2022.

［20］荆其敏，张丽安．中国传统民居［M］.北京：中国电力出版社，2007.

［21］李诫．梁思成注释《营造法式》［M］.梁思成注释．天津：天津人民出版社，2023.

［22］中国科学院自然科学史研究所．中国古代重要科技发明创造［M］.北京：中国科学技术出版社，2016.

［23］张青．亮丽名片——中国桥梁［N］.人民日报，2023–07–04.